国防科技图书出版基金

航天智能发射技术
——测试、控制与决策

Intelligent Testing, Control and Decision-making for Space Launch

柴 毅 李尚福 著

国防工业出版社

·北京·

图书在版编目(CIP)数据

航天智能发射技术:测试、控制与决策/柴毅,李尚福
著.—北京:国防工业出版社,2013.3
ISBN 978-7-118-08469-6

Ⅰ.①航…　Ⅱ.①柴…　②李…　Ⅲ.①航天器发
射——智能技术　Ⅳ.①V525

中国版本图书馆 CIP 数据核字(2013)第 028231 号

※

国防工业出版社出版发行

(北京市海淀区紫竹院南路23号　邮政编码100048)
北京嘉恒彩色印刷责任有限公司
新华书店经售

*

开本710×1000　1/16　印张16　字数293千字
2013年3月第1版第1次印刷　印数1—2500册　定价65.00元

(本书如有印装错误,我社负责调换)

国防书店:(010)88540777　　发行邮购:(010)88540776
发行传真:(010)88540755　　发行业务:(010)88540717

致 读 者

本书由国防科技图书出版基金资助出版。

国防科技图书出版工作是国防科技事业的一个重要方面。优秀的国防科技图书既是国防科技成果的一部分,又是国防科技水平的重要标志。为了促进国防科技和武器装备建设事业的发展,加强社会主义物质文明和精神文明建设,培养优秀科技人才,确保国防科技优秀图书的出版,原国防科工委于1988年初决定每年拨出专款,设立国防科技图书出版基金,成立评审委员会,扶持、审定出版国防科技优秀图书。

国防科技图书出版基金资助的对象是:

1. 在国防科学技术领域中,学术水平高,内容有创见,在学科上居领先地位的基础科学理论图书;在工程技术理论方面有突破的应用科学专著。

2. 学术思想新颖,内容具体、实用,对国防科技和武器装备发展具有较大推动作用的专著;密切结合国防现代化和武器装备现代化需要的高新技术内容的专著。

3. 有重要发展前景和有重大开拓使用价值,密切结合国防现代化和武器装备现代化需要的新工艺、新材料内容的专著。

4. 填补目前我国科技领域空白并具有军事应用前景的薄弱学科和边缘学科的科技图书。

国防科技图书出版基金评审委员会在总装备部的领导下开展工作,负责掌握出版基金的使用方向,评审受理的图书选题,决定资助的图书选题和资助金额,以及决定中断或取消资助等。经评审给予资助的图书,由总装备部国防工业出版社列选出版。

国防科技事业已经取得了举世瞩目的成就。国防科技图书承担着记载和弘扬这些成就,积累和传播科技知识的使命。在改革开放的新形势下,原国防科工委率先设立出版基金,扶持出版科技图书,这是一项具有深远意义的创举。此举势必促使国防科技图书的出版随着国防科技事业的发展更加兴旺。

设立出版基金是一件新生事物，是对出版工作的一项改革。因而，评审工作需要不断地摸索、认真地总结和及时地改进，这样，才能使有限的基金发挥出巨大的效能。评审工作更需要国防科技和武器装备建设战线广大科技工作者、专家、教授，以及社会各界朋友的热情支持。

　　让我们携起手来，为祖国昌盛、科技腾飞、出版繁荣而共同奋斗！

国防科技图书出版基金
评审委员会

序

  航天发射测试与控制是航天工程中的重要组成部分,由指挥系统、测试发射系统、测量控制系统、通信系统、气象系统和技术勤务等系统构成,用于完成运载火箭及航天器的测试、发射、跟踪测量和安全控制任务。该书针对航天发射技术发展及测试发射与控制应用中的实际问题,进行深入的理论和技术研究,有着十分重要的意义。

  该书关注信息化、自动化、智能化技术发展前沿,体现航天发射测试与控制应用中的最新技术。系统地阐述了航天发射测试与控制技术及系统的发展历史和技术特点,对航天发射的测试数据处理、故障诊断、安全控制决策等技术进行了详细分析和总结。全书内容涉及航天发射测试控制网络、测试参数智能分析处理、智能故障诊断、智能安全控制建模与决策,特别注重智能化和信息化技术在航天发射中的应用。在航天测试及其数据处理方面,阐述了具有信息共享和交互的测试发射与控制网络体系结构,研究了关键参数测试数据的智能分析与处理,以及部件和系统的智能故障诊断方法;在发射飞行安全控制方面,根据遥外测数据进行信息融合、故障诊断和安全评估,研究了故障情况下的运载器落点、弹片散布范围和爆炸毒气散逸等安全控制模型,为安控分析和安全控制智能决策提供支持。

  该书学术思想新颖,内容具体实用,密切结合航天发射的实际问题,对航天测试、发射工程的科研和工程技术人员具有重要的参考价值。书中以网络化、智能化为基础,研究解决测试诊断和控制决策等问题的关键技术及其理论方法,对航天发射技术发展具有积极的推动作用。

前　言

　　21 世纪是人类走向空间、开发空间和利用空间资源的时代,各行各业对空间的依赖日益增加,我国航天发射的强度和类型随之大幅增加。对空间资源的开发和利用,需要有低成本、安全、快速、日常的空间进入能力,这对航天发射的控制和决策提出了更高的要求。

　　航天发射技术难度大、系统复杂,是一项高风险的系统工程。由于航天工程所要求的高精度、高稳定性和高可靠性,使得航天器、运载器和发射系统的复杂程度很高;另一方面,航天运载器所具有的不可逆、不可重复、主体系统与环境强关联等特性,使其故障具有突发性强、危险性大、不可预见等特点,一旦发生故障将会造成巨大的损失。因此,围绕航天发射安全进行的分析、控制和决策是航天发射过程中非常重要的内容。

　　本书针对航天测试发射、信息处理与分析、诊断与控制决策中的各种实际问题,将理论与实践相结合,通过分析、研究、解决复杂过程的建模、控制和决策等关键问题的技术和方法,研究新一代以智能指挥控制为特征的新型测试发射控制决策系统,实现航天测试发射控制指挥智能化的新构思,对航天测试、发射、控制工程及相关领域的科研和工程技术人员有较好的指导和参考价值。

　　书中许多研究得到国家"863"计划信息领域信息获取与处理主题、国家自然科学基金和教育部博士点基金等的大力支持,也是作者近十年来研究和实践的总结和提升。全书共 6 章,分别介绍了航天测试发射与控制网络、测试数据智能分析与处理、航天测试发射智能故障诊断、航天发射飞行安全控制建模与智能决策和航天测试发射与技术的发展趋势。第二、三、四章由柴毅执笔,第一、五、六章由李尚福执笔。在本书的撰写和出版过程中,中国西昌卫星发射中心的李程、陈裕斌、符菊梅、何京江、魏洪波等技术人员给予了大力的支持和热情的帮助,认真阅读了全书,提出了许多宝贵的意见。西昌卫星发射中心的车著明、周敏高级工程师和重庆大学的魏善碧副教授、凌睿副教授、郭茂耘副教授、胡友强副教授、张可副教授、尹宏鹏副教授,以及博士研究生王坤朋、李鹏华、李华锋和硕士研究生付东莉、熊瑜容、翟如玲在文稿和图表整理等基础工作中付出了辛勤的工作,这里一并表示感谢!最后,非常感谢国防科技图书出版基金对本书出版的资助!

由于作者水平有限,书中的缺点错误和疏漏在所难免,诚恳希望同行和读者批评指正,以便今后改正和完善。

柴毅　李尚福

2012 年 8 月 25 日

目　录

Contents

绪　论

航天测试发射与控制一直是航天领域研究的重要内容,是航天工程最为基础和最为重要的环节之一,旨在利用航天发射过程的关键数据,综合测发、测控、通信、气象、勤务保障等系统的信息,对航天发射过程进行优化控制和决策。

航天测试发射与控制技术最初起源于导弹,早期的导弹发射非常简单,主要依靠人工进行,还没有形成独立的测试发射与控制系统。随着航天技术的发展,运载火箭及其测试发射也由简单到复杂,以美国、苏联为代表的世界各航天大国纷纷加强了测试发射与控制技术的研究,航天测试发射与控制系统也逐步发展为由测试发射分系统、测控分系统、通信分系统、气象分系统、勤务分系统等组成的复杂大系统。

中国航天事业始于1956年,同国外发展历程类似,我国的航天测试发射与控制系统也大致经历了三个阶段,即人工手动测试发射阶段、机电式或模拟式自动化测试发射阶段、计算机自动测试发射与控制阶段。

进入21世纪后,随着信息技术的发展,各类航天高新技术的运用,航天发射过程中的数据量大大增加,数据类型增多;对发射过程中获取的数据既要进行单独判断,又要进行组合分析,增加了系统诊断的复杂性;对各类数据进行组合优化,择优利用,增加了系统综合评价的难度和复杂性。这些都对航天测试发射与控制系统提出了新的更高要求。因此,在航天发射过程中应做到:实时获取大量数据、多种方式处理数据、多种方式显示数据、在线诊断评估、优化处理与控制、综合判断及智能决策。

显然,计算机自动测试发射与控制系统并不能完成上述所有功能,使得一体化技术、智能化技术成为了未来航天测试发射与控制系统的必然发展趋势,从而促进了智能化测试发射、控制与决策技术的研究和发展。

航天智能化测试发射、控制与决策是指在航天发射过程中,能自动获取航天发射过程的各类信息,利用相关的知识和策略,采用计算机、通信、控制、运筹、实时动态建模、人工智能与专家系统等技术,对航天发射过程实现测试、监控、诊断、控制和决策。系统最主要的特征就是智能,也就是针对具体问题具备进行分析判断和推理决策的能力,主要由参数测试、网络传输与控制、综合数据处理和分析、状态监控及其趋势分析、故障诊断、智能决策等部分组成。

航天智能化测试发射、控制与决策是当今航天工程中一个十分活跃和具有挑战性的领域,开展航天智能化测试发射、控制与决策技术研究,对于将智能理论与技术应用于航天测试发射与控制,推动航天事业的发展,提高发射效率和成功率,具有重大的现实意义,也是国内外航天发射场共同追求的目标。

本书基于这一需求,以航天测试发射、控制与决策为研究对象,采用计算机技术、通信和控制技术、人工智能技术、智能信息处理技术、智能诊断技术、数据融合技术等,根据航天发射过程中测试与控制需求,结合航天发射场实际应用,深入分析和论述符合航天发射的智能化测试、控制与决策的方法和技术。全书共分六章。

第一章是概述,研究现有航天测试发射与控制系统的现状、特点及存在的问题,分析测试发射与控制系统的发展过程,阐述智能化测试发射控制与决策的概念、系统的组成和关键技术。

第二章为航天测试发射与控制总线网络和综合指挥网络,给出了航天测试发射与控制总线网络的发射测试自动化网络、发射远程控制网络体系结构,讨论了测试发射与控制总线网络关键技术,分别介绍了基于1553B、LXI总线和现场总线技术的测试发射与控制网络的构建实例,描述了航天测试发射控制与指挥控制系统网络总体架构及设计。

第三章是测试数据智能分析与处理,针对航天测试数据的时变性、多尺度性、非线性和动态性等特征,着重阐述利用小波、聚类、粗糙集和主元分析等理论进行测试数据智能分析与处理的方法,研究测试数据在采集、传输等过程中的抗噪处理、奇异点识别、一致性分析、化简处理和关联性分析。

第四章论述航天测试发射智能故障诊断,从特征样本提取的角度引入多尺度主元分析(MSPCA)方法,研究基于数据驱动的多尺度主元分析故障诊断方法。以图论模型、蚁群算法、神经网络为基础,给出了运载火箭漏电故障、潜通路故障智能诊断模型和模拟电路故障诊断。

第五章为航天发射飞行安全控制建模与智能决策,系统讨论安全控制的智能决策问题,指出发射飞行轨迹、速度、姿态等关键因素对安全控制的影响,建立了飞行轨迹融合、落点计算、安全管道计算等安全控制参数计算模型,阐明故障状态下液体推进剂火箭爆炸模式、弹片散布模型、毒气泄漏扩散模型和安全控制领域知识表示模型,对火箭飞行安全进行仿真模拟和现场态势分析,介绍根据落点及火箭爆炸残片散布范围和毒气散逸浓度场危害范围进行智能安控决策和应急决策的方法。

第六章对航天测试发射与控制的技术和方法及系统发展前景进行了展望,讨论了航天工程的发展对新型的测试技术和理论、故障诊断与预测、实时控制与决策等方面研究的需求,展望了航天测试发射与控制系统的信息化与智能化、一体化发展趋势。

第一章　航天测试发射与控制概述

　　航天工程被认为是 20 世纪对人类和社会产生重大影响的科学领域之一，人类的空间活动激发着人类的想象力和创新探索。航天发射技术难度大、系统庞大复杂、可靠性要求高，是高风险的系统工程。21 世纪人类将全面进入空间和利用空间资源，因此需要有低成本、安全、快速、日常的空间进入能力，这就使得航天发射应具有高可靠和高精度的特征。

　　本章是对航天测试发射与控制技术的概貌性的论述。本章的目的是，着重就研究对象、基本内容和论述范围等作一个简要的介绍，通过航天器和运载器的各个发展时期，阐述测试发射与控制技术和系统在航天发展各个阶段的特征，以信息采集、处理、分析、控制和决策的智能方法为主线，讨论航天发射高可靠运行的在线检测、分布式处理、诊断与决策控制问题，在宏观上对航天测试发射与控制技术和理论有一个总体的认识。

1.1　航天工程概述

　　航天工程（Astronautical Engineering）是指探索、开发、利用太空和天体的综合性工程，即综合实施航天系统，特别是航天器和运载器的设计、制造、试验、发射、运行、返回、控制、管理和使用的工程。航天工程有时还指某项大型航天活动、研制任务或建设项目，航天工程通常采用系统工程的理论和方法来组织实施。航天器和运载器的测试发射与控制是航天工程的一个最为基础和最为重要的环节之一。

　　航天器（Spacecraft）又称空间飞行器、太空飞行器，是按照天体力学的规律在太空运行，执行探索、开发、利用太空和天体等特定任务的各类飞行器。世界上第一个航天器是苏联 1957 年 10 月 4 日发射的"人造地球卫星一号"。

　　航天运载器（Space Launch Vehicle）又称运载器或运载火箭，是指把有效载荷从地面运送到太空预定位置（轨道）、从太空某位置运回地面或运送到太空另一位置的运载工具的统称，包括一次性使用运载火箭、部分重复使用运载器和完全重复使用运载器。

3

1.1.1 国际航天器和运载器的发展

现代火箭技术诞生以前,任何动力都不可能使物体达到宇宙速度。自古以来,人类就向往着遨游太空,直到天体力学的创立,使人们得以从动力学的角度来研究天体的运动,为航天先驱者寻求克服地球引力,从而进入太空奠定了理论基础。19 世纪后期到 20 世纪初,俄国的齐奥尔科夫斯基(Konstantin E. Tsiolkovsky)从理论上证明了用多级火箭可以克服地球引力而进入太空,提出环绕地球表面运转的第一宇宙速度、脱离地球引力场的第二宇宙速度和脱离太阳系引力场的第三宇宙速度的概念,建立了火箭运动基本数学方程,奠定了航天学的基础。人类遨游太空的理想才逐步实现。

第二次世界大战以后,美国和苏联相继研制成功中、远程弹道式地地导弹。1957 年 8 月和 12 月,苏联和美国分别成功发射了洲际导弹,同年 10 月 4 日,苏联利用这种导弹改进成"卫星"一号运载火箭成功发射世界上第一颗人造地球卫星,揭开了人类航天的新篇章。一个月后,苏联再次利用这种运载火箭,将载着小狗"莱伊卡"的"卫星"二号送上太空。1958 年 1 月 3 日,美国由冯·布劳恩改进设计的"丘比特"C 运载火箭将第一颗"探险者"一号人造卫星送入了太空轨道。1961 年 4 月苏联用"东方"号运载火箭成功地发射了世界上第一艘载人飞船"东方"一号,加加林成为世界上第一个进入太空的人。1969 年 7 月美国用"土星"五号运载火箭发射了"阿波罗"十一号飞船,实现了载人登月飞行,美国航天员阿姆斯特朗成为世界上第一个登上月球的航天员。继苏、美之后,法国、日本、中国、英国、欧洲空间局和印度,相继用自行研制的运载火箭成功地发射了自己的第一颗人造卫星。

以后,随着航天任务的发展和新型航天器的诞生,运载火箭获得了飞速的发展,成为人类通向太空的"登天梯"。

从发展历史看,运载火箭是在弹道导弹的基础上发展起来的,去掉导弹弹头,火箭作适应性修改形成了运载火箭。

1.1.2 我国航天器和运载器的发展

1956 年 10 月 8 日,我国成立了以著名科学家钱学森为院长的第一个导弹研究院,专门负责我国导弹航天技术的研究。自此以后,我国的导弹航天技术获得了迅速发展。

(1)导弹武器。我国的导弹武器研制,始于 20 世纪 50 年代末,1964 年 6 月,我国的第一枚弹道导弹发射试验成功,为航天事业的发展奠定了基础。以后又陆续研制成功中程地地液体导弹、洲际导弹、潜射固体导弹等。

我国地空导弹、空空导弹、反舰导弹的研制也获得了长足发展,同时还进行了现代巡航导弹的研究开发工作。目前,我国已拥有多种系列和多种型号的近程、中程和洲际导弹以及各类战役战术导弹,建立了自己的战略核威慑力量和常规精确打击力量。

(2)运载火箭。我国的运载火箭是随着导弹的发展而逐步发展起来的,始于 20 世纪 60 年代中期,经过探索和艰苦的努力,已形成"长征"系列运载火箭,包括"长征"一号(CZ - 1)系列、"长征"二号(CZ - 2)系列、"长征"三号(CZ - 3)系列、"长征"四号(CZ - 4)系列等基本型和改进型运载火箭。"长征"三号运载火箭成功发射使我国成为继美、苏之后世界上第三个掌握低温高能(液氢、液氧)火箭推进剂的国家,继美国之后第二个掌握发动机二次启动技术的国家。目前,我国"长征"系列运载火箭已经可以发射近地轨道、太阳同步轨道和地球同步转移轨道的各种卫星,近地轨道运载能力 0.75t ~ 9.2t,地球同步转移轨道运载能力 1.5t ~ 5t,覆盖面很大。由于技术继承性好、先进成熟、价格低廉,我国"长征"系列运载火箭已成功跻身于世界航天商业发射市场。到 2007 年 6 月 30日,"长征"系列运载火箭完成了 100 次发射,将 112 个国内外航天器运送到了预定的轨道。截至 2011 年 12 月底,我国"长征"系列运载火箭共进行了 155 次发射。

(3)航天器。我国于 1970 年 4 月 24 日用"长征"一号运载火箭成功发射第一颗卫星"东方红"1 号,成为了世界上第三个能独立研制和发射人造卫星的国家。

我国的返回式卫星于 1975 年 11 月,用"长征"二号运载火箭成功发射,成为了继美、苏之后世界上第三个掌握卫星返回技术的国家,为成功开展载人航天活动打下了坚实基础。

我国的通信卫星于 1984 年 4 月用"长征"三号运载火箭发射了第一颗对地静止轨道试验通信卫星"东方红"2 号,并定点于东经 125°赤道上空。

我国的气象卫星,以"风云"命名。1988 年 9 月发射第一颗"风云"一号太阳同步轨道卫星,后成功发射了四颗极轨气象卫星"风云"一号和三颗静止气象卫星"风云"二号,为我国的气象预报作出了重大贡献。我国是世界上少数几个同时拥有极轨和静止气象卫星的国家之一。

我国的飞船,以"神舟"命名。1999 年 11 月、2001 年 1 月、2002 年 3 月和2002 年 12 月先后 4 次成功发射了"神舟"一号至"神舟"四号无人飞船,在绕地球飞行后,飞船均成功返回。2003 年 10 月 15 日成功发射了第一艘载人飞船"神舟"五号,航天员杨利伟第一次进入了太空,我国成为了继苏联、美国之后第三个能够独立开展载人航天活动的国家。2005 年 10 月,我国成功发射了第二艘载人飞船"神舟"六号,首次实现了多人多天的飞行试验。2008 年 9 月25 日 ~ 28 日,我国顺利完成了"神舟"七号载人航天飞行任务,首次实现了航天员出舱活动。"神舟"八号无人飞船,于2011年11月1日发射升空。升空后2天,"神八"与此前发射的"天宫"一号目标飞行器进行了空间交会对接,组合体运行12天后,"神舟"八号飞船脱离"天宫"一号并再次与之进行交会对接试验,这标志着我国已经成功突破了空间交会对接及组合体运行等一系列关键技术。

"天宫"一号是我国第一个目标飞行器,于2011年9月29日发射,飞行器全长10.4m,最大直径3.35m,由实验舱和资源舱构成。它的发射标志着我国开始建设首个空间实验室,2011年11月3日凌晨顺利实现与"神舟"八号飞船的无人交会对接。2012年6月16日,"神舟"九号载人飞船发射成功,并于6月18日执行了自动交会对接任务,6月24日成功进行了手动交会对接。

我国的导航定位卫星,以"北斗"命名。从2000年开始相继建设"北斗"卫星导航试验系统("北斗"一号)和"北斗"卫星导航定位系统("北斗"二号)。"北斗"一号的第一、二颗卫星分别于2000年10月31日和12月21日发射升空,组成了完整的双星定位导航系统,确保全天候、全天时提供卫星导航信息。从2007年开始正式建设"北斗"卫星导航定位系统("北斗"二号),第一颗"北斗"二号卫星于2007年4月14日成功发射,到2011年12月2日成功将第10颗"北斗"导航卫星送入太空。"北斗"卫星导航系统是除美国的全球定位系统(GPS)、俄罗斯的GLONASS之后第三个成熟的卫星导航系统。

我国的深空探测卫星,以2007年10月24日"嫦娥"一号月球探测卫星的成功发射为标志,实现了中华民族千年奔月梦想。2010年10月1日"嫦娥"二号发射成功,卫星传回了清晰的月球表面影像数据和月球极区表面数据,标志着我国探月工程又向前迈出了重要的一步。

由上述可见,自20世纪50年代至21世纪初,我国的航天事业获得了长足的发展。

1.2 航天测试发射与控制系统

航天测试发射与控制是利用反映航天发射过程的关键数据,综合测发、测控、气象、勤务等系统的信息,对航天发射过程进行优化决策和控制。航天发射因其技术难度大、系统复杂度高等原因,并涉及众多的学科领域,既是一项大规模、综合性很强的复杂工程,又是一项高风险的系统工程。它既包括运载火箭和航天器本身及其发射时必需的各种地面设施、地面设备及测发方案和流程,也包括平时在运载火箭和卫星测试、指挥、诊断、日常维护中所必需的全套设施及设备。它是一个典型的涉及多人、多机、多环境的大规模复杂结构系统。

航天测试发射与控制系统是由导弹的测试发射控制系统演变而来的。第二次世界大战期间,德国首先将火箭用于战争,制造了著名的V2火箭,用于远距离袭击英国伦敦。尽管当时的火箭制导精度较差,但还是显示了其潜在的强大威力。早期导弹的测试发射非常简单,严格地说还不能称其为独立的测试发射与控制系统。主要是依靠人工对导弹进行简单的测试后实施发射。导弹起飞后,主要依靠导弹自身的控制系统按照预先设计好的飞行程序进行飞行并攻击目标,还没有能力对导弹进行跟踪测量。

进入二十世纪五六十年代后,美国和苏联由于冷战的需要,非常注重导弹的测试发射技术的研究,提高发射可靠性和快速反应能力。导弹的测试发射控制系统由简单的人工测试发展为计算机自动化测试发射控制,测试发射控制系统也逐步发展为由导弹的测试分系统、测量分系统、预警分系统、信息传输分系统、指挥分系统等组成的复杂大系统。

运载火箭的测试分系统的主要功能是完成运载火箭发射前的各子系统的检测,判断各子系统工作是否正常,为指挥人员提供运载火箭的状态信息,供指挥人员决策。

运载火箭的测量分系统主要是对飞行过程中的运载火箭进行跟踪测量,通过雷达、光学设备,获取运载火箭的飞行数据。通常是运载火箭的速度、距离、高度、方位等信息,以描述运载火箭的飞行轨迹。另外,还可通过遥测设备,接收运载火箭通过遥测发回的反映运载火箭飞行的状态参数,通常是惯性器件的加速度表当量、平台的框架角数据、姿态信号、计算机特征量、发动机喷嘴压力、温度等参数,用于判断运载火箭的工作状况。

1.2.1 航天测试发射与控制系统的组成

目前,世界上的航天测试发射与控制系统,通常由具有不同功能的分系统组成。这些分系统主要是测发(测试发射)分系统、测控分系统、通信分系统、气象分系统、勤保分系统,如图1-1所示。主要承担航天测试发射与控制任务的组织指挥,运载火箭、航天器(卫星、探测器等)的卸车(机)、转载转运、吊装对接和运载火箭、卫星测试、加注及发射,运载火箭飞行段的测量控制,为发射任务提供通信、气象和其他技术勤务保障等任务。

(1)测发分系统。测试发射分系统的基本任务是完成卫星、运载火箭的测试与发射,主要在技术区和发射区完成。技术区主要承担卫星、运载火箭单元测试、姿控推进剂加注、卫星推进剂加注等任务。发射区主要承担星、箭转场后的吊装对接、测试、加注发射任务。

(2)测控分系统。测控分系统完成规定弧段运载火箭飞行外弹道测量和起飞段漂移量测量。完成遥测数据接收、记录、传输及处理,实时监视、判定运载火箭飞行情况,发生故障、情况危急时实施安全控制。为发射指挥机构提供监视、显示信息。

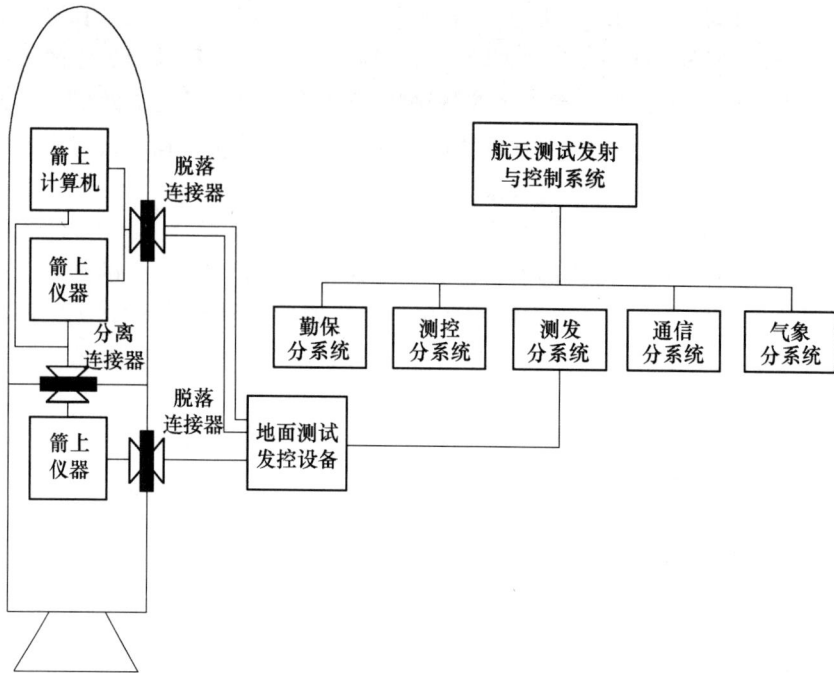

图 1-1　航天测试发射与控制系统

（3）通信分系统。通信分系统的主要任务是为各分系统提供指挥信息和测试信息传输通路,为发射提供时间统一勤务。时间统一勤务,是在发射程序中为各参试系统提供标准时间信号和标准频率信号,使各分系统设备在统一的时间基准下工作。

（4）气象分系统。气象分系统的主要任务:一是对星、箭转场,加注发射等重要环节进行中、短期气象预报,为制定发射计划提供决策依据;二是对诸如火工品测试操作、推进剂加注、发射等重要和危险性操作在实施前和实施过程中,进行雷电等灾害性天气及最低发射气象条件的实时监测与预报。

（5）勤保分系统。勤保分系统为航天发射任务提供必要的支持服务和保障,包括铁路、公路、航空运输保障,营房、油料、物资,供电、供水、消防、计量、特燃特气以及医疗救护保障等。

1.2.2　航天测试发射与控制的主要功能

航天测试发射与控制系统的主要功能有以下 3 项:

（1）对运载器和航天器的各分系统进行测试,获取相关的测试数据,判断被测系统的性能是否符合设计要求,功能是否正常,系统是否协调匹配。

（2）组织指挥航天器的发射。根据各系统的工作状态,判断是否能进行航天器的发射。

8

（3）对运载器和航天器的飞行过程进行实时监控。利用光学、雷达、遥测等测量设备，获取飞行过程中反映各分系统工作状态的实时参数，判断飞行状态是否正常，必要时可对运载火箭进行安全控制，或对卫星进行变轨控制，完成相关的控制任务。

航天工程所要求的高精确性、可靠性、快速性等使得航天发射系统的复杂程度达到 10^6 以上；随着航天任务的多样化，航天发射系统的大型化和复杂化，航天测试发射和飞行测控中的数据类型越来越多，数据呈海量增长趋势；并且，航天测试发射与控制系统具有其他复杂系统不具备的特殊性，如过程不可逆、高危险、部件不可重复使用、系统与自然环境强关联。这些特征及特殊性伴随着航天测试发射与飞行控制中的诸多不确定性，对航天测试发射与控制技术提出了更高的要求。

因此，需要综合应用信号检测与估值理论、多传感器信息融合处理理论、复杂系统理论和方法、先进控制理论以及故障诊断、人工智能等各类先进的控制理论和方法，分析影响系统运行安全性、可靠性和鲁棒性的关键因素，以信息采集、处理、分析、控制和优化决策的智能方法，建立新型航天测试发射与控制自动化系统。

航天发射测试与控制可以分为 4 个主要阶段：

（1）测试工作阶段。在该阶段的主要任务是对运载器和航天器（有效载荷）进行功能测试、单元测试、分系统测试、系统综合测试、功能检查等测试，以判断运载器和航天器的各项功能指标是否正常，质量是否满足发射的要求。

（2）加注工作阶段。进入发射工作阶段后主要对运载器进行推进剂加注前的功能检查、推进剂加注以及射前的各项准备工作，根据获取的运载器的测试数据，判定运载器的各项功能是否正常，确定是否进行发射。

（3）星箭飞行阶段。也称为运载火箭的主动飞行段。在运载器飞行的主动段，根据运载器飞行的情况，进行飞行安全控制，保证航区的人员、财产安全。

（4）入轨工作阶段。航天器入轨过程及入轨后，要根据航天器的任务，进行变轨控制和执行特定任务控制。

本书主要讨论前 3 项内容，研究航天测试发射与控制技术，将新的智能系统理论与技术引入到航天测试发射与控制中，提高航天发射成功率，确保发射安全。

1.2.3 航天测试发射与控制工艺流程

测试发射与控制工艺流程是通过对测试发射与控制阶段进行合理的划分，规定测试发射各阶段产品及地面设施、设备的技术状态，设置各阶段的工作项目，并根据测试方法、测试内容和测试程序，对其先后顺序进行科学合理的安排。主要由发射任务的性质、发射对象及其特性、测试发射工艺流程模式、测试发射控制方式等因素确定。

为保证航天器安全、准时发射,需要进行全面、综合的测试,检验航天器、运载火器、发射场系统、地面测控通信系统的协调性和匹配性,保证产品在发射前功能正常、性能良好、技术状态正确无误,完成航天器发射任务。制定测试发射与控制流程的原则是:设备级测试、分系统测试、匹配测试、总检查,先接口检查后性能测试。测试发射流程一般可以分为以下阶段:技术区单元测试阶段;技术区撤收转场阶段;发射阵地分系统匹配阶段(分系统测试、系统匹配检查);总检查阶段;加注发射阶段。测试发射与控制工艺流程如图 1-2 所示。

因此,测试发射与控制工艺流程对提高发射成功率和效率十分重要。它确定了航天器及其运载器等航天产品进入发射场参加发射的工艺路线、关键的技术状态、主要的工作项目、各系统之间及单个项目之间的相互关系和先后次序、时间安排及质量安全控制关键节点、大系统之间的联合操作、发射区的最后工作项目和发射程序,以及安全可靠性保证措施的技术方案。

显然,测试发射与控制工艺流程是组织指挥航天器及其运载器发射最重要的总体技术方案,规定了检查、装配、测试、对接工作,及其工作相互之间的转换、衔接方法,产品由技术准备转入发射直接准备,直至实施发射的工作程序、联合操作内容、安全可靠性措施等,与发射任务性质、发射对象和自动控制技术、通信技术、电子技术、计算机技术等发展水平有密切的关系。

制约测试发射控制流程的因素很多,主要包括以下几点:

(1)合理确定测试目标,满足星箭测试覆盖性要求,所有质量问题必须按五条标准归零。

(2)测试项目是在系统级上对航天器和运载器进行"健康状态"检查,满足发射状态要求。包括系统检漏、系统精度复测、系统功能复测、系统阻值复测、质量特性测试、极性检查等。

(3)根据测试大纲策划相应的测试状态,设计测试模式,编制测试细则。

1.2.4 航天测试发射与控制系统发展

航天发射测试与控制技术的发展主要以美国、苏联、英国、法国为代表。而且,航天发射测试与控制技术是从导弹的测试发射与控制开始研究和应用的。由于运载技术的发展,随着可靠性、安全性等运载性能的提高,运载火箭组成也由简单到复杂,如图 1-3 所示。

(1)人工手动测试。运载火箭测试发射技术主要以人工手动测试为主,技术人员直接用万用表、信号发生器、示波器等仪表,对运载器和航天器进行手工测试操作和对测试结果进行人工判读,如图 1-4 所示。这种测试方法效率低,容易出人为差错;其优点是测试系统简单,价格低廉。

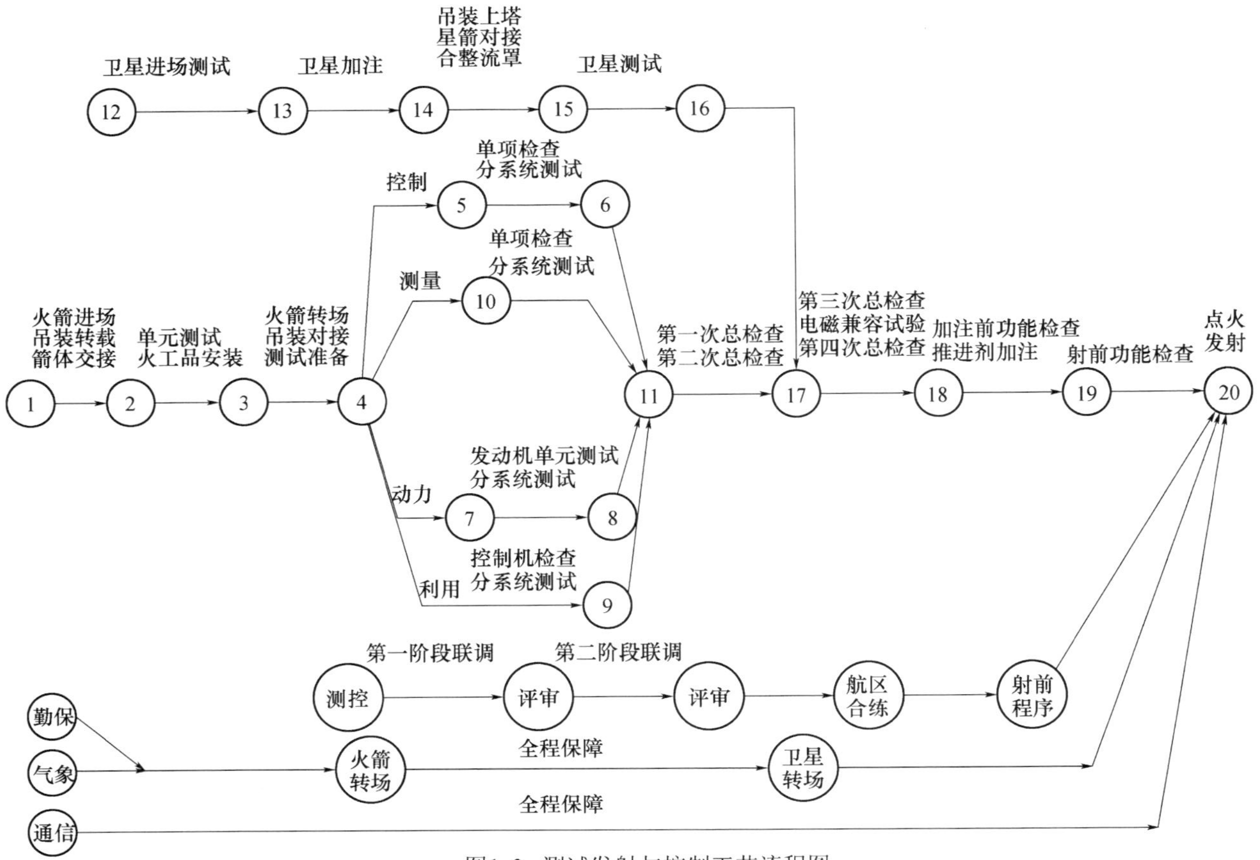

图1-2 测试发射与控制工艺流程图

11

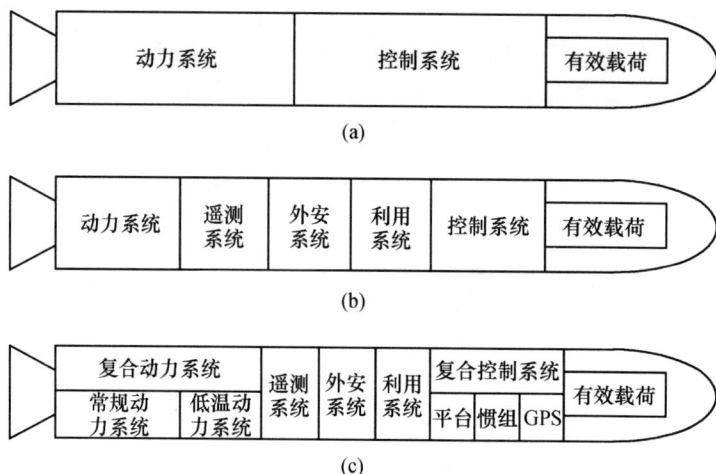

图 1-3　运载火箭结构演变

(a) 简单的火箭；(b) 较复杂的火箭；(c) 复杂的火箭。

图 1-4　运载火箭人工测试系统

（2）机电式、模拟式导弹自动化测试系统。由于美国和苏联在冷战时期对抗的需要，两国均下大力气研究开发导弹快速测试发射与控制系统。针对各种专用的机电式程序测试发控系统，人们设计了专供测试使用的测试控制台，根据编写的测试程序，利用测试控制台，完成对运载火箭、航天器的测试，模拟计算机自动测试发控系统进入实用阶段。

（3）自动测试发射与控制系统。由于计算机技术的发展，且计算机产品价格低廉，性能优良，加之大量实用的计算机高级语言的出现，推动了计算机自动测试发射控制系统的飞速发展。其典型代表系统有：美国马丁公司研制的MARTAC 导弹自动测试系统；美国宇航局主持开发的"土星" V 自动检测系统；英国航天航空公司的通用测试系统 UTE(Universal Test Equipment)；法国航空航天公司的自动测试设备组合 ATEC(Automatic Test System Series)；NASA/GS-FC POCCNET 分布式测试系统(GSFC：歌达德宇航中心；POCCNET：仪表舱操纵控制中心网络)。

（4）新一代自动测试系统。以分布式综合测试、在线自动测试、智能故障诊断及辅助决策为特征，具有信息共享和交互的体系结构，能够满足测试系统

12

内部各组件间、不同测试系统之间、测试系统与外部环境间信息的共享与无缝交互能力。目前,美国在测试技术上采用了"三化"(模块化、组合化、通用化),并利用了箭上总线技术,由箭上计算机实施运载火箭的地面测试工作,提高了测试效率,缩短了测试周期。法国"阿里安"系列运载火箭、美国"大力神"运载火箭等,已经把遥测系统作为数据采集的重要手段,采用了无线接收测试数据方案,在发射前监视火工品系统、动力系统、控制系统以及环境检测。为了提高测试信息的可靠性,避免遥测信息通过电磁波途径传送受到环境干扰,增加了PCM数据流通过同轴电缆传递到地面接收系统的方案。我国航天发射已在CZ-2C、CZ-2D、CZ-4A、CZ-4B 实现了初步的"三化"。

在进入 21 世纪后,航天测试发射与控制系统出现了新特点,如载人航天的"三垂"模式和由近控向远控模式转变。计算机自动测试系统的应用,大大提高了测试效率,运载器和航天器的测试速度、测量数据的准确度、数据处理的精确度以及测试的可靠性等均取得了显著的进步。随着各种航天新技术的出现,人类对空间探索的期望进一步提高。运载火箭的技术将更加先进和复杂,系统的冗余度将大大提高,运载火箭本身的可靠性也随着提高。运载火箭逐渐发展到由控制、动力、遥测、安全、利用等分系统组成的综合系统。控制系统的组成也日趋完善,由箭上计算机、惯性器件、加速度计、程序配电器、伺服机构、功率放大器等组成。测试发射的控制指挥技术由电子化发展到先进的 C^{4}I 网络化集成,航天测试发射与控制系统也随之向大规模复杂系统发展,如图 1-5 所示。

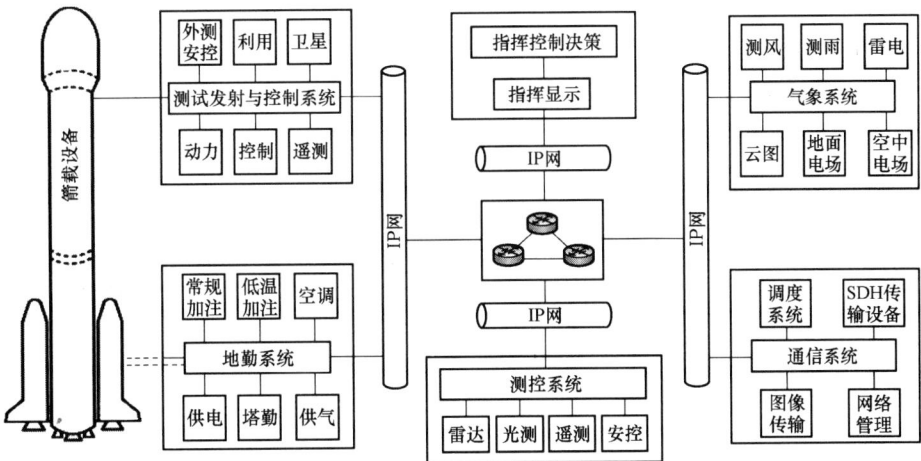

图 1-5 IP 网互联的航天发射测试与控制系统
——表示信息连接;= = = = =表示非电信号连接。

13

1.3 智能化技术在航天发射测试与控制中的应用

21 世纪,人类全面进入空间和利用空间。对空间资源的开发和利用,需要有低成本、安全、快速的空间进入能力。当前在高性能、高可靠、高密度和高精度要求下航天发射的主要特征体现在以下方面:

(1) 工作的高风险性。航天发射是一个高风险行业,任何一个设施故障,甚至是误操作,都可能导致发射失败,给国家造成巨大损失,危及工作人员的生命安全。

(2) 发射的时限性。每次航天发射都受窗口时间限制,一般不到 2 小时,最短是零窗口,如果发射设施发生了严重问题,错过了窗口时间,发射任务只能推迟或取消。每次低温燃料加注后,要求在规定的时间内必须实施发射;若因故泄出燃料并重新组织发射,一般要推迟几天,甚至取消发射。

(3) 具有许多其他复杂系统不常见的特性,如过程不可逆性、部件不可重复性、主体系统与环境强关联性、强物理约束条件等。

(4) 设备的结构日益复杂化,使用元器件越来越多,自动化程度越来越高。因此,为了确保系统和设备的可靠性,必须确保元件和零部件的可靠性。有一个元件或零部件不可靠,就有可能造成重大损失。这使得与系统安全性和可靠性相关的变量数目巨大,对安全发射决策带来挑战。

(5) 利用已有的数学工具,从系统机理角度进行系统建模困难。过程的内部机理复杂,影响系统运行的因素多。整个系统不仅表现出很强的非线性,而且组成整个系统的各个子系统之间的耦合关系复杂,有些子系统之间的耦合关系还是随时间动态变化的。

目前,航天测试发射与控制已经开始由计算机自动测试系统向智能化方向发展,围绕航天发射的检测测试、控制与决策,将控制理论与智能方法相结合,采用学科交叉和学科融合手段,开展系统信号检测与估值理论、多传感器信息融合处理理论、复杂系统的理论和方法、人工智能等各类先进控制理论和方法研究,掌握航天发射过程及其控制系统中复杂对象的特性分析、建模与控制决策,逐步形成航天发射建模、控制与指挥决策的理论体系和技术,实现航天发射过程智能化决策与控制。

1.3.1 航天智能化测试发射控制与决策系统

人工智能以及智能信息处理、计算机技术与控制技术的结合和迅速发展,在测量过程自动化、测量结果的智能化处理和计算机控制等方面都有了巨大的进展。如前面所述,航天测试是在发射过程中,为了准确了解运载器各部件、子系统、分系统和整体的状态和性能,需要对被控对象特征的某些关键参数进行检测,其目的是准确获得表征它们的有关信息,以便对被测对象进行定性了解和定量掌握。测试分析和处理在一个物理变化过程中进行,称为"在线"测试;在此过程之外或过程结束后对提取的样本进行操作,称为"离线"分析和处理。

人们对"智能"的概念有不同的理解,通常认为是能随外界条件的变化,运用已有知识解决问题和确定正确行为的能力。也就是说智能是随外界条件的变化正确地进行分析判断和决策的能力。智能往往通过观察、记忆、想象、思考、判断等表现出来。推理、学习和联想是智能的3个基本要素。推理就是从一个或几个已知的判断(前提),逻辑地推断出一个新判断(结论)的思维形式。推理过程包括从个别到一般(归纳推理)和从一般到个别(演绎推理)两种方式:学习就是根据环境变化,动态地改变知识结构。学习方式有机械学习、指导学习、实例学习、类推学习等;联想就是通过与其他知识的联系,能主动地认识客观事物并解决实际问题。

智能测试信息处理是在经典的检测处理和控制理论及方法的基础上融入了某些人工智能技术,或者在测试信息处理与控制的过程中通过人机交互界面加入了人对工作过程的干预(这种干预体现了人对环境的感知能力和自身经验),都可以称为智能测试与控制。由于航天发射系统具有大规模、带复杂约束、多目标、不确定性等特征,因此需要在测量、处理、性能测试、故障诊断和决策输出等过程中充分地开发和利用计算机完成运算推理的人工智能技术,模仿或代替与人的思维有关的功能,构造智能测试、智能控制、自动诊断系统等实际的智能系统。在人工最少参与的条件下,以获得最佳和最满意的结果,并具有测试速度快、处理能力强、工作可靠、使用方便灵活等特点,实现测试处理、诊断、管理决策一体化。

航天智能测试发射控制技术指能自动获取测试信息,利用相关的知识和策略,采用实时动态建模、控制、人工智能与决策等技术,对航天发射过程实现测试、监控、诊断与控制。通过智能测试发射控制技术能有效地提高被测对象(过程)的安全性和获得最佳性能,并使系统具有高可靠性和可维护性,高抗干扰能力和对环境的适应能力,以及优良的通用性和可扩展性。因此,以智能化为特征,以系统控制理论和方法为基础,针对航天发射过程的测试、诊断、控制与决策需要,综合和应用信号检测与估计理论、多传感器信息融合处理理论、复杂系统的理论和方法、先进控制理论及技术、计算机技术、数据通信技术、可靠性技术、人工智能与专家系统、智能决策等理论和技术,就构成了航天智能测试发射与控制技术。智能化测试发射控制与决策系统的基本结构如图1-6所示。

从图1-6中可以看出,系统主要由参数测试、网络传输、综合数据处理和分析、发射控制、故障诊断、态势估计和智能决策六部分组成。

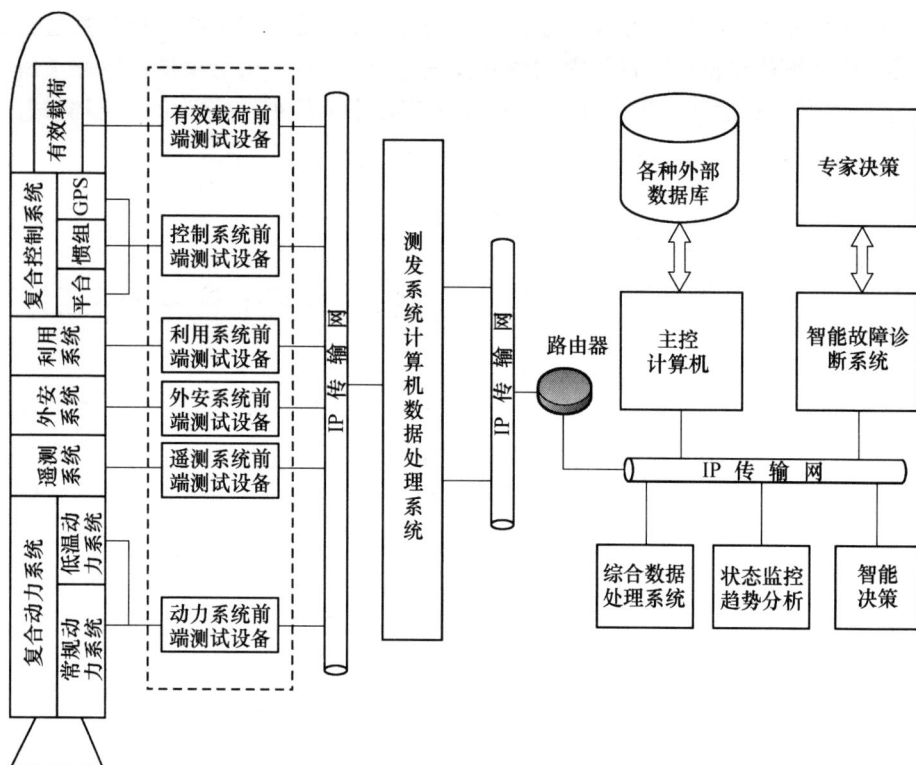

图 1-6　智能化测试发射控制与决策系统结构

（1）参数测试部分。参数测试部分主要由检测和测量设备组成。测试的信号有 3 种形式：

① 模拟量：检测的各种模拟信号，由相应类型的传感器转换成电信号，经过 A/D（模/数）转换器，将模拟信号转换成方便计算机接收处理的数字信号，通过测试设备由网络传送到计算机。

② 数字量：待测的某些数字量通过传感器转换成二进制信号，经过放大（或衰减）以与接口电路的要求相适配，再经测试设备由网络传送到计算机。

③ 开关量：当行程开关或限位接点接通时产生的突变电压就是开关量。待测的各种开关信号，由测试设备将其转换成直流电压，然后经由网络传送到计算机。

（2）网络传输。针对运载火箭上控制系统及相应的地面测试系统信息处理的特点，采用具有可靠性高、实时性好、开放性和容错性强等优点的数据总线结构（如 1553B 总线网络），实现地面测试、发控、综合诊断等都面向总线进行一体化设计，能够有效地简化系统结构，减少中间环节以提高系统可靠性和工作效率，缩短发射周期并提高发射成功率，有利于综合测试的小型化、模块化、通

16

用化、智能化、自动化和可视化,从而提升系统的整体性能。

(3)综合数据处理和分析。根据测试数据和遥测数据,分析参数的数据完整性、一致性和相关性,并从数据多源融合的角度提高数据处理和分析的质量。

(4)发射控制部分。后端手动或自动发出指令、前端响应后端指令、控制箭上设备工作,完成相关测试以及射前准备工作。

(5)故障诊断。运载火箭故障诊断主要体现在两个方面。首先在分系统测试、综合测试等测试环节中,需要基于测试数据对运载火箭进行故障诊断、排查、性能评价,及时对故障进行检测、诊断和定位。另外,为支持安全控制分析和决策,需根据遥测数据分析运载火箭的参数变化趋势和工作状况,实时诊断异常工况和安全评估。

(6)态势估计和智能决策。针对运载火箭安全控制及应急保障,进行运载火箭发射飞行安全的仿真模拟和现场态势分析,建立运载火箭、卫星发射场完善的组织救援体系和故障处置方案和应急措施,提高安全应急保障能力和实时决策。

1.3.2 航天智能化测试发射控制与决策的关键技术

1. 综合数据分析和智能信息处理

针对获取航天测试、发射与控制中各种类型的测量数据及其数据特征,采用时域和频域数据处理方法对其进行检验、选段、加工和检择等处理,剔除实测信号中的奇异项、趋势项、周期性干扰和噪声干扰,克服传感器、变换器造成的零位漂移影响,完成各类正常数据提取和异常数据的分离,通过整合、规范、分类等策略,解决数据的描述与一致性、完整性等问题,为高层的数据融合、智能判读、可靠性分析以及辅助决策提供有效的数据支持。

研究航天测试发射中各种参数的数据模式特征提取方法和算法。综合历史数据研究系统中部件、子系统、系统等不同层次参数的关联模型,获得关于系统参数完整、准确的信息,构建测量数据的质量评估模型。通过对实时的、新加入的样本进行在线学习,使得质量评估模型随着时间推移逐步完善,从而实现测量数据质量的智能评估。

2. 系统智能化诊断方法与性能质量综合分析

研究适合于航天发射领域的小样本和强干扰数据样本信息特征分析及提取方法,状态数据动态特征提取和状态模式特征重构方法,以及故障的并发性和相关性建立相关模型,为系统安全运行、故障诊断分析、可靠性分析提供可靠的数据;实现对状态变化的预测,完成对运载器相关部件、单元和子系统的变化趋势的预测,实现对运载器系统的各个环节或潜在故障诊断,以及设备重复使用可行性分析,为系统维护和改造提供相应的科学依据。

根据各子系统之间的横向耦合和约束关系,以及系统各层次递阶关系,建立系统工作综合性能监测评价模型,适合于航天测试发射与控制系统数据异常特征分类的快速算法,实现对整个系统的综合性能及各设备运行状况的在线评估。

3. 测试发射和测控多源信息融合

针对测试数据类型多、数据分辨率不一致等特点,通过分布式、异构、多尺度的多信源融合理论,在进行多源异构信息特征空间描述、特征提取的基础上,建立多源异构信息的统一描述方法,在时变、复杂约束和不确定性条件下,对航天测试、发射和控制过程中的测量数据进行时空对准、非结构化信息互补集成,提高信息融合结果的准确性和可靠性。

在航天发射飞行中,遥外测参数表现了飞行状态和飞行轨迹。由于单个信源的偶发性误差将对数据产生很大的影响,因此研究从发射到二级运载火箭分离之间关键参数的变化趋势和预测方法,融合多参数信源的有效信息,有效避免偶发性系统误差的污染,降低事件的不确定性,改善系统探测性能,提高系统可靠性和容错能力。

4. 智能控制与决策

围绕航天发射系统复杂,具有不可逆、带复杂约束、多目标等特性,研究航天发射过程及其控制系统中复杂对象的特性分析、建模与控制决策问题。通过分析多层次上的动态数据和信息特征,获取被测、被控系统的性能和运行状态,研究适合于航天测试发射与控制系统的分布式决策方法,建立集中式全局目标的分解方法、耦合约束条件处理方法和分布式决策方法。掌握航天测试发射与控制系统中复杂对象的特性分析、建模与控制方法,实现航天发射智能化测试控制与决策。

第二章 航天测试发射与控制网络

航天测试发射与控制网络是指航天器、运载器测试发射与控制网络和数据传输网络,使测试系统内部各组件之间、不同测试系统之间、测试系统与外部环境间信息的共享与无缝交互,实现测试发射与控制的智能诊断和综合决策指挥。20 世纪 50 年代,由导弹测试发射与控制系统开始,逐步建立了人工手工测试、机电模拟式半自动化测试系统和自动测试发射与控制系统。在航天器和运载器大型化、复杂化的测试任务驱动下,测试和控制技术朝网络化、自动化、智能化、一体化方向发展,使系统具有信息共享和交互的网络体系结构,实现快速准确的智能故障诊断和综合指挥。

本章中,以航天测试发射与控制系统为对象,介绍航天测试发射与控制总线网络,以 C^3I 系统为对象介绍航天测试发射与控制综合指挥网络,给出了航天测发控(测试发射与控制)总线网络的发射测试自动化网络、发射远程控制网络体系结构,讨论了网络可靠性设计、实时性设计以及网络性能分析相关设计内容;以及实现综合指挥的航天测试发射控制与指挥系统传输互联网络,并分别给出了基于 1553B、LXI 总线和 PLC 技术的测发控网络的构建实例。

2.1 航天测试发射与控制网络概述

航天发射工程是一项大规模的、综合性很强的工程,涉及众多的学科领域,它既是一个涉及多个不同系统和技术的复杂过程,又是一项高风险、庞大复杂的系统工程。以运载火箭发射为例,需要有效地集成航天发射过程中运载火箭测试、诊断等关键数据,综合测试、发控、数显、网络、数据库、故障诊断、监视系统和配电系统几个单元的内容,融合各个系统有关控制、测量以及数据处理,物理上通过总线和互联网络形成分布式的处理体系,有效实现测试处理、诊断、管理决策一体化。根据图 1-6 所示航天测试发射与控制系统,可划分为航天测发控总线网络和综合指挥网络,前者是以实时测试与控制为特征的航天测发控总线网络,后者是通过气象、勤保、调度、指挥等信息共享与交互实现综合决策指挥的航天测试发射控制与指挥系统传输互联网络,如图 2-1 所示。

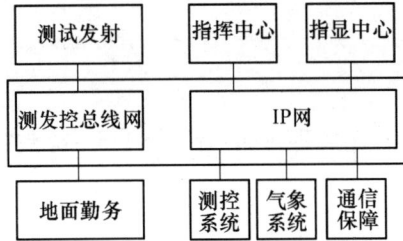

图 2-1　航天测试发射控制与指挥系统传输互联网络示意图

2.1.1　航天测试发射与控制总线网络

1. 测试发射与控制方式

测试发射与控制是指航天器及其运载器在发射场进行技术准备和发射时，地面设备对其综合测试和发射过程进行控制的方式。世界各国航天器及其运载器的测试发射控制方案，按照距离区分，大致分为两类，一是近距离测试发射控制；二是远距离测试发射控制。

1）近距离测试发射控制方式

运载火箭和航天器的测试发射最先采用了这种方式。它的特征是：发射场设有两个测试区，各有一套测试发射设备，分别对航天器及其运载器进行水平综合测试、垂直综合测试及发射；在发射区设置坚固的地下发射控制室，防止发射时产生的声振、热辐射以及意外爆炸事故对测试发射人员的伤害。

这种方式是和测试发射工艺流程的测试区和发射区模式相对应的，即一个发射场含有技术区和发射区，不同状态下（水平、垂直）对航天器及其运载器进行测试。

2）远距离测试发射控制方式

20 世纪 60 年代，美、苏相继发展了远距离测试发射控制技术，美国甚至由一个控制中心利用计算机控制几枚运载火箭的测试和发射。这种方式的特征是发射场取消了坚固防护的地下发射控制室，而在技术区设置了测试发射控制室，该中心的一套测试发射设备兼顾技术区综合测试和发射区综合测试，以及对发射的远距离控制，使技术区和发射区连为一体。

目前，采用"三垂"模式的国家，普遍采用了远距离发射控制技术。这是世界航天发射控制技术发展的主流趋势和方向。

我国载人航天发射场采用的远距离测试发射控制方式，是与"三垂"测试发射工艺流程方案相配套的。采用先进的高新技术，建立高度自动化的发射场。"三垂"模式和远距离测试发射方式，都把发射场的重心转移到技术区，通过垂直转运轨道和信息线路将技术区和发射区更紧密地连在一起，建立了统一的航天发射场;发射场测试发控制中心对飞船、运载火箭的测试、加注、消防、电缆摆杆、瞄准窗关闭的监测监控,采用了以计算机网络为核心的测试发射指挥监控系统,实行对发射点火和待发段航天员应急救生的辅助决策;对火灾、推进剂泄漏、供电干线的巡回监测;加注、供气、空调、非标设备、废气处理系统本身也采用计算机实行自动化控制,有效地提高了测试发射的安全性和可靠性。

（1）安全的远距离测试发射控制中心。在远离发射台的技术区设置内部环境条件较好的测试发射控制中心,对产品实施远距离控制,进一步提高了发射的安全性。

（2）先进的远距离信息传输技术。飞船采用无线为主、有线为辅的方案,有线传输采用光纤为主、电缆为辅的方案。运载火箭采用有线为主、无线遥测为辅的通信方式,有线传输以光纤为主、电缆为辅。

（3）发射勤务设施的远距离控制。发射区加注、消防、摆杆、瞄准等设施设备采用计算机工业网络控制和监控方案,实现远距离监测、控制功能,安全、可靠,自动化程度高。

2. 测试技术与测试控制网络

测试技术是一门随现代科学技术的发展而迅猛发展的技术,产品的性能必须运用测试技术来定性、定量验证和检验,测试是产品研制生产中不可缺少的环节。航天测试技术以航天器及其运载器的测试发射活动为主要研究对象,它包括由硬件、软件组成的测试系统和测试方法,测试系统的自动化程度很大程度上反映了产品的整体水平,产品的测试是保证其实际性能指标的重要手段。

1）航天测试技术

运载器是一个由控制系统、动力系统、遥测系统、外测系统等组成的复杂系统,其测试发射过程集中体现了运载器测试的主要问题,反映了测试技术的发展现状和趋势,通过对运载器测试技术的研究,不仅可以准确掌握和全面了解测试技术的基本情况和关键技术,而且可以推广应用其他航天器、飞行器的测试技术研究。

航天测试是对运载器系统的参数和性能进行检查和测量,实现对运载器技术状态的确认。通常采用总线测试,目的是连续、动态地掌握各系统仪器设备的工作参数和稳定性。从物理分布角度看,将各功能块分别置于前端和后端,形成集中－分布式处理格局;从软件角度看,是基于资源共享的多层协议。

测试包括对运载器上设备的电源参数、系统控制输出信息、运载器上设备工作参数等被测量进行测量,将测量信息进行变换、采集、存储、传输、处理、显示等地面测试发射与控制体系,实现地面供配电、测试、发射控制、综合诊断等功能。通常,采用总线测试和箭测两部分,并协调了遥测等系统的测试参数,在

21

工作模式上表现为从连续、动态上掌握控制系统仪器的工作参数和稳定性。首先是一个协调测试发射与控制流程、控制多个计算机及前端设备并行运行的控制中心,同时通过综合、处理数据和状态,以一种可以进行人工干预的自动模式确定发射进程。

在测试数据的收集过程中突破以往局限于对一次试验各个项目测试合格与否判断的概念,通过各种途径(有线、无线、网络、总线及历史记录)、多个来源(工厂检验数据、单元测试数据、历次试验数据)收集箭上仪器从出厂到发射前所有测试数据,逐步建立完善的测试数据库。其核心是具有人工智能的诊断模型(包括性能诊断和故障诊断),以数据库为基础,网络和总线成为系统框架,传统的测试、发射控制、动力、利用等功能块成为配合推理诊断的前端"触角",通过在试验结束后的历次试验参数比对,得出箭上各仪器运行的稳定性和发展趋势,作为决策依据。

在运载器测试技术方面,国外最具代表性的是美国、俄罗斯和欧洲航天局,传输方式上主要分有线、无线和有线无线结合三种方式。美国关于测试技术方面提出了"三化"的概念,即模块化、组合化和通用化。在运载器测试方案中充分利用箭上总线技术的优势,由箭上计算机实施运载器的地面测试工作,大大提高了测试效率,缩短了测试周期。欧洲航天局将无线传输技术应用在测试传输中,"阿里安"运载火箭就采用了无线接收测试数据方案,将遥测系统作为数据采集的主要手段。

2)航天测发控总线网络

目前运载器测试主要采用 CAMAC、VXI、LXI 和 1553B 等总线技术。由于不同系列、不同型号的运载器存在结构和设备的差异,存在着各式各样、互不相同、自动化程度不一的测试系统。对比国外在运载器测试中所采用的测试技术和数据传输方式,为适应大型运载火箭的商业化发展,建立适合我国航天测试应用的测试方案和网络传输技术。

在发射远程控制网络中,采用成熟的 PLC 控制技术、现场总线技术以及计算机网络技术,传输介质主要采用屏蔽电缆和单模/多模光纤等,构建的远程控制网络具有可靠性高、延迟特性低以及抗干扰能力强等优点。随着运载器设备复杂度的提高、传输信息量的增加以及测发控一体化的发展需求,需要提出新的测试和发射远程控制网络传输方案,构造融测量、发射控制、指挥、应用等一体的网络结构。

2.1.2　综合指挥网络

随着航天测试发射控制技术的不断发展以及计算机处理性能、IP 网络传输速度的快速提高,航天测试发射控制与指挥任务中各种指挥信息和控制信息数据量大大增加,基于实时高速数据、三维地理仿真、多媒体视频图像的网络应用逐渐增多,测发、测控、气象等系统数据传输逐渐由点到点连接方式向 IP 分组交换方式过渡,所有这些都对信息传输网络保障提出了更高要求,不仅需要提供带宽充裕、接入方便、组网灵活的信息传输网络保障,而且要求信息传输网络具有较高的可靠性、实时性和安全性等特点。

因此,为满足航天测试发射控制与指挥任务中各类信息高速实时、安全可靠的传输需求,高速 IP 网络传输模式的研究和应用将具有重要的意义。

尽管 IP 网络具有高速快捷、组网灵活、使用简单、性价比高等众多优点,但同时由于 IP 协议的开放性和采用"尽力而为"的服务思想,使得 IP 网络在网络安全、服务质量(QoS)等方面存在先天性缺陷,若不采取相应措施,IP 网络的可靠性、实时性、安全性和可管控性还不能完全满足航天测试发射控制与指挥需求,需要综合采用各种技术和管理手段加以解决。建设航天测试发射控制与指挥 IP 网络面临的主要难点问题有:

(1) 如何确保网络高度可靠。影响网络可靠性的因素很多,包括硬件设备可靠性、通信线路可靠性、杀毒服务或认证服务等网络应用可靠性、网络广播风暴情况、病毒大规模爆发情况、接入终端异常情况、供电安全保障等,每一个环节发生故障,都有可能导致网络异常或网络中断。

(2) 如何确保网络高速实时。航天测试发射控制与指挥数据传输对时延、丢包率等网络服务质量有着严格要求,而由于 IP 网络采用共享式而非专用信道传送方式,虽然一般情况下能够保证任务实时性要求,但是在网络流量过大或发生网络壅塞时则不能确保满足高速实时的要求。

(3) 如何确保网络安全可靠。国际互联网的迅猛发展,使得基于 IP 技术的网络应用多种多样,极大地方便了人们的工作和学习,但与此同时,网络中也充斥着病毒传播、黑客攻击、用户仿冒、地址欺骗、非法扫描、信息窃取等各种危害行为,并且不断变换手段,危害性越来越大,比如"熊猫烧香"病毒。在任务 IP 专网中同样也面临着这些网络安全问题,需要采取相应安全措施进行防范。

(4) 如何确保网络可管可控。发射中心任务 IP 网络主要采用以太网技术进行构建,但以太网一直以来在网络接入认证、用户行为管理、带宽限制、流量控制、故障告警等方面缺乏有效手段,难以满足任务网络精细化管理需求。

从国际上看,美国航空航天局(NASA)和欧洲航天局(ESA)等国际航天部门目前已基本实现信息传输 IP 化,为在航天领域应用 IP 技术进行了实际探索。因此,对于航天测试发射控制与指挥任务 IP 专网这样一个独立的专用网络,由于用户受控、业务受控、流量受控,通过采取一定技术措施,可以解决可靠性、实时性和安全性问题,满足航天测试发射控制与指挥信息传输要求。

2.2　航天测试发射与控制总线网络体系结构

地面测试发射与控制系统的主要作用是对运载火箭的功能与技术指标实际水平进行检查测试,完成对运载火箭点火发射。测发控总线网络是联系地面测试发射控制系统各子系统以及箭上飞行控制系统的重要部分,并可分为发射测试自动化网络和发射控制网络两大部分。

测发控总线网络实现共享测试、发射、控制、诊断信息和资源的物理连接。网络的基本结构可以概括为以下 3 种:主站集中管理的主/从结构,分布式处理信息的对等结构,客户机/服务器和浏览器/服务器的结构。由于测发控总线网络应用的特殊性,其主要作用可划分为:管理各系统之间测试、发射和控制信息的流动,测发控数据的集中和共享,整合和简化测发控数据及软件的管理与备份,测发控各子系统的分布式处理与集成。

接下来,以发射测试自动化网络体系结构和航天发射远程控制网络体系结构为例,分别从网络构成和实现方式等方面对测发控总线网络的体系结构进行详细介绍。

2.2.1　航天测试发射自动化网络体系结构

测试系统需满足箭上仪器设备测试和地面综合测试两个方面。在设计过程中主要集中在以下两个问题:一是"箭测"和"地测"方式的选择;二是采用何种标准的测试总线。

1.　"箭测"和"地测"方式

测试方式的选择和总线标准的选取是否合理,直接关系到运载器测控系统的可靠性、复杂性、兼容性、可维护性等。如传统的"点对点"连接方式,使用直接连接的电缆网进行仪器间的信号传输,复杂的电缆连接网络造成了系统可靠性差、容易出现电磁干扰。现行的发射测试网络主要采用 CAMAC 和 VXI 测试网络,也存在测试系统体积过大、电缆连接复杂等问题。

随着运载器系统复杂度的提高,越来越多的信号要被引到地面进行测试,使得箭地连接复杂性成倍增加,这带来了一系列的问题,包括可实现性、可操作性、发射准备时间等。因此,"箭测"和"地测"方式的选择,以及采用何种标准的测试总线的问题的解决,应当结合目前测试系统体系结构的现状及发展历程,合理选择适合发展和实施的发射测试系统体系结构。

2.　箭地总线联测

箭地联测是一种兼顾"箭测"和"地测"优缺点,以及总线选择中兼容性等多方面因素的发射测试系统体系结构。首先,在"箭测"和"地测"方式选择上,由于运载火箭是强实时、全自主、一次性使用的产品,各种自检测技术的应用都应该是适度的,因此,应采用箭地结合的方式优势互补,共同完成发射测试工作。一方面箭载系统可以分担全部电路板级任务以及部分设备级任务;另一方面地面测试可以将重点转移到关键信号的动态检测、测试状态的转换、必要的外部激励以及箭地联测的综合调度和判断功能等,不但简化了测试系统的结构,还提高了测试效率和系统可靠性。其次,在发射测试总线标准的选择上,应当遵循可操作、可扩展和开放性原则,之外还要满足运载器测试网络应用中实时性、可靠性等要求,兼顾现有测试设备选择一个可操作的标准,实现多种测试设备的集成,确保最大程度的开放性和可扩展性,提高资源的利用率和系统的适应性。

结合上述箭地联测的思想,可以构建由被测对象板级、设备级和系统级三个层次构成的分布式测试系统。箭上设备电路板级的测试主要采用内装测试(Built-in Test Equipment, BIT)技术实现自检测和自诊断,设备级采用机内自检测和外部综合测试相结合的方法,系统级测试采用综合测试体制,通过各个地面测控组合,协调同步工作。这种箭地联测系统的体系结构如图 2-2 所示。

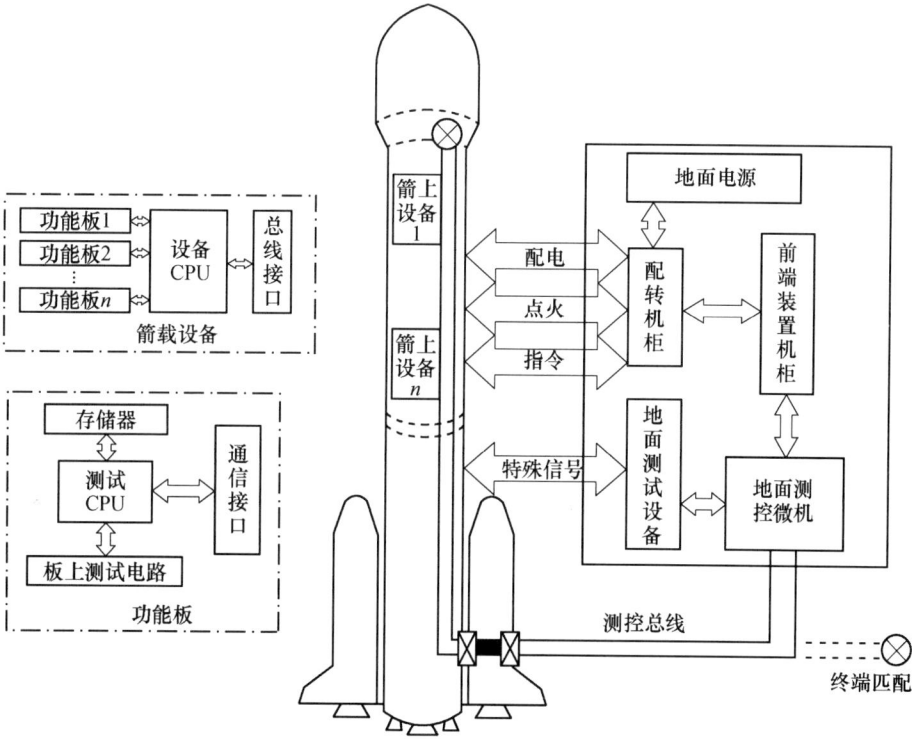

图 2-2 箭地联测系统的体系结构

箭上设备的可测试性设计将"因地制宜"分级实施。所谓"因地制宜"是指根据被测对象的特点开展测试性设计,妥善解决好可测试性与可靠性之间的平衡。在测试的分级上,按板级(Board Level,BL)、设备级(Equipment Level,EL)和系统级(System Level,SL)3个层次开展。

(1) 对于BL级可测试性设计,由于板级产品的功能是多种多样的,除数字电路外,还包括普通模拟电路、混合电路、高频电路、功率电路、光电部分等,这些电路一般是BIT设计的难点。借助微处理器,通过添加适当的采样电路,可以对板级功能实施一定测试覆盖率的自检测。

(2) 对于EL级可测试性设计,目的是把各个具有自检测功能的电路板通过板级总线组成整体。板级总线可有多种选择,只要具备满足通信速率的带宽即可,例如PCI-Express、VXS等。在网络拓扑结构上,可以采用树型、星型和总线型组网形式。在系统工作时,整机将各个功能板的附加测试信息收集综合,通过箭地接口和遥测接口传送到地面综合测试系统和遥测系统,实现数据的综合运用。

(3) 对于SL级可测试性设计,主要工作是为测试搭建一条"信息高速通道",用于传输对象间用于协同测试的控制流信息,与地面测发控系统之间必要的交互信息以及大量的测试数据。SL级的信息通道一般采用串行总线,如1553B总线、FC(Field Control)总线、CAN总线以及LXI测试总线等。

针对地面综合测试系统,由于使用的周期长,在整个生命周期内维持一种总线愈发不适用,考虑最具有开放性、扩展性,能最大程度降低测控设备(模件)之间耦合度的技术,将是未来应用的主流。这方面比较有发展前景的主要有LXI总线以及基于FC的总线技术等。

基于1553B总线和LXI测试总线构造的发射测试自动化网络,LXI总线具备工业标准开放、设备体积小、传输效率高、互换性强、可扩展能力强等特点,另外,LXI技术提供了与GPIB、VXI和PXI等总线规范的接口模块,因此具有很好的兼容性,非常适合在发射测试自动化网络中应用。1553B总线技术在功能上和兼容性上,虽然不能与新兴的LXI测试总线技术相比,但是以其良好的开放性和适应性,以及可靠性高、实时性好和容错性强等优点,广泛应用于航空航天工业。结合1553B总线技术的诸多优点,并结合光纤传输技术,对其进行改造来克服传输速率低的缺点,使其在保持近距离测试网络应用优势的同时,扩展其在远程测试网络中的应用前景。

2.2.2 航天发射远程控制网络体系结构

航天发射远程控制系统主要包括前端测控组合、传输通道和远程测控中心三个部分。本节的重点是利用现场总线和光纤网络构建远程测控网络,实现运

26

载器的远程状态监测与诊断、发射控制和数据浏览等功能。

航天发射远程控制系统的结构示意图如图2-3所示。航天发射远程控制系统包括地面测试发控系统、主控计算机、多媒体管理系统及与之相适应的数据管理系统等。该系统以现场总线为发射场控制信息的传输通道,光纤网络为监控数据传输通道。其中本地发射测试网络的构建已经在2.2.1节中有详细介绍,采用VXI总线测试技术,为实现远距离测试发射,前端发控和测量信息必须能够完成数字化,以便于通过通信系统进行数据传输,前后端必须增加数据通信环节,以解决控制信息传输、采集和测量信息传输等问题。

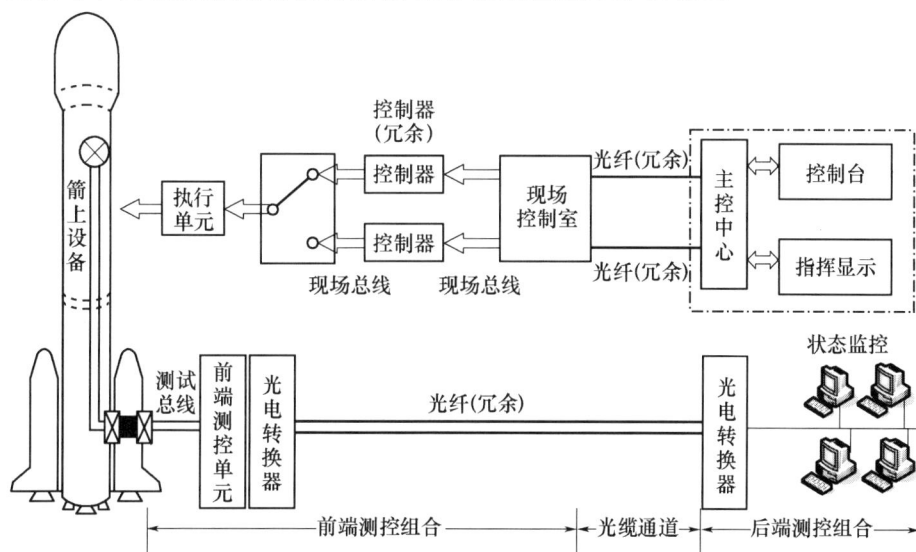

图2-3 航天发射远程控制系统

通信环节以现场总线为发射场控制信息的传输通道,光纤网络为监控数据传输通道。单模光纤和单模光端机在不加中继器的情况下可以实现5km～7km的信号传输,满足了远距离信号传输的要求。

发射控制系统以工业上应用成熟的、高可靠的PLC为核心,实现前后端数据采集和信息联网传送。同时为满足测试人员信息观察和及时了解测试流程和测试信息,实现多种信息共享以及和总体网的信息交换。

(1)控制流程。以发射过程工艺为基准,按照运载火箭进场、测试、联调、燃料加注等步骤进行,控制流程设计,从而实现运载火箭发射顺序控制。工作站(地面测控微机)作为一个终端直接挂接在总线上,既可以直接获取大量箭上设备的测试信息,又可以作为箭地数传接口,完成对箭上计算机的装订、校对、启动等,接收运行结果数据。

(2)控制器冗余。为保证运载火箭发射过程的可靠性,特别是确保在窗口时间内完成发射。在进行控制系统设计时从系统容错的角度,设计双控制器,形成选择控制系统,从而实现紧急情况下的控制器切换。主控中心发出控制指令,通过光纤(冗余)、现场控制传输系统和现场总线将控制信号传送到控制器(冗余),驱动现场执行单元实施控制。

（3）远程传输。远距离测发控组合由光纤通道连接运载火箭中心控制间和前端装置间,由于目前使用的发控组合技术已经比较成熟,因此,可以将原来的发控组合全部保留,只是改变了测试信息的来源。另外,原有的配电、点火激励信号的发出方式也予以保留。

（4）主控中心。主控中心对测试数据进行实时监控,对异常数据进行分析,并诊断故障,保证设备工作正常,完成运载火箭性能的综合评定。

（5）状态监测。在线的自动化测试设备负责箭上的模拟量数据的测试,信息管理主机拥有大容量的存储设备,负责管理大量经验数据、装订数据、故障模型数据以及专家系统知识库等,随时满足各系统的访问请求。

2.3　航天测试发射与控制总线网络关键技术

运载器测试发射与控制网络既要通过信息的交互达到功能综合的目的,还要满足各个功能子系统的实时性要求,与一般意义的总线技术相比,它具有鲜明的特点。

（1）具有极高的可靠性。该类总线产品在硬件与通信协议上加强了可靠性设计,采取隔离、冗余和多种错误检测与故障恢复机制,降低误码率,防止网络瘫痪,确保总线能够可靠工作。

（2）强调实时性。实时性要求网络中各节点间数据传输的时间是确定的,或有时限的,网络中数据传输时间不能超出时限。实时性主要体现在总线传输延时等指标上。这类总线一般有着较高的传输速率和较短的信息帧,因此执行一次传输的时间较短,以便满足实时控制的要求。

（3）网络拓扑结构多采用总线型,使得连接简化,可靠性提高,同时便于对总线进行管理监测和差错控制。通信协议多采用指令/响应式,消息传输由总线控制器控制,相关终端对指令给予响应。这种方式便于集中控制,总线延时也有保障。由于运载器测发控网络的特殊性,要求测试和发射控制总线具有高可靠性、强实时性和良好的开放性等特点。因此,在设计中应对网络的可靠性、实时性和网络性能进行严格的分析和测试。

2.3.1　航天测试发射与控制网络可靠性

结合我国载人航天 CZ-2F 运载火箭设计过程中可靠性设计和质量控制方

面的经验,可以从硬件可靠性设计、软件可靠性设计、网络系统冗余重构设计以及网络可靠性分析和测试四个方面进行测发控网络可靠性设计。此外,在可靠性设计的过程中还应完成网络可靠性工作规划、进行网络可靠性试验和分析,建立健全可靠性管理机制等工作。

1. 硬件可靠性

硬件可靠性设计是指在系统级、电路级、器件级等多个层次提供可靠的硬件设备支持,例如降额设计、多机备份、接口冗余、存储器三模冗余(Triple Modular Redundancy,TMR)、电磁兼容性(Electro Magnetic Compatibility,EMC)设计等。在网络传输介质的选用中,运载火箭总线测发控系统将向分布式、高速化、光纤化方向发展;而屏蔽双绞线存在抗干扰能力差的问题,特别是在随着复合材料取代有屏蔽功能的外壳而带来更多干扰因素的情况下,在带宽、可靠性、实时性等方面具有诸多优点的光纤传输技术将成为首选。因此,在网络可靠性的设计中应优先选取光纤作为传输介质。

2. 软件可靠性

软件可靠性设计主要从两方面进行:一是通过采用信息编码、数据冗余、流程控制等措施提高应用软件自身的可靠性,二是利用容错模型在操作系统级对同一应用程序的多个版本实施容错调度,确保在发生软件故障时,能够通过备份程序的重新运行来维持系统的正常工作。此外,还有一些设计方案同时属于软件和硬件的设计范畴,可以称之为软硬件协同可靠性设计,例如软件支持的硬件——看门狗电路等。

3. 网络系统冗余重构

系统需要具有一定的冗余度。网络系统冗余重构技术是指在远距离测控网络平台上通过对网络交换机冗余、链路冗余、网卡冗余3项技术的综合运用,使网络在单点故障下能够自动修复并智能重构出一条新的通信链路,确保测控网络的畅通。网络冗余重构技术包括网络设备冗余、故障检测和重构算法。远距离测控网络系统设备冗余、重构设计主要包括以下方面:

(1)单机内冗余设计:交换机内部采用双电源模块、端口之间互为备份,测控设备内部采用双网卡绑定工作模式;

(2)单机之间冗余设计:前端两个交换机功能上互为备份,后端的两个交换机功能上互为备份,前后端的6条核心网络链路互为备份,重要测试设备采用双网卡,通过光纤或双绞线分别接入不同的网络交换机;

(3)交换机系统具有自主链路故障检测功能,在判断链路故障后自动切除故障链路,然后自动切换至冗余链路,实现网络链路的自动重构;

(4)交换机之间通过特定的网络协议绑定,并互为备份,当某台交换机出现故障时,系统具有自主解析故障能力,自动完成切除或自动转换从而实现系统重构。

4. 网络可靠性分析和测试

在可靠性工程中,"可靠性分析"通常是指通过定性和定量的方法,为产品的可靠性及失效特性建立框图和数学模型(即可靠性模型)的过程。在测发控网络的设计过程中,可靠性分析是必须考虑的重要工作。在设计初期,通过可靠性分析准确判定系统中各分系统的重要度,分配各分系统的可靠性参数,能够在优化设计、规划实施等方面起到重要的指导作用,并在减小设计制作成本等方面带来经济效益。在设计中期,通过可靠性分析能够进一步细化系统在可靠性设计方面的进展,为达到最终的设计目标提供量化指导。在设计后期即系统定型阶段,可靠性分析可对系统能否完成预定任务提供科学的理论验证,避免由于设计失误而导致整体任务的失败。在运行过程中,可靠性分析可以辅助量化网络运行工作效率,以及确定网络潜在故障源。

影响网络可靠性的因素主要包括以下几点:①拓扑结构;②构成网络部件的可靠性、可维护性;③管理控制系统;④故障诊断能力;⑤自我恢复能力,包括采用的保护方式、采取的维修策略、采用的路由算法等;⑥运行环境;⑦用户对网络业务性能(如吞吐量和时延等)的要求。

在网络可靠性分析和测试中会涉及到网络可靠性测度的概念。目前国内外研究是将网络抽象为一个由节点和链路组成的传送各种信息(业务流)的流图进行分析,网络可靠性的测度归纳起来主要有4种:网络的抗毁性、网络的生存性、网络的有效性和网络部件工作在多模式状态的可靠性测度。

1) 网络的抗毁性

网络的抗毁性是指为了中断部分节点之间的通信需要破坏的最少节点数或链路数,描述了通信网在外界破坏作用下的网络可靠性,实际上是通信网拓扑结构的可靠性。它通过两个可靠性的确定测度——黏聚度和联通度来表示。

网络的黏聚度是指断开一对节点之间所有通路所需要去掉的最少链路数;网络的联通度是指断开一对节点之间所有通路所需要去掉的最少节点数。在此基础上定义了具有普遍意义和实际意义的网络黏聚度的测度——为了把一个子网络从通信网中分离出来所需去掉的最少链路数或最少节点数,以及网络联通度的测度——对于一个网路直径为 k 的通信网,为了使网络直径 k 不超过阈值时必须去掉的最少链路数或最少节点数。

网络的抗毁性是从图论的概念中提出来的,它从网络联通性的角度描述了网络拓扑结构对通信网可靠性的影响。它不能完全描述通信网的可靠性,但指出了网络拓扑结构的可靠性。它与网络部件的可靠性无关。

2) 网络的生存性

网络的生存性给出了通信网在随机性破坏作用下的网络可靠性。网络的生存性由可靠性的概率测度来表示,它给出通信网在一定意义上的联通概率。对于一个通信网,随机性破坏常用节点的生存概率和链路的生存概率来描述。在这种情况下,人们提出了许多研究通信网联通概率的方法:

（1）关注最多的是通信网端到端的联通概率,即网络中任意给定的两个节点之间至少存在一条路径的概率(假设网络的节点绝对可靠,网络的链路均具有相同的生存概率)。有网络状态列举法、网络割集法、简单路径法等。

（2）根据部件生存概率利用蒙特卡罗法模拟随机性破坏引起的节点和链路失效,在遭到破坏后生存下来的网络中,选出一个最大联通子网络,其节点数的平均值占原网络节点数的百分比,即为通信网的联通概率的估计。

（3）在对称网络中,利用泊松分布模拟节点和链路所受到的随机性破坏,给出一个递归结果。定义联通概率为:在遭受破坏后幸存下来的网络中,任意选取一个节点,所有能与它相联通的节点数占原网络节点数的百分比。

（4）假设网络节点绝对可靠,链路具有相同的生存概率,定义通信网的联通概率为整个通信网构成一个联通网络的概率,并推广到节点和链路分别具有一定生存概率的情况。

3）网络的有效性

网络的有效性是基于网络业务性能的可靠性测度。它从网络的业务性能(如吞吐量和时延)来研究通信网的可靠性,指出了通信网在网络部件失效条件下满足通信业务性能要求的程度。

有关网络有效性,学者提出了几种衡量网络有效性的指标。一种简单的网络有效性指标为加权的端到端联通概率,即用网络的端到端信息流量对相应的端到端联通概率作加权的全网平均值。另一种网络有效性指标,即网络的吞吐量超过一个给定阈值的概率,该指标能很好地反映由于网络部件失效所引起的通信网吞吐量的下降。还有一种基于网络传输时延的网络有效性指标,假设网络的节点绝对可靠,各节点具有相同的排队时间和处理时间,网络的链路有一定的生存概率,且链路的传输时延可忽略不计,并规定一对节点间的传输时延等于它们之间最短路径所包含的链路数,从而定义网络的有效性为:网络中的一个中心节点到其他节点的传输时延均不超过给定阈值的概率。之外,还有学者提出了对于线路交换网和报文交换网的网络有效性指标。

4）网络部件工作在多模式状态的可靠性

上述 3 种可靠性测度只考虑了网络部件的工作和失效两种工作模式,实际上网络部件的工作性能是逐渐衰退的,从工作到失效经历了许多中间状态,这是一个性能下降的过程。所以,通信网可靠性的分析必须考虑到网络部件的多种工作模式,这样得到的可靠性测度更接近于实际情况。但是由于增加了网络部件的工作模式,网络的工作状态数很大,计算网络的可靠性比较困难。

可靠性分析通常分为两大类:①工程分析,通过对故障进行宏观与微观的分析,查找故障原因,摸清故障的内在变化规律,从而采取相应的纠正、补救及改进措施。②统计分析,就是根据试验结果来评估、评定可靠性水平。通过这种分析确定薄弱环节,为设计改进提供定量依据。

网络可靠性分析贯穿于产品从设计、研制到使用的全过程,它是可靠性工程的重要环节。在设计过程中可以运用可靠性分析技术,分析各类产品可能存在的故障隐患,采取容错措施,从而确保产品的固有可靠性。

从通信网可靠性领域的研究现状不难看出,通信网的可靠性取决于网络拓扑结构的可靠性、网络部件的设备可靠性以及用户对网络业务性能的要求。其中,网络拓扑结构的可靠性是最重要的,所以在通信网的设计过程中必须明确网络拓扑结构的可靠性。另外,网络的路由算法也是影响通信网可靠性的一个因素,它必须能动态地根据网络拓扑结构的变化而改变相应的路径,并及时处理网络阻塞问题。但是在很多网络可靠性的分析过程中,均假设网络的路由算法是理想的、不予考虑的,所以这不能不认为是网络可靠性分析中的一种缺陷。而且迄今为止的研究工作还没能深入到通信系统中,采用的网络模型基本上没有涉及到节点的可靠性,怎样把网络路由算法引入到可靠性的网络模型中等,这些都是我们所面临的问题。

可靠性试验包括可靠性增长试验与可靠性验证试验。通过各个研制阶段的可靠性增长试验,进一步暴露薄弱环节,采取针对性措施,从而使产品可靠性获得增长,最后达到用户要求的可靠性目标值。通过可靠性验证试验,验证产品可靠性是否达到各阶段预定的要求值。工程研制阶段结束时可靠性试验就是可靠性鉴定试验。

2.3.2 航天测试发射与控制网络实时性

在运载器测发控网络中存在一些需要连续监测的信号量以及大部分控制信号,因此,不仅需要可靠的传输网络,还对测发控网络的实时性提出了很高的要求。从结构上讲,由测发控网络构成的是一种分布式实时系统,要求能够在确定的时间内执行计算或处理功能并对外部的异步事件做出响应。在实时系统中,完成任务的时间要求是其决定性特征。根据这一特性,实时系统可分为硬实时系统和软实时系统。对于硬实时系统,每个任务都有一个处理截止时间,任务必须要在这个截止时间到达之前完成,否则后果可能是灾难性的和不可恢复的。而对于软实时系统来说,如果任务在截止时间过去之后才完成也是可以接受和恢复的。

目前许多分布式实时系统都是硬实时系统,而实时网络就可以满足硬实时系统这种严格系统处理时间的需求。当然实时系统必须具有实时操作系统。

实时网络最重要的特点就是其通信的确定性和可预测性,就是说实时网络中各节点间数据传输的时间是确定的,即可预测的。实时网络中的数据传输是具有时限的,如果网络中数据传输的时间超出了时限,即使接收方收到了数据,系统也认为此次数据传输失效。真正的实时网络应具有传输的确定性和可预测性、传输速率高、传输纠错能力强等特点。

流行的通用实时网络主要可归为两类,一类为环型拓扑的反射内存网络,另一类为星型拓扑的广播内存网络。它们本质上都是采用高速网络传输存储器映像实现信息和数据共享的一种实时通信技术,在工作原理和功能上大同小异,但在性能指标、连接方式和拓扑结构、通信介质、总线支持、支持的操作系统等方面有一定差别。

在测发控网络设计中应注意以下问题:

(1) 时钟同步。实时分布系统要自己维护时间。由于有多台计算机,每台计算机又都有自身的本地时钟,保持时钟同步就成了关键问题。

(2) 事件触发和时间触发系统。事件触发是指,如果外界发生了某个事件,当它被某传感器检测到后,就向相连的 CPU 发一个中断信号,因此,事件触发又叫做中断驱动。对于软实时系统,在负载较轻时,这个方法很简单,效果也很好。对于复杂的系统,如果编译器能够预测事件发生后系统的全部行为,那么也能够很好地工作。事件触发系统的主要问题是,在系统负载很重的情况下会引起大量中断。

在时间触发的实时系统中,每隔 ΔT 发生一次时钟中断。这时,选择一个传感器采样,并驱动某些调制解调器。由于中断负载不会改变,所以系统不会超载。间隔时间 ΔT 的选择很重要,如果 ΔT 太小,系统就有太多的中断,浪费了时间。如果 ΔT 太大,紧急事件有可能得不到及时的处理。另外,有的事件可能在两次中断中间发生,必须将其保存以便处理。

总而言之,事件触发系统适用于低负载的工作。时间触发系统仅适用于一个相对不变的环境,即系统的行为最好事先知道。具体选择哪种方法应根据应用需要而定。

(3) 可预测性。实时系统最重要的特征是其行为必须可预测,在系统设计时应当清楚系统所要满足的所有时间限制。各用户随机访问共享数据的情况极少在实时系统中出现。

实时系统中的常见情况是,当事件发生后,可以知道待运行的进程 X,随后(或顺序或并行)执行的进程 Y 和 Z。进一步讲,这些进程运行的最坏情况也是可知的。例如,已知 X 执行需要 50ms,Y 和 Z 分别需要 60ms,进程启动要用 5ms,那么可以事先确定系统对上述事件的处理时间。因此,实时系统必须是一个确定的系统。

（4）容错。许多实时系统应用于控制安全性很高的设备,在某种特定的环境下,或在受到某种外部干扰时(如电磁干扰),这些设备都有可能出现通信误码率增加,影响远程控制系统的通信可靠性,当关键控制信号由近端的控制间传输至远端的发控间时,若受到空间或其他形式的干扰,其导致的后果是严重的,甚至可能是灾难性的。所以,容错性是一个重要问题。

2.3.3　航天测试发射与控制网络性能分析

网络系统的性能主要反映在信息传输的有效性和可靠性上,有效性是指信息传输的内容多少,可靠性是指接收信息的可靠程度。有效性与可靠性各自包含一些具体指标。

1. 有效性(包括传输速率、总线效率和传输时延)

传输速率又称传输带宽,指总线在单位时间内可传输的最大二进制位数。

总线效率 η 是指传输有效数据的时间 t_{m} 占总传输时间 t_0(不包括空闲时间)的百分比:

$$\eta = \frac{t_{\mathrm{m}}}{t_0} \times 100\%$$

总线系统最终的服务对象是有效数据的传输,为保证有效数据的可靠传输,系统必须付出额外的但又是必需的开销,包括各种格式信息和组织管理信息,因此效率总是小于 1 的。

传输时延 τ 是指为传输单位有效数据而经历的最大时间,由传输速率和总线效率共同决定:

$$\tau = \frac{t_0}{R_{\mathrm{b}}\eta}$$

实际传输中常以消息作为数据单位,所以时延的具体标准往往不同。

2. 可靠性(包括系统可靠性和传输误码率)

系统可靠性包括硬件和软件可靠性两方面。硬件可靠性常用平均间隔故障时间 MTBF 来衡量,可根据具体系统结构来分析。软件可靠性目前还难以用简单的指标来衡量,应该在软件编制的全过程中实施严格的质量监控,并在各种输入条件下,特别是边界输入条件下进行长时间的运行测试,以保证其可靠性。

误码率也称差错率,是指在传输的数据中发生差错的码元数与码元总数的比值,它是一个统计平均数,反映了各种干扰、信道质量对通信可靠性的影响。出现误码并不代表发生了故障,多数误码可被总线差错控制过程检出并通过纠错或重发而得到纠正,但误码影响传输效率。通常情况下误码率和传输介质有关,光纤的误码率最低,有屏蔽电缆的传输误码率低于无屏蔽电缆。

此外还有一些重要的指标,只作简单介绍。传输距离指总线上两节点之间的最大物理长度,负载数是指总线上最多可挂接的节点数量,利用率指总线上实际传输的数据量占最大可允许传输量的百分比。

性能指标和使用场合密切相关,如传输速率和传输距离相互制约,误码率和现场干扰强度有关,而传输效率和时延则在很大程度上取决于任务的性质。

2.4　航天测试发射与控制总线网络构建实例

2.4.1　1553B 在测试发射网络中的应用

目前运载火箭控制系统信息流基本上是单向的,受控部件和测试系统基本处于被动接收状态,受传统格局的制约,各个分系统各自为政,出现了地面系统庞大与重复、设备及接口种类繁多的现象,设备相互之间兼容性较差。

针对箭上控制系统及相应的地面测试系统信息处理的特点,适合采用命令/响应式数据总线结构。1553B 总线又称 MIL – STD – 1553B,即飞机内部时分制指令/响应式多路传输数据总线的简称。方案具有可靠性高、实时性好、开放性和容错性强等优点。选用 1553B 数据总线作为运载火箭箭上控制系统以及地面综合测试系统的联网手段,实现地面测试、发控、综合诊断等都面向总线进行一体化设计,能够有效地简化系统结构,减少中间环节以提高系统可靠性和工作效率,缩短发射周期并提高发射成功率,有利于综合测试的小型化、模块化、通用化、智能化、自动化和可视化,从而提升系统的整体性能。

目前箭上控制系统以及地面综合测试系统的体制是面向仪器的,即所有仪器的信息交换基本上采用"点对点"方式,信息输出端仪器直接面向信息接收端仪器。在应用总线体制时,箭上设备与测试设备都应面向总线,总线是整个系统信息交换的公共通道。所有挂接在总线上的仪器都作为总线的一个终端,通过 1553B 接口与总线连接,向总线提供信息,从总线上获取信息。为了完成对接口芯片的初始化,并与其进行数据交换,进行异常情况处理等,需要这些设备都带有智能芯片,成为智能化数字设备,即需要设备中有处理器组件,如 CPU、单片机等,而且挂接仪器本身必须具有 A/D、D/A 转换功能。仪器的智能化是任何系统总线化设计的首要前提,也是关键技术,如图 2 – 4 所示。以下讨论均基于此前提条件进行。

1. 1553B 总线在箭上控制系统中的应用

箭上控制系统是地面综合测试系统的重要测试对象,它的总线化是研究测试系统总线体制的基本前提。箭上总线控制系统是结构上松耦合、逻辑上紧耦合的多级系统。多个站点拥有各自的 CPU 和内存,可以将计算任务分配给不同的站点同时计算,每个站点都建立供自己专用及其他各站点共享的局部数据

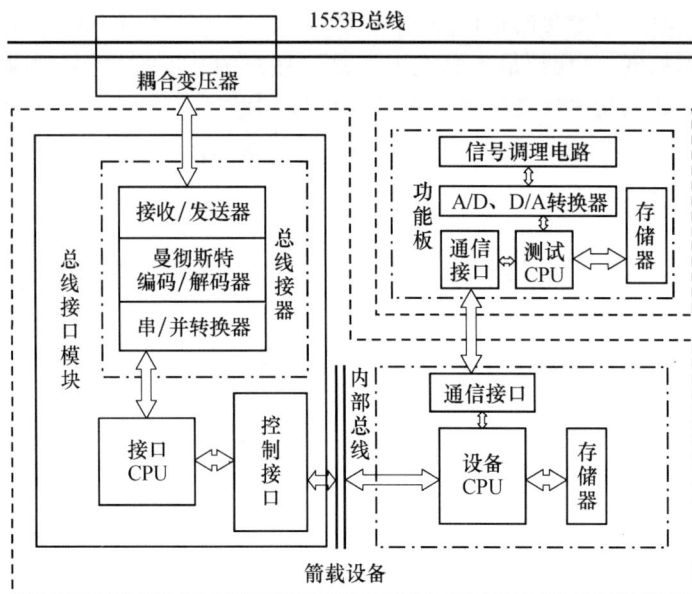

图 2 - 4 1553B 总线接口及终端结构图

库,形成动态数据库,减少需要传输的有效数据量,缩短计算周期,提高数据采样密度,从而提高控制精度,这正是分布式控制系统的优点之一。

采用这样的总线技术系统,灵活、可靠,不但可以优化运载工具各系统的设计和布局,可进行数据、指令的几种管理和高速吞吐,总线之间的分离重组,而且可以简化箭上地面设备,提高自动化测试程度,整个数据管理系统可以实现动态自测试、自诊断和动态冗余重组等,综合有效地利用各种测试信息,简化测试流程,加强故障诊断的实时在线诊断处理能力,缩短测试发射周期。

1553B 总线标准在数据传输方式、实时性、可靠性等方面比较适合箭上控制系统以及与其相应的地面综合测试系统的特点和要求。总线制箭上控制系统模块分布如图 2-5 所示。

2. 总线制地面综合测试系统

地面综合测试系统包括测试系统、故障诊断专家系统及与之相适应的数据管理系统等,如图 2-6 所示。该系统以 1553B 总线为公共数据传输通道。

根据总线标准要求,地面总线控制微机充当整个测试过程中的总线控制器,依照特定的顺序组织安排总线上的消息传输;地面测试系统、专家系统和信息管理主机都是符合总线接口要求的智能化设备,拥有完善的设备自检、请求与接收数据等功能。测试系统负责通过总线对运载火箭的箭体结构和动力系统的非电量以及电子系统的电量进行测试。箭上设备能够通过自身的智能化设计将这些物理量调制成 1553B 总线标准规定的数据编码形式,使其接受测试

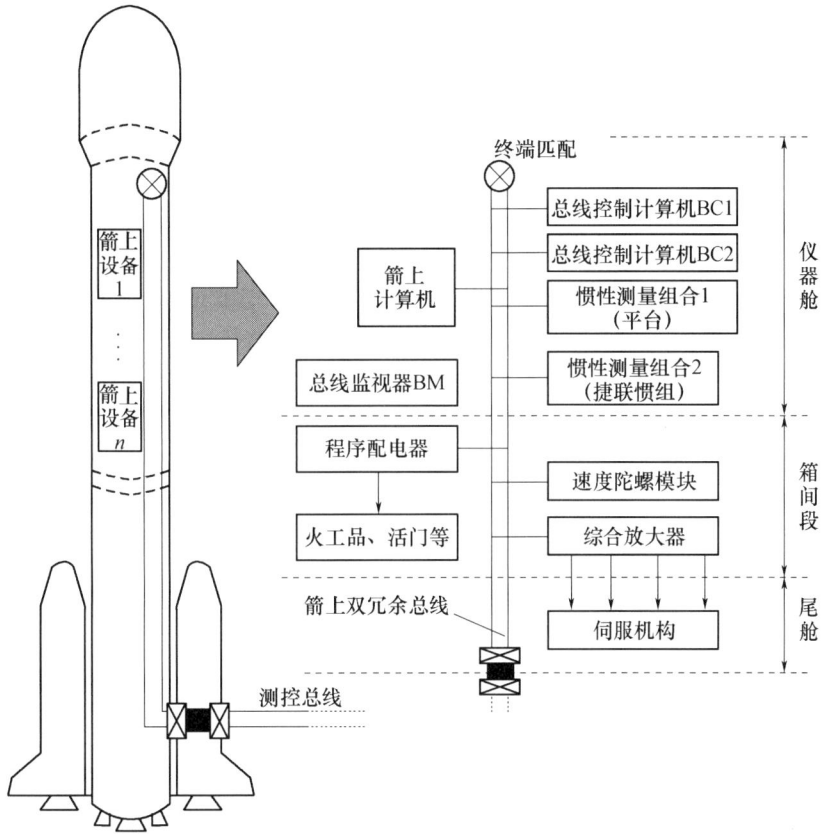

图 2 - 5　总线制箭上控制系统模块分布图

系统的测试。

故障诊断专家系统对测试数据进行实时监控,对异常数据进行分析,并诊断故障,保证设备工作正常,完成运载火箭性能的综合评定;信息管理主机拥有大容量的存储设备,负责管理大量经验数据、装订数据,以及故障模型数据、专家系统知识库等,随时满足各系统的访问请求。

3. 地面测发控系统

在测发控系统中,取消了前端光纤数传组合和运载火箭的直接联系,由地面测控微机代替,减轻了原有自动化测试系统的工作负担,如图 2 - 7 所示。通过与总线终端进行通信和箭机的控制,地面测控微机可以得知接下来的测试数据是哪一项测试的结果,而不再需要程控开关控制继电器来决定通路采集的情况。在总线的机制下,地面测控微机可以承担原来 VXI 自动化测试系统的数字信息测试任务。而且,随着箭上设备终端自检功能逐渐强大,地面测试需要做的工作会越来越简化和自动化,相当一部分测试都由箭上设备自行完成,原有自动化测试设备只需用于采集测试模拟量信息。

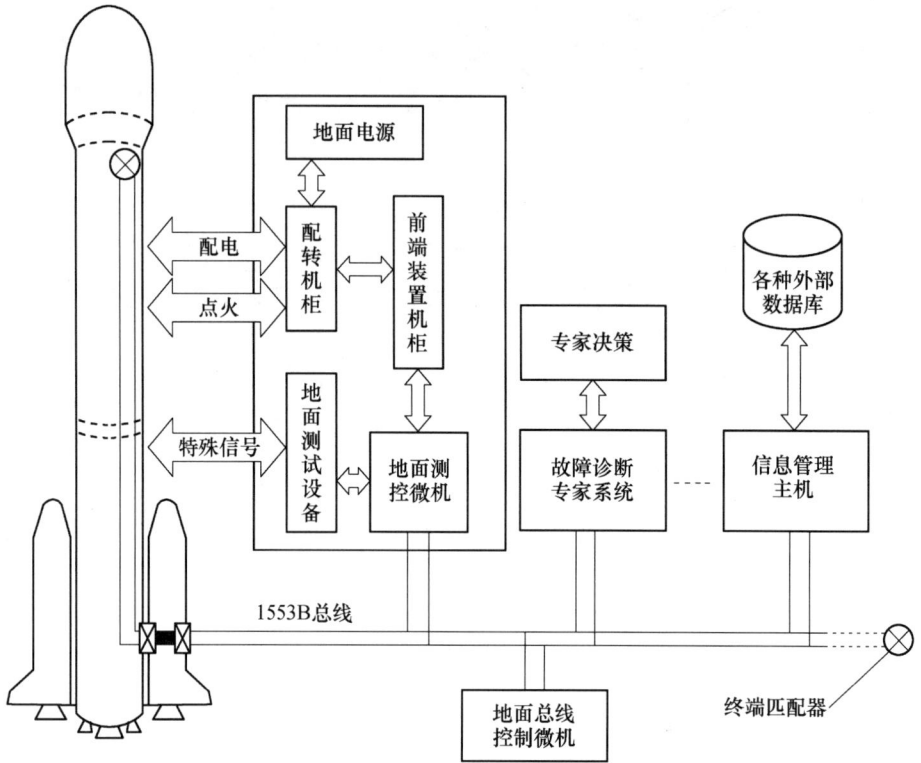

图 2-6 总线制地面综合测试系统分布图

地面测控微机作为一个终端直接挂接在 1553B 总线上,既可以直接获取箭上设备的大量测试信息,又可以作为箭地数传接口,完成对箭上计算机的装订、校对、启动等,接收运行结果数据。同时,与之相连的自动化测试设备负责箭上的模拟量数据的测试。

远距离测试发控组合由光纤通道连接运载火箭中心控制间和前端装置间,由于目前使用的发控组合技术已经比较成熟,因此,可以将原来的发控组合全部保留,只改变测试信息的来源。另外,原有的配电、点火激励信号的发出方式也予以保留。

采用 1553B 总线工作过程:在地面测试过程中,首先箭上计算机控制所有总线上的终端自检,将各自的自检情况发送到地面测控微机,地面测控微机再通过光纤传输给发射控制系统。在收到全部自检结果并确认自检合格后,就可以开始分系统和总检查等测试项目。这个过程中,测试结果既可以在中心控制间的程序中加以判断,也可以更加简便地在地面测控微机上装订程序直接判断,然后再向中心控制间的主控微机传输合格或不合格的信号。在分系统测试和总检查中,箭上终端系统需要在箭上计算机的控制下,按照总线传输的协议

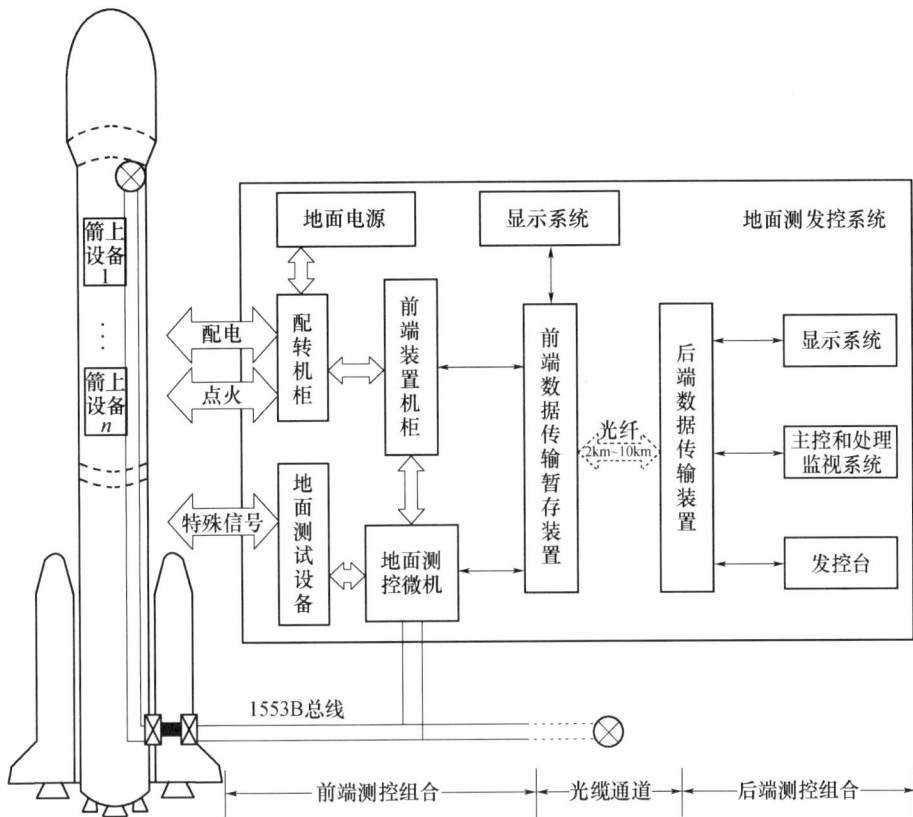

图 2-7　地面测发控系统组成模块示意图

要求传输信号。在测试过程中,如果地面测发控系统需要得到某个终端的有关测试信息时,可以先通过测控微机向箭上计算机发出请求,箭上计算机再安排被请求的终端向测控微机传送数据。同样,地面测控微机要向箭上计算机输送飞行控制软件诸元参数、射击方位角等信息时,也要首先向箭上计算机发出传送请求,由箭上计算机发送传送命令后再向箭机发送数据。

4. 故障诊断专家系统

专家系统(Expert System)在航天领域有着极大的潜在用途。一个完整的专家系统包括专家系统自身数据库(知识库和问题库)、推理控制、知识获取模块、显示界面。

运载火箭是一个多专业协调配合的复杂大系统,电路也比较复杂,如果将所有的知识放在一个知识库中,知识库将十分庞大,推理和搜索的效率将比较低。利用运载火箭的结构和功能分级比较明显的特点,采用层次性分级分块诊断模型,大大缩短了推理时间。具体做法是将运载火箭(系统级)按功能分成电源配电系统、制导系统、姿态控制系统、安全系统等子系统,将子系统又按照操

39

作步骤的操作,以操作级为单元建立知识库,诊断时根据当前的状态信息可以直接将故障定位到操作级,然后调用操作级的知识进行推理。知识库中的知识来源于领域专家的经验和对系统电路的原理进行分析。另外,与总线制的综合测试系统相结合,总线上的资源管理主机终端可以提供大量的数据库支持,为专家系统的推理控制、学习机制提供大量的模型参数库、经验知识库等,可以弥补专家系统自身知识库的不足。

目前,在综合测试过程中进行的都是静态测试,如果加强对静态测试数据的趋势分析,可以提前了解到可能发生的故障。同时,对测试过程出现的故障主要采用了人工方式进行分析,如果建立测试发射专家系统,借助于计算机的辅助分析进行故障排除,可以有效地缩短测试发射周期。利用专家系统,还可以结合以前相应的历史数据,完成运载火箭性能的综合评定,为运载火箭发射的决策提供依据。1553B 总线与专家系统相融合,既能充分发挥其传输和处理数据量极大的功能,又能极大增加专家系统的实时性和诊断效果。不过,在总体设计中,故障诊断的力度和范围不宜过大。

首先,1553B 总线的分布式实时控制系统的数据传输的高效率、信息共享以及并行计算的特点,可以满足综合测试系统的要求;其次,它的硬件高可靠度、完善的协议处理方式,可以进一步提高测试系统的可靠性。要达到简化测试的目标,总线系统必须具备完善的软、硬件条件,箭上和地面总线控制器必须有完备的控制程序、合理的网络布局设计,并能相互协调工作,各智能终端功能要相互匹配等。运载火箭的系统设备纷繁复杂,软、硬件的许多方面仍面临开发工作,离大规模的工程应用还有一段距离。但是,1553B 总线结构将为新一代运载火箭及其综合测试系统带来革命性的变化。

2.4.2 LXI 总线在测试发射网络中的应用

在运载火箭的各项试验中,对测试发射控制系统的总要求是:性能好(精度高、速度快、容量大、功能全)、可靠性高、成本低、研制周期短而易操作、易维护、有完善的自检和自诊断能力等。目前运载火箭测试主要采用的 CAMAC(Computer Automated Measurement And Control)和 VXI(VME Extensions for Instrumentation)测试系统,经过长期考验,在测试精度和可靠性等方面能够满足目前测试项目的要求,但是,随着网络技术和测试技术的不断进步,新技术及时有效地引入,将有利于构建更加灵活、功能齐全的测试系统,从而适应航天信息化进程对测试系统更高的要求。

并且,对于试验基地来讲,整个试验场地周长约为几十千米,甚至上百千米,试验项目很多,如测速度,测加速度,测冲击力,测功率和频率,地面遥测遥控,环境参数监测如温度、湿度、气压、风力和风向等,总之,监测点比较多而且不集中在一起。对于这样的试验环境,如果采用集中式的测量控制系统显然是不可能的,因此要考虑分布式、网络化测试系统。

LXI(LAN - based Extensions for Instrumentation)总线的诞生,使得单一测试模块体积缩小的同时测试功能有了很大程度提高;其次,由于去除了专用接口,因而减少了电器连接的复杂程度;最后,硬件通用、软件专用的系统模式,提高了测试柔性,有利于延长整个测试系统的寿命。

运载火箭测发系统结构复杂,需要完成的测试项目繁多,被测信号来源及其处理方法多样,测试数据精度要求很高。LXI测发网络设计,就是在完成所有测试内容并满足技术指标要求的基础上,达到更高的测试精度和测试效率,提高系统匹配和扩展能力以及测试软件的实时性和高效性,这些正是构建LXI测试网络现实意义的体现。

1. 系统测试方案

以运载火箭飞行控制系统的测试为例,传统集中式测试结构原理如图2-8所示。

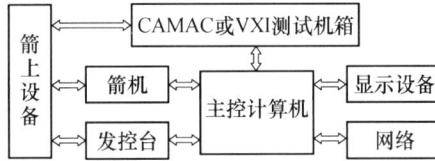

图2-8　传统运载火箭测试系统结构原理框图

其主要特点是测试系统以主控计算机为中心进行工作,测试设备要根据主控计算机的指令运行。系统具有较高的可靠性,所用的测试仪器所谓插卡式设备,仪器功能专用性较强,通用程度不够,数据传输主要采用点对点模式,信息量有限,系统占地面积较大;此外,由于连接电缆的限制,不利于组建大型远程测试网络。

鉴于LXI模块基于网络的特点,测试系统构建方案如图2-9所示。测试网络采用了以LXI总线为主,VXI和GPIB等其他总线为辅的混合总线体系结构。该网络中,大多数测试项目由LXI仪器完成。由于每个LXI仪器自带处理器,因此可以直接接入网络。而对于某些测试项目,有相对成熟的VXI或GPIB总线系统,基于试验稳定性及成本方面的考虑,通过LAN/GPIB转换器,以及支持网络传输的控制器,将这些系统也接入到LXI总线系统中。

与传统总线测试仪器相比,LXI测试网络采用服务器和客户端的网络化模式实现整个测试流程,有利于解决传统测试系统模块单一、测试项目分散、管理相对不集中、测试人员较为分散等问题。由一台主控计算机作为服务器,各个测试项目构成相应的测试客户端,服务器通过消息出发模式集中管理和协调各

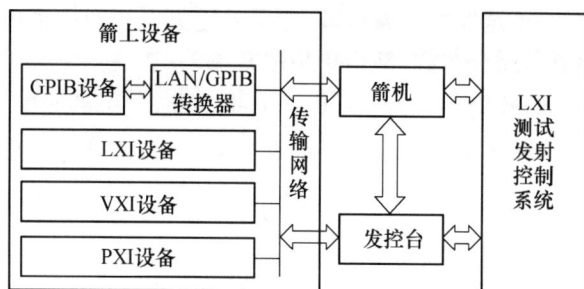

图 2-9　采用 LXI 总线的测试网络构建方案原理框图

个测试客户端,各个客户端通过相应服务器的命令同步或异步地独立完成测试项目,测试数据由客户端做适当处理再交由服务器或由服务器集中统一处理。

2. 同步测试的实现策略

在运载器测试与故障诊断中,对同步测试、同步试验提出很高的要求,VXI 仪器可以通过背板总线触发实现同步测试,但是这种方法对于同一机箱内的模块之间是可行的,对于不同机箱之间就难以实现同步。LXI 仪器提供了三种同步触发机制:网络消息触发、IEEE-1588 时钟同步触发和 LXI 触发总线。以下分析这三种机制的实现机理。

1) 网络消息触发

实现网络消息触发的系统结构如图 2-10 所示,多个 LXI 设备之间通过交换机或集线器连接在一起,网络触发消息由计算机发给所有设备,或者由其中一个设备发给其他所有设备,这样就可以实现一点对多点的触发应用,因为触发消息传递是采用标准 UDP 网络协议,不需要网络握手,所以网络延时比采用 TCP/IP 协议时小得多;这种触发模式的优点在于不需要专门的触发总线,比通过软件触发更加灵活,且不受距离限制,但是 UDP 协议传输的不稳定性也限制它的传输准确性,在对数据准确性要求不高但适时要求较高的中远距离测试系统中可以应用。

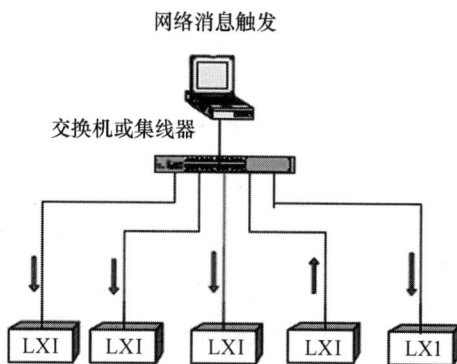

图 2-10　网络消息触发的系统结构图

2）IEEE-1588 时钟同步触发

IEEE-1588 的时钟同步网络拓扑结构如图 2-11 所示。在网络中选择其中一个 LXI 仪器作为主时钟仪器,其他仪器为从时钟仪器,同步原理如图 2-12 所示。主时钟向所有从时钟发出一个同步信息包,从时钟接受并发送相应的延迟请求信息包,主时钟再发出延迟响应信息包,通过公式计算出主时钟和从时钟之间的偏差,从而每个时钟校准自己的时间。在该模式下,触发信号是告诉每个器件何时启动输出它的信号,每个器件均根据指定的时间启动,而不是根据以太网发出的命令启动,因此网络开销和延迟对事件触发没有影响。该模式特别适用于分布式远距离同步数据采集等测试任务,不用单独连接接触电缆,且不受距离限制。

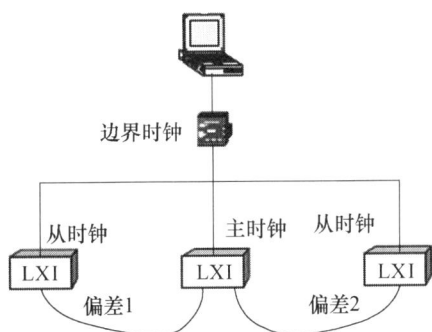

图 2-11　IEEE-1588 网络时钟同步结构图

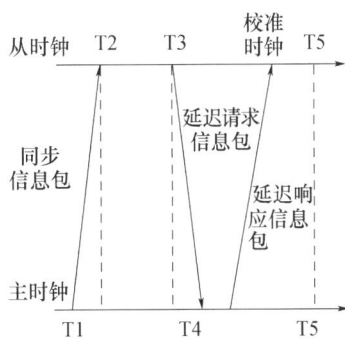

图 2-12　1588 时钟同步的原理图

3）LXI 触发总线

LXI 触发总线配置在 A 级模块,它是 8 线的多点低压差分系统(M2LVDS)总线,可将 LXI 模块配置成为触发信号源或接收器,触发总线接口亦可设置成"线或"逻辑。每个 LXI 模块都装有输入输出连接器可供模块作菊形链接。LXI 触发总线与 VXI 和 PXI 的背板总线十分相似,它们可配置成串行总线或星型总线,如图 2-13 所示。这种触发同步方法充分利用了 VXI 和 PXI 触发总线的优点,同步精度很高,主要取决于触发总线的长度,大约是 5ns/m。适用于测试仪器相互靠得很近的应用系统。

综上所述,网络消息触发、IEEE-1588 时钟同步触发和触发总线 3 种方式的同步精度依次递增。1588 网络时钟同步精度小于 100ns,触发总线的同步精度是 5ns/m。由于运载火箭测试对于测试精度有很高的要求,同时舍弃触发总线有利于减少系统连接的复杂性,增加系统可靠度,所以在测试系统中采用 IEEE-1588 精密时钟同步来实现同步触发。

3. 减小网络延时的方法

LXI 仪器采用网线与测试计算机相连接,所以数据传输距离要比 GPIB 仪

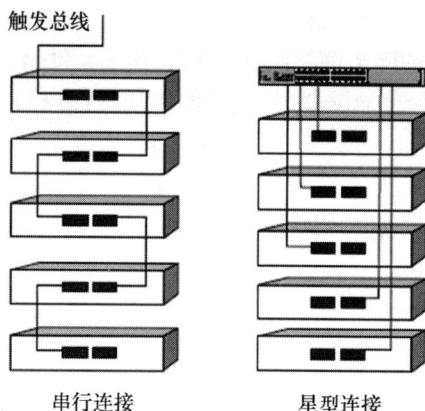

图 2 - 13　LXI 触发总线使用方法

器和 VXI 仪器远得多,可以说不受距离的限制。但是,随之而来的是测试延时的问题,通常从计算机发出一个测试命令,到 LXI 仪器返回数据大约需要 70μs 的时间,最长可达 1ms,主要取决于网络握手的速度。对于实时性要求高的航天测试系统来说,可以通过下面这些手段来减小网络传输延时对测试的影响。

（1）采用 SCPI 命令直接对 LXI 仪器进行编程控制,可以提高速率,因为采用上层驱动程序时,需要将参数解析成 SCPI 命令。

（2）因为 LAN Sockets 的通信机制决定了每次网络通信尽量采用大数据包,而要尽量减少传递数据包的次数,所以在与 LXI 仪器通信时,可以将一连串命令放在一起,一次发送到仪器的内存中,然后再用一个命令来驱动仪器执行这个命令序列,这样可以减少多次发送带来的延时。

2.4.3　现场总线在发射远程控制网络中的应用

在发射场技术区和发射区的勤保系统实现对地面设备信息的采集和传输。主要信息包括加注、摆杆、空调、消防、瞄准关窗、毒气监测、供气、UPS 等地面设备状态参数以及勤保系统工作流程、各种方案、故障处置预案。为适应运载火箭一体化远距离测试的需要,远控系统实现了对地面设备的远程控制。利用现场总线（FCS）连接消防、空调、摆杆、瞄准窗系统,使总线上的数据通过光纤发送到几千米外的远控中心,远控中心勤保控制计算机,对各系统信号连接关系进行组态,经过逻辑运算,发送控制命令,再经总线传递给各系统 PLC,由 PLC 控制接触器、阀门、电机动作,完成命令执行,实现了消防、空调、摆杆、瞄准窗系统的远距离控制。

如图 2 - 14 所示,发射场远程控制系统仍然可以分为三层结构:现场层、控制层和管理层。现场层、控制层与工业过程底层控制系统设计的理念相同,其

44

中包括了位于控制现场的近控台系统；管理层包括远距离的测发、指挥中心远控系统,依托地勤信息化系统及远程网络,均可通过以太网与现场的 PLC 等控制器连接,使控制系统实现智能化、网络化和数字化。

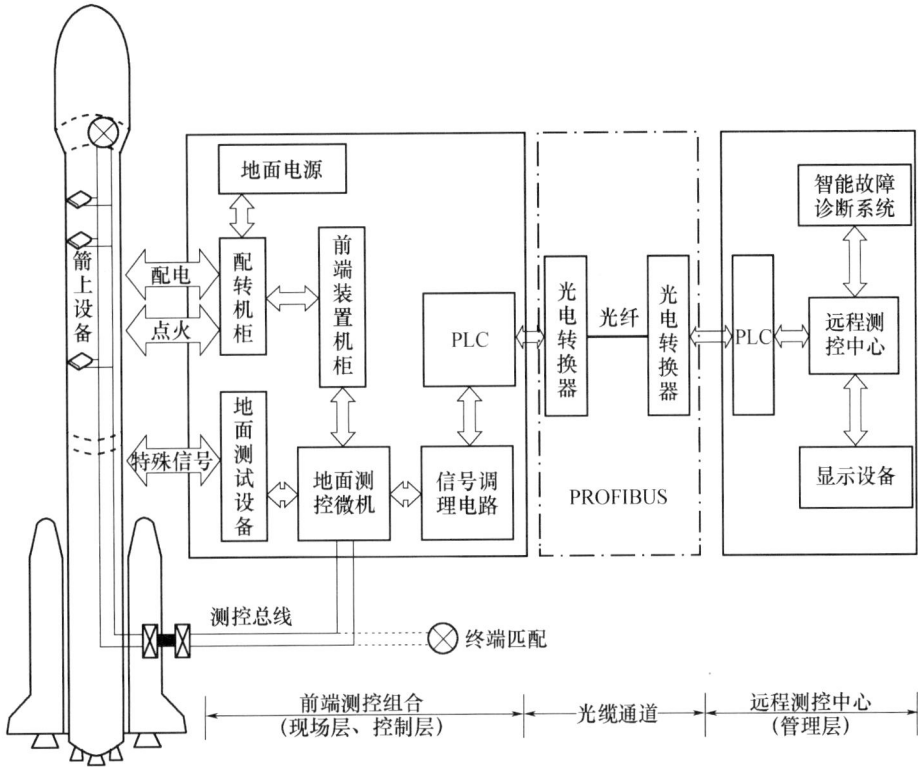

图 2-14　具有远程诊断功能的发射场远程控制系统结构示意图

在远距离控制室设置的远控系统可以进行计算机全自动控制。在设备现场控制室设近控系统可以进行半自动化工序操作和全手动操作。正常时采用远控计算机全自动控制,远控系统故障时可采用近控系统辅助操作。

为了实现远距离控制和监测,整个系统所有有关模拟量和开关量监控参数全部接入 PLC。为了使远程控制系统安全可靠、操作灵活,所有控制对象都能由远控工控机和近控控制台双路拉制,所有状态信号都能由远控工控机和近控控制台同时显示。

可以看到,发射场远程分布式控制系统仍然采用计算机控制技术、工业网络技术、可编程控制器(PLC)控制技术及现场总线相结合的控制技术。这样既有利于保护现有设备和技术的投资、减少设备改造的投入,同时也对现有的技术设计改动最小,又能够很好地将现场控制网络融合到以太网为基础的网络中。控制系统的设计、新建和改造均集中在控制层以上的管理层及其相关附属设施的设计和建造,而控制层以下的控制技术仍然采用成熟的工业控制技术方案。

1. 发射场系统 PROFIBUS – DP 现场总线网络结构

远程站 PLC 与近程主站 PLC 通过光纤连接成现场总线控制主网,3 个 I/O 站通过光纤链路模块(OLM)与 DP 连接形成分系统控制部分。PLC 主站还配置有 Industrial Ethernet(工业以太网)接口,可以给地勤服务器提供及时准确的监控信息,并可作为远程技术支持预留接口,为技术人员在现场调试检修提供了方便。网络拓扑结构图如图 2 – 15 所示。控制系统采用 PLC,下挂 PROFIBUS – DP 网。使用光缆作总线控制,以防止干扰脉冲。上位机通过 MPI 接口与 CPU 连接进行首次系统组态和程序下装,在下装一次后便既可通过 MPI,也可通过 Industrial Ethernet 下装。消防系统各控制设备、摆杆系统设备、瞄准窗设备、空调系统分别作为从站挂在前端 PLC 的 DP 总线上,3 个 DP 网络又通过 DP/DP 链接器将总线设备接入工业控制网络,真正实现"集中管理,分散控制"的目的。远控台可设在技术区远控中心,内部 PLC 与发射区控制台的 PLC 之间进行远程通信,传递控制信号,实现远控功能。在远控台上的上位机监控可以让地勤系统指挥和远控操作手通过显示器看到回馈信号和各工艺参数。

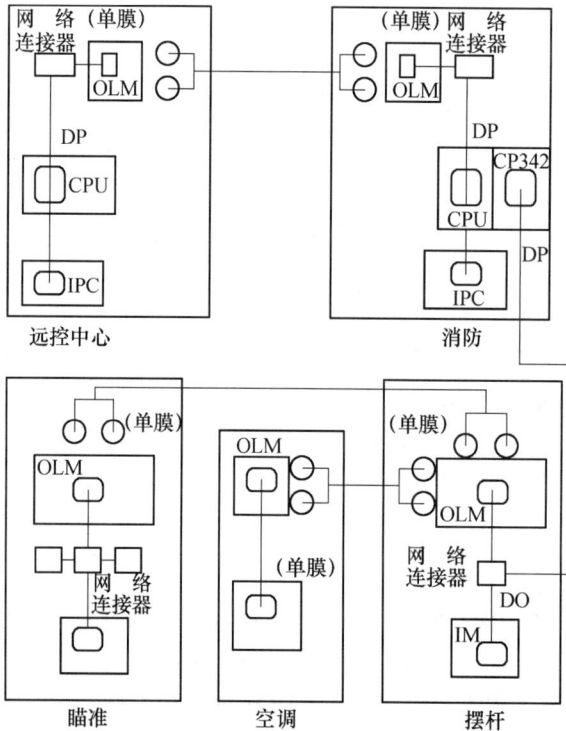

图 2 – 15　网络拓扑结构图

2. 应用分析和展望

在发射场地面设备中,运用 PROFIBUS 现场总线组成 PLC 网络,可提高整个系统的控制水平和可靠性,同时降低了运行成本。系统具有以下几个优点:

1)系统改造和维护方便

通过常规组态的自动化系统用电缆来连接传感器和执行器,这些电缆直接插到中央可编程控制器的 I/O 模板上,通常需要大量的电缆,对一些工作现场离集中控制室很远的场合尤其如此。使用分布式组态,通过将 I/O 模板放置于距现场传感器和执行器很近的地方,利用 DP 来连接,可体现极大的优势。

2)控制系统的信息一体化

组态方便,控制程序编程简单,监控画面的设计直观清晰。使用分布式组态的现场总线系统,和传统的中央组态在过程上并没有太大的区别,但控制软件的设计和监控系统组态的设计上体现了简便性和快速性的特点。在项目中,通过分布式 I/O 连接的传感器输入变量和执行器输出变量,在整个全集成自动化系统中被作为中央控制可编程控制器的自带 I/O 进行处理,省去了繁琐的通信程序编写。对人机界面的设计,仅是对现场数据的简单定义和处理,过去的控制程序也可简单地移植。

面对控制系统向智能化、数字化、信息化、网络化、微型化、分散化发展的主流方向,以双向串行多节点数字通信为特点的现场总线网络控制系统取代传统的控制系统(如以中央控制器为核心的直接数字控制系统,或者以递阶控制器为特点的 DCS 集散控制系统)已是大势所趋。

在发射场地面设备自控系统中应用现场总线技术和设备的计算能力、信息处理能力,有利于提高集成综合的优势。现场总线数字仪表逐步替代模拟仪表,FCS 将逐步改造发射场传统的 DCS 结构,直至完全取代。在过渡期内,FCS 和 DCS 的集成是必由之路,既符合发射场地面设备建设的实际情况,又有利于 FCS 在发射场的应用和发展。另一方面,发射场地面设备自控系统处于以 DCS 为主、FCS 与 DCS 集成应用阶段,FCS 只是系统的一个组成部分,整个系统的性能从可靠性、开放性等方面没有得到更大的提升。

现场总线在发射场地面设备信息化建设中需要从 FCS 产品的应用、软件开发、FCS 与 DCS 的集成等方面,做更进一步的探讨和研究,使 FCS 在未来发射场的应用中站在更高的起点上,进而把发射场地面设备的信息化建设提高到一个新的水平。

2.5 航天测试发射控制与指挥系统传输网络

2.5.1 传输网络总体架构

航天测试发射控制与指挥系统传输网络采用层次化、模块化的网络总体架构,按照核心层、汇聚层、接入层三层结构设计。核心层提供可靠的骨干传输交换网络,具有大容量交换能力,丰富的网络接口类型和网络协议,以及高可靠性、稳定性和易扩展性。汇聚层对上连接核心层,对下连接接入层,是多台接入层交换机的汇聚点,处理来自接入层设备的所有通信量,并提供到核心层的上行链路。接入层为终端用户连接到网络提供接口并将各类用户连接到汇聚层。如图 2 – 16 所示。

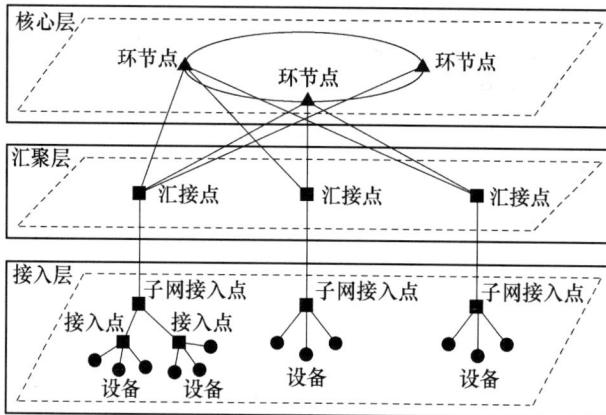

图 2 – 16　传输网络的总体架构

各层根据功能划分和承担任务进行相应网络配置,网络架构配置例如图 2 –17所示。

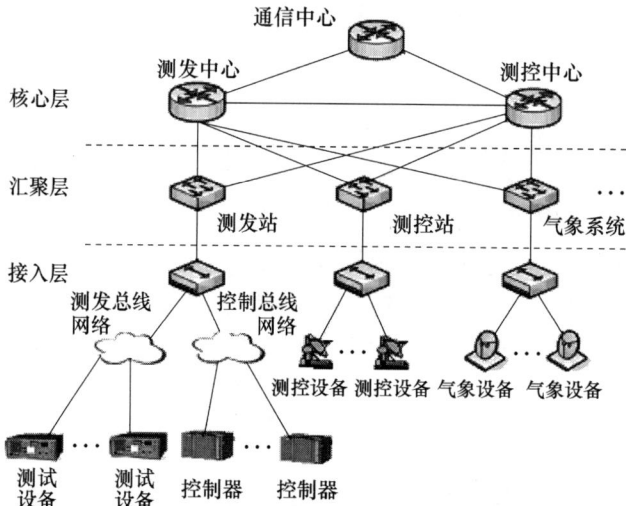

图 2 – 17　航天测试发射控制与指挥系统传输网络架构图

1. 核心层

核心层是网络骨干,是发射中心内部网络的中心,对外连接发射中心间的网络,对内连接汇聚层节点,负责提供无阻碍的高速数据交换和路由快速收敛,

48

一般部署在指控中心、测发中心、通信中心等重要场所,要求具有大容量交换能力,丰富的网络接口类型和网络协议支持,较高的可靠性、稳定性和易扩展性等特点。航天测试发射控制与指挥系统传输网络的核心层设备包括指控中心、测发中心、通信中心3个网络节点,每个中心节点配置高可靠、高性能的万兆以太网交换设备,并在3个中心节点之间形成环路保护。

2. 汇聚层

汇聚层是发射中心内网的区域中心,对上连接核心层,对下连接接入层,主要实现区域内的信息汇聚与交换。汇聚层节点通常部署在数据汇集量大的部站级单位,一般作为带宽限制、流量分配、访问控制等QoS服务质量策略的实施层,要求具有负载均衡、快速收敛和较高的可靠性、稳定性以及易于扩展等特点。航天测试发射控制与指挥系统传输网络的汇聚层设备部署在测发、测控、通信、气象、勤保五大分系统的重要任务场所,是这5个分系统的交换中心,对上采用双路由连接,增加出口路由保护。

3. 接入层

接入层是边缘设备,负责提供5个分系统用户网络接入,部署在各任务岗位,一般完成用户接入认证、二层交换、VLAN划分、数据流分类等功能,要求具有接入简单、环境要求低、性价比高等特点。航天测试发射控制与指挥信息传输网的接入层设备部署在测发、测控、通信、气象、勤保五大分系统的各任务岗位,负责完成5个分系统前端设备的接入,为用户提供百兆或千兆接入带宽。

按上述原则,我们设计了通用的航天测试发射控制与指挥系统的基本网络结构,如图2-18所示。

由图2-17和图2-18可知,通用航天测试发射控制与指挥系统传输网络具有如下特点:

(1)采用三角形环网结构,既有利于形成迂回路由,又能提供快速的路由收敛。采用三层级联的交换结构,从核心层到接入层的交换机三级级联,减少了网络的传输时间。网络结构简洁清晰,有利于故障隔离和管理,各层的功能划分清楚,便于维护。

(2)采用TCP/IP传输协议,有利于实现全网互联互通。

2.5.2 传输网络可靠性

航天测试发射控制与指挥系统的数据传输对于网络可靠性要求极高,在任务实施过程中需要确保网络百分之百可靠,不能出现因为网络异常而发生的数据传输故障。航天测试发射控制与指挥系统传输网络的可靠性主要是硬件可靠性、链路可靠性、组网结构可靠性3个方面。

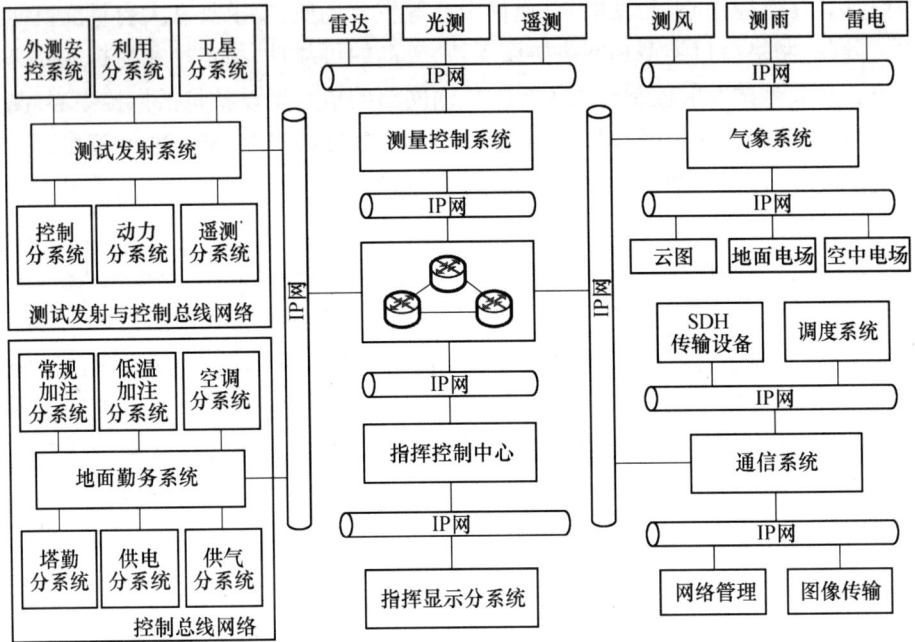

图 2-18 通用的航天测试发射控制与指挥系统传输网络结构

1. 硬件可靠性

核心层和汇聚层交换设备对可靠性有很高要求,一般选用交换性能和可靠性极高的高端路由交换设备,要求支持双主控、电源冗余、风扇冗余、分布式转发等特性,支持组件热插拔操作,单个部件出现故障,系统能够自动进行切换,从而保证系统具备极高的可靠性,满足电信级设备的应用要求,单台设备达到99.999%的硬件可靠性。另外,可以通过降低核心设备配置的复杂度,减少出现运行错误的概率。

网络交换设备的热备份主要实现系统的高可靠性,使系统出现故障时能够通过切换及时恢复正常,从而提高系统的无故障运行时间。主备切换的功能主要由主控板上的应用程序来实现:系统中配置两块主控板,一块为 Master 状态,控制整个系统;另一块为 Slave 状态,处于备份状态。主控板通过热切换控制器检测影响系统正常运行的硬件故障或拔插操作,两块主控板间通过以太网接口交互心跳数据,当备板检测主板故障时,就进行主备切换,连接并控制系统总线,而被切换的原主控板尽快恢复正常,并进入备份状态,如图 2-19 所示。

2. 链路可靠性

端口汇聚是将多个端口聚合在一起形成一个汇聚组,以实现出/入负荷在各成员端口中的分担,同时也提供了更高的连接可靠性。端口汇聚可以分为手工汇聚、动态 LAC P 汇聚和静态 LAC P 汇聚。同一个汇聚组中端口的基本配置

50

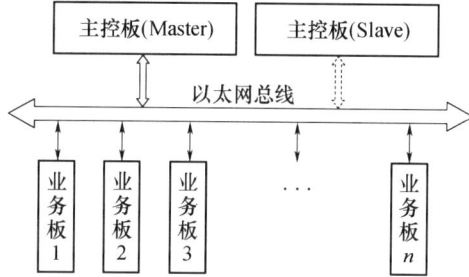

图 2 - 19　热备份的主控备份功能实现原理图

应该保持一致,即如果某端口为 Trunk 端口,则其他端口也配置为 Trunk 端口;如果该端口的链路类型改为 Access 端口,则其他端口的链路类型也改为 Access 端口。端口的基本配置主要包括 STP、QoS、VLAN、端口等相关配置,如图 2 - 20 所示。

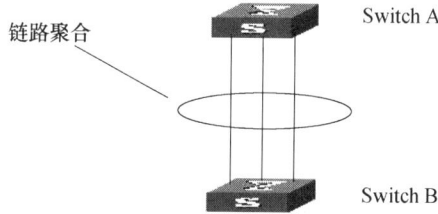

图 2 - 20　以太网端口汇聚配置示例图

基于 IEEE802.3ad 标准的 LACP(Link Aggregation Control Protocol,链路聚合控制协议)是一种实现链路动态聚合与解聚合的协议。LACP 协议通过 LACPDU(Link Aggregation Control Protocol Data Unit,链路聚合控制协议数据单元)与对端交互信息。使能某端口的 LACP 协议后,该端口将通过发送 LACPDU 向对端通告自己的系统优先级、系统 MAC、端口优先级、端口号和操作 Key。对端接收到这些信息后,将这些信息与其他端口所保存的信息比较以选择能够聚合的端口,从而双方可以对端口加入或退出某个动态聚合组达成一致。

3. 组网结构可靠性

为减少网络收敛时间,在采用以太网技术组网时,从核心层到接入层之间的交换机级联一般不要超过 4 级,构建 STP 环网保护时一般采用三角形环网,而不要采用四边形或多边形环网。为使航天测试发射控制与指挥传输网络可靠,采用三级网络结构的设计方案,从核心层到接入层一共三级交换机级联。

2.5.3　传输网络 QoS 解决方案

由于 IP 网络属于共享式网络,采用"尽力而为"的网络传输机制,无法提供端到端的服务质量保障,网络的指标参数会随着传输数据量的变化而动态发生变化,使得 IP 网络 QoS(Quality of Service)服务质量保障的设计是一个难点。目前,关于 IPQoS 的实现技术和实现模型很多,但没有一种 QoS 技术能够满足所有需求,因此需要组合多种技术,在网络不同层面部署相应 QoS 策略,以达到有效利用网络资源、提供服务质量保证的目的。

根据航天测试发射控制与指挥系统数据传输对 QoS 服务质量保障的严格要求,针对任务网络的信息流量和流向是可预测的特点,通过综合运用各种技术手段,加强网络监控管理,能够解决航天测试发射控制与指挥信息传输网的 QoS 服务质量保障问题。具体解决方案为:

(1)采用万兆以太网技术构建航天测试发射控制与指挥系统传输网络,实施宽带宽、轻负载保障策略,超过了数据传输需求的网络带宽,满足对于时延、丢包率等 QoS 服务质量保障的要求。

(2)在航天测试发射控制与指挥系统传输网络核心层设备之间启用 MPLS 协议,形成 MPLS 域。在整个 MPLS 域内,和数据报文相捆绑的标记决定着数据报文的转发优先级,每次发送数据报文时,总是将高优先级的队列发送完毕后,再发送低优先级队列中的报文,即使在网络壅塞时,高优先级数据报文也不会丢失。

(3)在航天测试发射控制与指挥系统传输网络汇聚层设备上进行优先级分类,实施带宽限制、访问控制、流量整形、流量监管和队列调度等 QoS 策略,从而实现对高优先级别报文的优先处理,达到服务质量保证要求。

(4)采用虚拟网 VLAN 划分航天测试发射控制与指挥网络,将网络广播限制在各个逻辑子网内,避免形成网络广播风暴。

(5)在航天测试发射控制与指挥网络中限制音视频、大文件的网络传输,任务网络仅传送任务数据,任务图像和声音则通过其他通信方式进行保障。

(6)在任务程序编制中采用组播方式逐步替代 UDP 广播,减少网络数据流量。

(7)严格限制接入航天测试发射控制与指挥网络用户数量和用户接入带宽,非必要用户不得接入网络,减少非必要数据流量。

2.5.4 传输网络安全

网络安全建设涉及很多方面,是综合复杂和动态发展变化的,没有一劳永逸的解决方案,需要在思想上给予足够重视和从管理角度、技术角度持续不断地进行建设和完善。发射中心除远方测量站采用广域网方式连接外,发射区是采用光纤连接的内部局域网,信息在发射中心内部交换,不对外传输,网络环境相对安全可靠。根据航天测试发射控制与指挥对网络安全的严格要求,航天测试发射控制与指挥任务 IP 专网的网络安全按照物理安全、链路安全、网络安全、主机安全、应用安全和数据安全的分层结构进行设计,如图 2 - 21 所示。航天测试发射控制与指挥信息传输网安全防护体组网结构,如图 2 - 22 所示。

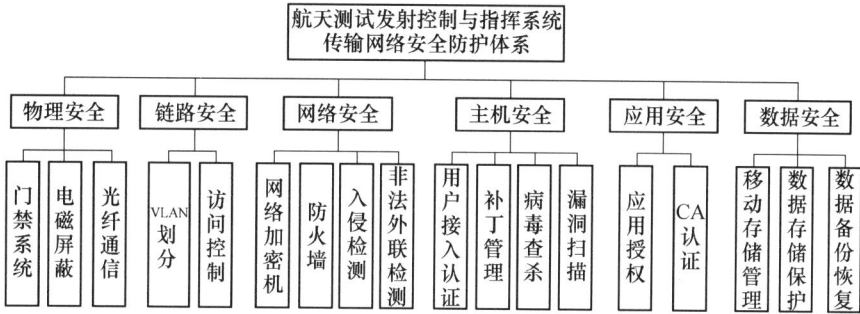

图 2 - 21　航天测试发射控制与指挥系统传输网络安全防护功能组成图

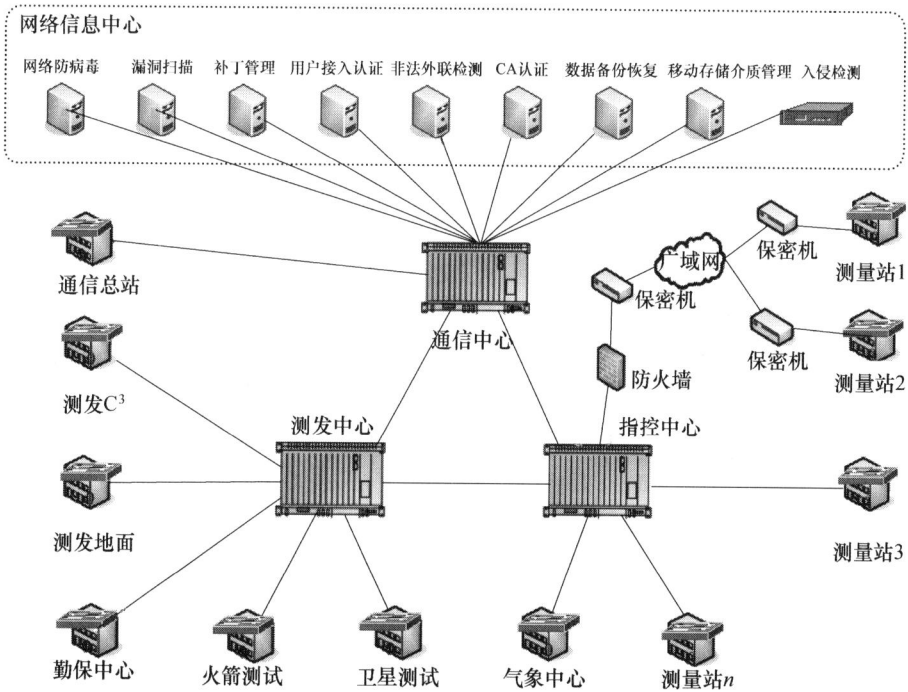

图 2 - 22　航天测试发射控制与指挥系统传输网络安全防护体系组网结构图

1. 物理安全

在航天测试发射控制与指挥系统传输网络的中心机房设置电磁屏蔽间、门禁系统,以保障各种网络设备的物理安全,屏蔽电磁辐射,防止重要信息泄露。任务网络的核心层、汇聚层、接入层之间采用光纤连接,利用光纤通信电磁辐射小的优点,避免信息传输过程中的泄露。

2. 链路安全

在航天测试发射控制与指挥系统传输网络中全部使用网络交换机,禁止使用集线器,防止因集线器的共享传输而导致数据被无关人员监听。

采用虚拟网 VLAN 技术对航天测试发射控制与指挥系统传输网络进行合理的网络划分,将不同用户、应用分隔在不同的虚拟子网中,各个虚拟网中数据在子网内传输,从而提高数据安全性。同时通过二层访问控制列表 ACL,实现各个虚拟子网之间灵活的受控性访问控制。根据航天测试发射控制与指挥各系统网络接入需求,将网络划分为运载火箭测试网、卫星测试网、测发 C^3 网、测发地面网、测控网、通信网、气象网、勤务保障网、公共服务网、网络管理等虚拟网。

3. 网络安全

(1) 防火墙。在航天测试发射控制与指挥系统传输网络中心各测控站的广域网出口设置防火墙,根据相应的安全策略控制(允许、拒绝、监测)出入网络的信息流,实现边界隔离和不同区域间的访问控制。

(2) 入侵检测与审计。在航天测试发射控制与指挥系统传输网络信息中心部署入侵检测与审计系统,通过从网络中若干关键点收集信息,并分析这些信息,检查网络中是否有违反安全策略的行为和遭到袭击的迹象,及时报警显示,并对网络中各类信息内容进行审计,以发现非法信息内容。

(3) 非法外联检测。在航天测试发射控制与指挥传输网络中心部署非法外联检测系统,防止任务用户在接入任务网的同时通过电话拨号、无线上网等形式接入国际互联网等外部网络,避免外部网络绕过防火墙而形成对内网的威胁。

(4) 网络加密机。为确保发射中心与远距离测控站的通信安全,在指控中心与测控站的广域网连接之间加装网络保密机,确保任务信息传输安全保密。

4. 主机安全

(1) 网络防病毒。为避免网络病毒对网络和用户终端造成危害,在航天测试发射控制与指挥网络中部署网络综合防病毒系统,通过在网络中的各用户终端中安装客户端杀毒软件,由杀毒服务器统一进行病毒库自动升级,从而实现全网及时的病毒综合防护。

(2) 漏洞扫描。在航天测试发射控制与指挥系统传输网络中心部署漏洞扫描系统,该系统由漏洞扫描服务器和控制台组成,负责定期对网络中的用户终端和服务器设备进行漏洞扫描和管理,以便及时发现安全漏洞并解决,从而降低网络安全风险。

(3) 补丁管理。在航天测试发射控制与指挥系统传输网络中心部署补丁管理系统,该系统由安装于客户端的安全分析工具和安装于服务器端的补丁自动升级系统组成。客户端定期与服务器中心数据库进行比对,查找出自身缺少的系统补丁,自动下载安装,及时消除安全隐患。

(4)用户接入认证。航天测试发射控制与指挥系统传输网络采用严格的用户接入认证机制,确保只有授权用户能够使用网络。用户接入认证通过对用户终端强制实施网络安全策略,严格控制终端用户的网络使用行为,加强用户终端的主动防御能力,从而确保网络安全。整个系统由安全策略服务器、安全客户端(认证软件)、安全联动设备(网络交换机)和第三方服务器(补丁升级服务器、网络杀毒服务器等)4 部分组成,具体实现过程为:

① 用户终端接入网络时,首先通过安全客户端上传用户信息(包括用户名、IP 地址、MAC 地址、VLAN 号、交换机端口)至安全策略服务器进行用户身份认证,非法用户将被拒绝接入网络。

② 合法用户将被要求继续进行安全状态认证,由安全策略服务器验证客户端系统补丁版本、杀毒软件版本、是否感染病毒等信息是否合格,不合格用户将被安全联动设备隔离到特殊的网络隔离区。

③ 进入网络隔离区的用户可以根据设定的网络安全策略,通过第三方服务器进行安装系统补丁、升级病毒库等操作,直到接入终端符合设定的网络安全策略。

④ 安全状态合格的用户将实施由安全策略服务器下发的安全策略(ACL 访问策略、QoS 策略、是否禁止代理服务等),并由安全联动设备提供基于用户授权的网络服务,从而达到按照用户授权范围约束用户网络行为的目的。

5. 应用安全

(1)CA 认证。在航天测试发射控制与指挥系统传输网络中心建立 CA(Certificate Authority)认证中心,为任务用户提供数字证书、电子签名、电子签章等应用,确保涉密信息在传递过程中的私有性、完整性和真实性,防止信息被窃取、篡改和伪造。

(2)应用授权。任务中各类应用系统具备分级授权功能,根据用户重要程度授予相应权限。用户仅能够查阅授权的信息内容,未经授权用户无权进入系统,实现任务信息获取的安全审计和日志功能。

6. 数据安全

(1)数据备份恢复。在航天测试发射控制与指挥系统传输网络中心部署在线数据备份恢复系统,采用磁盘阵列方式和 RAID5 冗余存储模式,提高数据存储可靠性,一旦发生数据丢失或损坏,能够通过在线备份恢复系统,实现对任务数据的及时恢复。

(2)存储防护。对航天测试发射控制与指挥系统传输网络中重要的涉密服务器、涉密磁盘阵列等设备进行加密,通过与 CA 认证结合,采取磁盘加密、文件加密或数据库加密等方式,实现对涉密数据的存储防护。

(3)移动存储介质管理。在航天测试发射控制与指挥系统传输网络中部署移动存储介质管理系统,具备注册使用、病毒防御、日志审计等功能,实现对任务网络中在用移动存储介质的严格管理。发射中心任务网络中的移动存储介质采取注册方式使用,未经注册,无法在任务计算机上识别使用,同时提供详细的移动存储介质的文件读取、写入、删除等操作日志供系统审计。

2.5.5 传输网管系统

在网络建设过程中,网管系统建设非常重要。借助网管系统,网络管理人员可以及时了解掌握网络整体性能、网络连通状况、用户访问行为、流量分布、应用分布和故障告警等情况,可以进行远程设备管理配置、用户接入认证、带宽限制、访问控制、网络性能测试、包协议分析等工作,网管系统可以说是网管员的千里眼、顺风耳,能够确保网络的长期稳定运行和提高异常情况下应急响应速度。航天测试发射控制与指挥信息传输网网管系统从设备管理、故障管理、流量管理、性能管理等方面进行建设。

网络管理系统是网管建设的基础和核心,提供设备自动发现、拓扑管理、设备管理、告警管理、性能管理、资源管理等功能,能够灵活展现网络拓扑、及时发现网络隐患、批量更改网络配置、动态分析网络状况。网络管理系统通常采用SNMP协议传送管理信息。

SNMP(Simple Network Management Protocol,简单网络管理协议)是网管系统与网络设备之间的通信协议,是被广泛接受并投入使用的工业标准,是Internet的网络管理标准协议。它的目标是保证管理信息在指定两点中传送,便于网络管理员在网络上的指定节点检索信息、修改信息,完成故障诊断、容量规划和报告生成。

SNMP的协议体系结构由三部分构成,即管理信息结构SMI(Structure of Management Information)、管理信息库MIB(Management Information Base)和SNMP本身。管理信息结构SMI在管理信息库中定义,是将被管理对象(主机、路由器及网桥等构成网络的设备)按照一定的结构组织起来形成的一个数据库。管理信息库MIB用于存放网络元素的各种管理参数。SNMP本身提供在网络管理站和被管理对象之间交换管理信息的方法。

随着网络的应用越来越广泛,规模越来越大,其承载的业务也越来越丰富。了解网络承载的业务,掌握网络流量特征,以便使网络带宽配置最优化,是当前网络管理员面临的一大挑战。网络流量监控系统是基于网络流信息的统计和分析的系统,通过对网络中的数据流量和资源使用情况进行采集和分析,及时发现网络瓶颈和网络异常现象,防范网络病毒的攻击,并提供针对不同业务和应用的带宽流量数据,为网络的故障诊断、网络优化、网络扩容等提供足够的科学依据。

NTE(Net Traffic Exporter)负责对网络流进行分析处理,提取符合条件的流统计信息,并将统计信息输出给NTC(Net Traffic Collector)设备;NTC设备负责解析NTE的报文,把统计数据收集到数据库中,可供NTP(Net Traffic Processor)进行解析;NTP负责提取统计数据,进行统计分析,为各种业务提供依据。

网络性能会随着网络合并,新的技术、新的设备、新的用户的增加等因素而发生变化,为确保网络稳定可靠,需要及时掌握网络性能情况,以便及时做出调整。网络压力测试系统的工作模式是通过控制台对分布在网络上不同位置的专用节点计算机发布不同的测试指令,由这些专用节点计算机产生模拟流量,并统计这些流量的响应时间、吞吐率、有效带宽等性能指标,从而对网络的健康状况有一个准确的了解。可以利用网络压力测试系统对网络定期进行模拟流量压力测试,通过人为加载的流量测试检查网络系统是否正常运行,对影响网络服务质量的各项具体参数指标进行精确掌控,分析可能存在的隐患,避免或减少网络系统故障的发生。

第三章　测试数据智能分析与处理

　　航天测试发射与控制系统及其网络的建立,实现了测试信息的集成、共享与交互,也为航天发射过程各部件、子系统、系统等不同层次参数测试数据的智能分析与处理提供支撑。对测试数据进行系统处理、比对和分析是确保发射成功的关键环节,也是系统性能评估、故障分析、诊断的重要基础。

　　随着运载火箭向大型化、复杂化发展,运载火箭测试点、测试数据量和处理量增大,数据类型多,影响系统运行的安全性、可靠性和鲁棒性等关键因素,使得传统方法不能适应当前和未来测试需求和发展趋势。由于人工智能理论和方法能够很好地解决复杂系统的建模分析、(非线性)数值计算、信息(知识)表达等问题,使智能分析和处理方法成为了航天测试与发射控制系统测试数据分析和处理的研究热点。

　　本章中,针对航天测试数据的时变性、多尺度性、非线性和动态特征等特性,阐述小波分析、聚类分析、粗糙集和核函数等智能理论和方法,进行测试数据分析处理。着重讨论测试数据在采集、传输等过程受到环境噪声等影响下,测试数据的抗噪处理、奇异点识别、数据完整性分析、一致性分析和关联性分析等核心问题。

3.1　测试的内容与要求

3.1.1　测试任务

　　测试的任务包括以下几方面:

　　(1) 对产品做出全面的性能评价。验证产品的功能、性能指标是否达到设计要求,加工生产是否达到工艺要求,以确定是否可供发射。

　　(2) 及时发现和排除产品的故障。发现故障并进行故障机理分析,确定故障性质、原因和部位,采取措施排除故障,并根据故障分析结果,改进设计和生产工艺。

　　(3) 制定测试项目,设计测试状态和方法。测试状态应尽可能模拟运载火箭飞行的过程,方法应严密,状态应真实,项目应齐全。

　　(4) 进行测试事故预想,制定事故预案。产品测试时对时间要求严格,一个系统排除故障造成的时间推迟将对全系统都产生影响。因此,在测试前应进行事故预想,加强预先协调,对假设的事故或问题预先制定处理方案,以便于预防事故或在测试时能正确、快速地处理突发事件。

3.1.2 测试内容

1. 系统性测试

在测试中,按对象所属系统的不同功能可分为控制系统测试、动力系统测试、遥测系统测试、外测安全系统测试、卫星测试等。测试的特点是针对不同系统的功能、性能要求,应用不同的测试方法,设置不同的测试项目来进行的。

1)控制系统测试

控制系统是一个复杂、精密的系统,通常由制导系统、姿态控制系统、电源和程序指令系统4部分组成,实现对运载火箭飞行过程的自动控制。控制系统的测试是产品测试的一项重要内容,其顺序是由单机到系统,即由单机的单元测试到系统的综合测试分级分阶段进行。

2)动力系统测试

动力系统包括发动机、推进剂储箱、输送系统及管路、活门、电爆管等,是一个由气路、液路和电路组成的复杂系统,为运载火箭提供动力。推进系统的测试也是产品测试的一项重要内容,主要测试项目有气密性检查、火工品测试和安装、储箱增压及气管脱落功能检查等。

3)遥测系统测试

遥测系统用来测量发射飞行中的工作状态参数和环境参数,为评定产品性能,分析判断故障,改进设计和生产工艺提供依据。遥测系统的测试是产品测试的重要组成部分,主要测试项目有供电检查、传感器检查、变换器和编码器检查、时间指令和交直流变换器检查等。

4)外测安全系统测试

外测安全系统包括外弹道测量系统和安全系统。外弹道测量系统用于测量运载火箭弹道参数和局部图像信息,为评定产品性能、分析判断故障提供依据;安全系统用于接收地面指令,炸毁故障的运载火箭,保证发射场和航区的安全。

5)卫星测试

包括各单机测试、分系统测试和总装前后的综合测试。分系统测试包括电源、遥测遥控和跟踪、姿态和轨道控制、通信转发器等分系统以及有效载荷的测试。综合测试是在统一供配电条件下,对卫星规定的电性能和功能做全面的检测,包括分系统之间电气接口的匹配性、协调性和电磁兼容性进行综合检查。实际上,卫星、载人飞船、空间站与运载火箭一样,都是独立的大系统,由众多系统组成,只是因系统规模相对较小,习惯上称为分系统。

2. 层次性测试

航天器及运载器的测试按测试的层次可分为单元测试、分系统测试、匹配测试和总检查测试。

1)单元测试

使用单元测试设备对各系统的单机设备进行的单独的检查测试,一般是"分离"状态下在地面进行的。内容包括单机的外观、功能、性能参数(包括静态和动态参数)以及误差系数的分离等。单元测试的重点是整机的功能和性能参数,单元测试设备都具有较高的精度。决定制导精度的装置,如加速度表、陀螺仪、计算装置等,对其测试精度要求也高,测试时要求创造良好的条件;对参与姿态控制的装置则侧重检查其动态、静态参数及输入输出的极性关系。

2)分系统测试

对分系统的功能、性能参数及协调性进行的检查测试。分系统测试的重点是检查该分系统工作中最有代表性的参数,包括各单机的主要动态、静态参数、分系统的动态、静态参数。分系统测试的特点是项目多,采集和处理的数据量大。

3)匹配测试

在完成分系统检查后,各系统之间工作是否协调匹配,系统间接口关系是否正确,这些都需要通过系统间匹配检查来验证和确定。系统匹配测试是检验产品相关系统综合设计是否正确、各系统与遥测系统间电气接口是否匹配的试验。

4)总检查测试

产品各个系统连接在一起进行的大型试验,总检查的重点是检查全系统工作的协调性以及主要的功能、性能参数。总检查依据测试检查内容的侧重点不同,地面设置的状态不同,分为模拟飞行总检查、模拟发射总检查(紧急关机总检查)。一般而言,总检查时,箭上的状态基本上是一样的。

3.1.3 测试要求

测试的要求包括以下方面:

(1)对测试设备的要求。产品的测试离不开测试设备,以测试发控系统为主的测试设备的质量和水平对飞行器发射试验的安全可靠性有很大影响。要求测试设备安全可靠,具备自动化测试能力,准确快速,能进行故障自检和诊断。

(2)对测试场地的要求。测试场地应有可容纳各系统参加测试的面积、足够容量的电源和气源、良好的接地系统和指挥通信设备。另外,测试场地还应有一些满足微机和精密仪器工作所需的温度与湿度环境,可进行电磁兼容试验的屏蔽室等。对于一些有特殊要求的实验室,如惯性器件实验室,还应有精确大地坐标、方位基准和隔振地基等。

3.2 数据预处理

由于测量设备的状态、传输信道、测试环境的影响(电磁干扰等)等原因,使最终到达中心计算机的运载火箭测试数据上叠加了大量的非平稳高斯噪声和白噪声。对于这些噪声的处理,基于传统处理方法,从多次的任务和联试数据来看,在某些时段、某些特定条件下其处理出的数据曲线仍存在一定的毛刺、出现了实际不存在的数据跳点。严重的情况会使数据受到扭曲,尤其是当数据的信噪比过低的时候,数据中有价值的信号甚至会被噪声完全淹没,使得对数据分析结果不准确,或者根本无法获取这部分数据的某些重要特征。

以运载火箭的惯性导航系统为例,在实际测试和试验过程中,由于多方面都会引入干扰致使测试结果不能完全符合真实情况。如激光陀螺的随机噪声是由白噪声和分形噪声组成,分形噪声是非平稳随机过程,采用传统的方法很难去除。利用软件补偿来提高实际使用精度的趋势变得更有重要意义。随着试验任务对数据处理要求(导航系统精度)的不断提高,将小波变换用于运载火箭测试数据信号的处理以克服传统方法存在的不足是十分有意义的。

3.2.1 噪声在小波变换下的特性

传统的基于傅里叶(Fourier)变换的方法不能在时域中对信号作局部化分析,难以检测和分析信号的突变,且在频域内对信号进行处理的同时也将夹带在信号中的噪声视作有用信号一起分解了,当要获得数据信号的局部特征时,势必将数据真实特征和噪声同时放大;同理,减少噪声影响的同时也会缩小信号的局部特征。相对于 Fourier 变换,小波变换因具有时频局部化特性,可以根据需要调节时域窗口和频域窗口的宽度,而成为数据降噪领域中的重要方法。

设 $x(t)$ 为噪声,在对其进行小波分解后,其小波分解后的低频部分会对其后续小波分解的最深层和低频层产生影响,其小波分解后的高频部分只会对其后续小波分解的第一层细节有所影响。如果信号 $x(t)$ 只是由高斯白噪声构成时,那么随着小波分解层次的增加,信号中高频系数的幅值会迅速地衰减,显然,该小波系数的方差的变化趋势也是同样的。此处,用 $C_{j,k}$ 表示对噪声进行小波分解后所得到的小波系数,其中,k 为时间下标,j 为尺度下标。通过分析,可得到将此离散时间信号 $x(t)$ 视为噪声后的下列特性:

(1) 当 $x(t)$ 是零均值、平稳、有色的高斯型噪声的时候,对 $x(t)$ 进行小波分解后所得到的小波系数也应是一个高斯序列,并且对于每一个小波分解尺度 j,与之相应的小波分解系数同样是一个平稳、有色的序列;

(2) 当 $x(t)$ 是由高斯型噪声所构成的时候,$x(t)$ 经小波分解后所得到的小波系数应服从高斯分布,并且它们互不相关;

(3) 当 $x(t)$ 是由零均值、平稳的白噪声所构成的时候,$x(t)$ 经小波分解后所得到的小波系数应是相互独立的;

(4) 当 $x(t)$ 是由已知相关函数的噪声所构成的时候,$x(t)$ 经小波分解后可以根据相关函数计算出相应的小波分解系数序列;

(5) 当 $x(t)$ 是由已知相关函数谱的噪声所构成的时候,$x(t)$ 经小波分解后就可以通过相关函数谱计算出对应小波系数 $C_{j,k}$ 的谱以及相应的尺度 j 和 j' 的交叉谱;

(6) 当 $x(t)$ 是由零均值且固定的 ARMA(Auto – Regressive and Moving Average, ARMA) 模型所构成的时候,$x(t)$ 经小波分解后,对于其中的每一个小波分解尺度 j,与之相应的小波分解系数 $C_{j,k}$ 同样是零均值且固定的 ARMA 模型,该小波分解系数的特性只取决于小波分解尺度 j。

3.2.2　基于阈值决策的小波去噪算法步骤

基于阈值决策的小波去噪过程一般可分为以下两个步骤:

(1) 选择一个合适的小波基并确定分解层次,然后对其进行小波分解。在合理选择小波基对信号进行小波分解后,需要在分解的不同尺度上对小波系数进行阈值处理,其中在粗尺度下进行小波系数的阈值处理可能会消除信号当中的重要特征,而在细尺度下进行的小波系数阈值处理则有可能引起去噪的程度不足。因此,分解层次的选择与小波基的选择同样重要。一般认为小波分解的层次为:$n = (\log_2 m) - 5$,其中 m 表示信号长度。

(2) 对各个分解尺度下的小波系数选择一个阈值进行阈值量化处理。阈值处理主要分为以下两种:硬阈值法和软阈值法。

3.2.3　阈值的选取及量化

1. 阈值方式

小波阈值去噪主要有硬阈值和软阈值两种处理方式。采用硬阈值处理方式的缺点在于进行阈值消噪时由于阈值的选取有可能同时过滤掉信号中部分有用成分,特别地,当信号中夹带着瞬时变量信息时,采用此方法进行小波重构的精度较差;而采用软阈值处理方式,通过稍微减少所有系数的幅值来减少所加的噪声以使阈值的选取风险有所下降,从而尽可能地保留原始信号中的瞬变信息,但是采用此方法所取得的以上优势是以牺牲对噪声的去噪效果换来的。

式(3-1)和式(3-2)所示分别为硬阈值与软阈值小波系数去噪方式。

$$T(W_{\mathrm{f}}, T) = \begin{cases} W_{\mathrm{f}}, & |W_{\mathrm{f}}| \geqslant T \\ 0, & |W_{\mathrm{f}}| < T \end{cases} \qquad (3-1)$$

$$T(W_{\mathrm{f}}, T) = \begin{cases} \mathrm{sign}(W_{\mathrm{f}})(|W_{\mathrm{f}}| - T), & |W_{\mathrm{f}}| \geqslant T \\ 0, & |W_{\mathrm{f}}| < T \end{cases} \qquad (3-2)$$

对式(3-2)做以下变形,可得式(3-3):

$$T(W_{\mathrm{f}}, T) = \begin{cases} \mathrm{sign}(W_{\mathrm{f}})\left(1 - \dfrac{T}{|W_{\mathrm{f}}|}\right)|W_{\mathrm{f}}|, & |W_{\mathrm{f}}| \geqslant T \\ 0, & |W_{\mathrm{f}}| < T \end{cases} \qquad (3-3)$$

由式(3-3)可以看出,采用软阈值进行数据处理的原理是将大于阈值的那部分小波系数按照一定比例在数轴上向零方向收缩,而不是直接将这部分小波系数过滤掉。在多数情况下,为了降低对阈值选取的风险,从而增强小波阈值去噪的鲁棒性,一般采用软阈值的方式。

2. 阈值规则

由式(3-1)~式(3-3)可以看出,阈值 T 的选取直接影响到去噪后信号的质量,阈值 T 的选取有 4 种规则:通用阈值规则、无偏似然估计(SURE)规则、启发式阈值规则、最小极大方差阈值规则。

1)通用阈值规则(Sqtwolog 规则)

阈值选取算法公式为

$$T = \sigma \sqrt{2\ln N} \qquad (3-4)$$

式中:J 为小波变换的尺度;N 为实际测量信号 $x(t)$ 经过小波变换分解在尺度 $1 \sim n(1 < n < J)$ 上得到小波系数的个数总和;σ 为附加噪声信号的标准差。实验证明,通用阈值规则在软阈值处理函数中能够得到很好的降噪效果。

2)无偏似然估计规则(Rigrsure 规则)

无偏似然估计规则是一种软件阈值估计器,是一种基于 Stain 的无偏似然估计(二次方程)原理的自适应阈值选择。对一个给定的阈值 T,先找到它的似然估计,然后再将其最小化,从而得到所选的阈值,具体的阈值选取规则为:

令信号 $x(t)$ 为一个离散的时间序列,$t = 1, 2, \cdots, N$,再令 $y(t)$ 为 $|x(t)|^2$ 的升序序列。阈值的计算公式如下:

$$\begin{cases} R(t) = \left(1 - \dfrac{t}{N}\right)y(t) + \dfrac{1}{N}\left(N - 2t + \displaystyle\sum_{i=1}^{t} y(i)\right) \\ T = \sqrt{\min(R(t))} \end{cases} \qquad (3-5)$$

3）启发式阈值规则（Heursure 规则）

启发式阈值规则是无偏似然估计规则和通用阈值规则的折中形式。当信噪比较大时，采用无偏似然估计规则，而当信噪比小的时候，采用固定阈值规则（3－6）。

阈值按以下的公式计算：

$$T = \begin{cases} T_1, & \dfrac{\parallel x(t) \parallel^2}{N} < 1 + \dfrac{1}{\sqrt{N}}(\log_2 N)^{3/2} \\ \min(T_1, T_2), & \dfrac{\parallel x(t) \parallel^2}{N} \geq 1 + \dfrac{1}{\sqrt{N}}(\log_2 N)^{3/2} \end{cases} \quad (3-6)$$

式中：N 为信号 $x(t)$ 的长度；T_1 为通用阈值规则得到的阈值；T_2 为无偏似然估计规则得到的阈值。

4）最小极大方差阈值规则（Min－max 规则）

这种阈值选取规则同样也是一种固定的阈值，它能在一个给定的函数集中实现最大均方误差最小化。算法公式如下：

$$T = \begin{cases} \sigma(0.3936 + 0.1829\ln(N-2)), & N \geq 32 \\ 0, & N < 32 \end{cases} \quad (3-7)$$

$$\sigma = \frac{\text{middle}(W_{1,k})}{0.6745}, 0 \leq k \leq 2^{j-1} - 1 \quad (3-8)$$

式中：N 为对应尺度上的小波系数的个数；$W_{1,k}$ 表示尺度为 1 的小波系数；j 为小波分解尺度；σ 为噪声信号的标准差，即为对信号分解出的第一级小波系数取绝对值后再取中值。

5）数值实验

以一个信噪比 SNR =4 的矩形波测试信号为例，对其进行基于以上 4 种阈值规则的小波阈值去噪，图 3－1（a）和图 3－1（b）分别显示了原始信号与染噪的 Blocks 信号；图 3－2（a）显示的是基于 Min－max 规则的小波阈值去噪效果，图 3－2（b）描述了基于 Rigrsure 规则的小波阈值去噪效果，图 3－2（c）表示基于 Sqtwolog 规则的小波阈值去噪效果，图 3－2（d）显示了基于 Heursure 规则的小波阈值去噪效果。

从图 3－2 可以看出，基于 4 种阈值规则小波去噪效果差别不大，实际运用中应该具体情况具体分析，选择合适的阈值，最大程度地保留有用信号的细节部分，并且最大限度地消除噪声干扰。

3.2.4 小波去噪的在线实现

与传统的滤波方法相比，基于阈值决策的小波滤波方法的滤波效果较好。在实际的工程中，在线的小波阈值滤波要比离线的小波阈值滤波更具有价值和

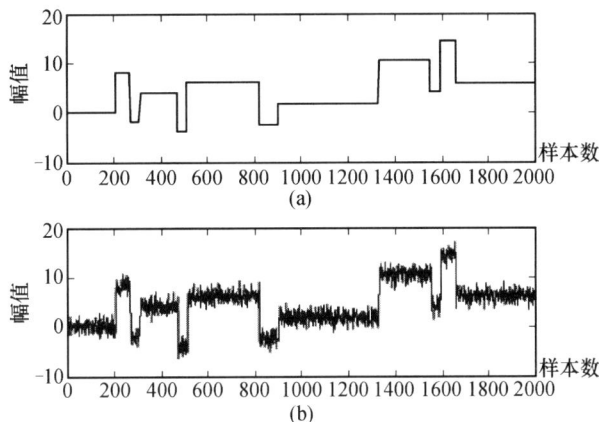

图 3－1 Blocks 原始信号及其染噪信号

（a）原始信号；（b）染噪信号。

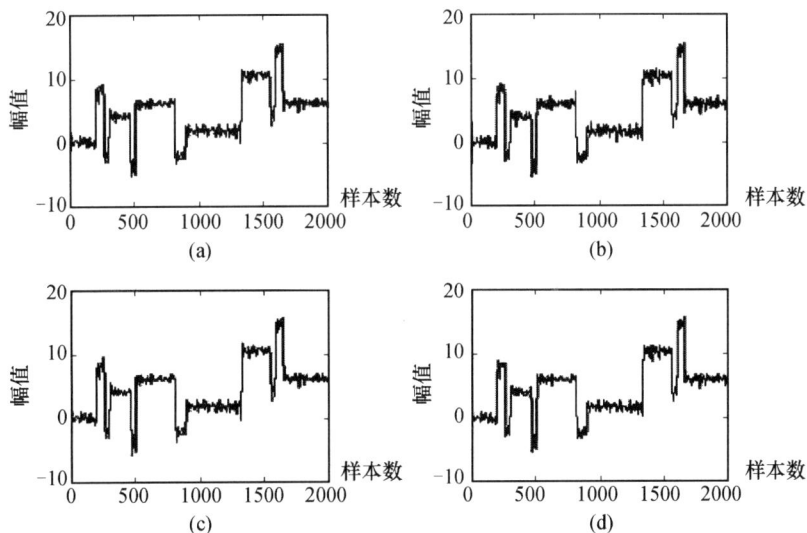

图 3－2 基于 4 种阈值规则的 Blocks 信号消噪图

（a）Min－max 规则；（b）Rigrsure 规则；（c）Sqtwolog 规则；（d）Heursure 规则。

意义。在线多尺度滤波之所以要比离线小波滤波优越,其原因在于该方法中含有边缘校正滤波器及二进长度 $N=2^n$（这里 n 表示正整数）的滑动窗口这两个关键要素。对传统的小波滤波器来说,其设计理念都是属于非因果的,在实际滤波过程中,当前时刻的数据小波系数除了依赖于现在时刻和过去时刻的数据,将来时刻的数据其实也对其存在着不可忽视的影响,因此这类小波滤波器在计算小波系数方面明显存在着时间上的延迟。相比之下,对于在线多尺度滤波来说,在实际的滤波过程,采用了一种特殊的边缘校正滤波器,通过这个边缘校正滤波器,在线多尺度滤波算法不仅可以消除滤波过程中所出现的边缘效应,而且由于它的设计理念是属于因果滤波器,从而在其滤波过程中不必知道将来时刻的数据信息就能够通过滤波器本身算法计算出当前时刻的数据小波系数。

在线多尺度滤波算法可分为以下 4 个步骤:

(1) 在长度为 $N=2^n$ 的窗口范围内用边缘校正滤波器对待分析的数据进行小波多尺度分解;

(2) 采用阈值公式(3-7)对信号分解所得到的小波系数进行阈值处理,然后根据这些阈值处理后的数据进行完全重构,得到相应的重构信号;

(3) 保留完成重构的信号的最后一个数据点,这样做的目的是增加算法的灵活性,使其能适应其他的在线应用;

(4) 在滤波器接收到新的数据后,通过移动数据窗口使其包含最新时刻的采样数据,但需要保证最大的窗口长度为 $2^k(k=n$ 或 $k=n+1)$,当数据窗口移到这个长度后就不再增加。

下面以一个长度为 $N=8$ 的信号为例来介绍二进长度的滑动窗口的基本原理,其变化情况如图 3-3 所示。每一行代表数据窗以及它所包含的数据,i 表示第 i 个数据,加黑的数字框代表所采样到的最新数据块。每当采样到一个新的数据块时,相应的数据窗就要向后移动一次,移动的规则是保持已经设定好的最大 $N=2^n$ 长度。这是因为随着采样到的数据的增多,数据窗口的长度会相应地逐渐增长,但数据窗口的长度越长,滤波算法的计算量就越大,时间开销和计算机物理开销也会相应增加,因此当数据窗口增大到一定程度时,这个数据窗口就要保持不变,此时只需要在保持数据窗口长度不变的前提下,滑动数据窗口使其包含最新时刻的数据就可以了。从理论上来讲,只要当前时刻的噪声水平固定不变,滤波器的每个数据窗口内的小波阈值也就不变,此时数据窗口

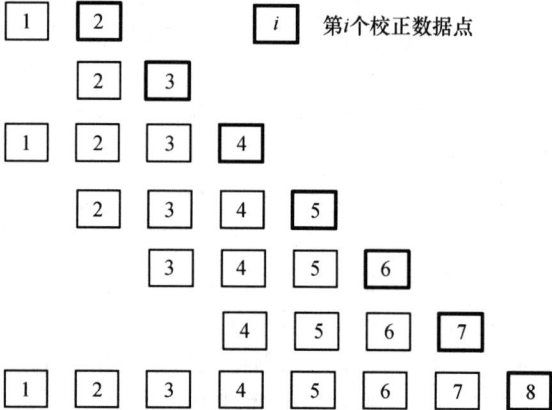

图 3-3 OLMS 滑动窗口示意图

的长度就可以维持原来的长度。

3.3 数据一致性分析

一致性分析是对测试数据进行正确性和可靠性分析的重要手段。为了解决这一突出问题,对测试数据一致性定量分析方法进行了一些尝试性的研究。首先介绍统计假设检验法和动态关联分析法对数据进行一致性分析,然后从运载火箭发射过程具有的小样本特性出发,充分利用历史测试数据分析参数的一致性,着重介绍测量参数的聚类分析方法。

3.3.1 静态数据一致性分析

测试方法、测试设备以及对测试环境控制的一致性是认可测试数据一致性的物理基础。对于静态测试数据,可根据测试阶段的不同而将数据划入不同的子样,如可将单元仪器某一性能参数在出厂测试时的测试数据和在发射场测试时所获得的数据划分为两个不同的子样,然后对这两个子样进行一致性分析。下面以这种子样划分方法为例来说明如何对两个不同测试阶段所获得的测试数据进行一致性分析。

针对某一单元仪器的某个参数,假定出厂测试数据为 $X_1, X_2, \cdots, X_m$,发射场测试数据为 $Y_1, Y_2, \cdots, Y_n$。当被测参数服从正态分布时,两个子样的一致性检验可以用分布参数的一致性检验实现。

1. 均值一致性检验

当 X_i、Y_i 分别服从分布 $N(\mu_1, \sigma_1^2)$ 和 $N(\mu_2, \sigma_2^2)$ 时,测试数据的均值一致性问题变成了下面的假设检验问题:

$$H_0 : \mu_1 = \mu_2 , H_1 : \mu_1 \neq \mu_2 \tag{3-9}$$

取统计量:

$$\mu = \frac{(\bar{X} - \bar{Y}) - (\mu_1 - \mu_2)}{\sqrt{\dfrac{\sigma_1^2}{m} + \dfrac{\sigma_2^2}{n}}} \tag{3-10}$$

于是有

$$\mu \sim N\left(\frac{(\mu_1 - \mu_2)}{\sqrt{\dfrac{\sigma_1^2}{m} + \dfrac{\sigma_2^2}{n}}}\right) \tag{3-11}$$

当假设成立时,有

$$\mu = \frac{\bar{X} - \bar{Y}}{\sqrt{\dfrac{\sigma_1^2}{m} + \dfrac{\sigma_2^2}{n}}} \qquad (3-12)$$

由此可以构造出一致性检验法则,即给定显著性水平 α 之后,确定正态分布的分位数 μ_α,当 $|\mu| > \mu_\alpha$ 时,认定子样 X_i 和 Y_i 具有显著的差异,否则认定它们具有一致的均值。当 σ_1 和 σ_2 未知时,在工程实践中采用方差的无偏估计

$$\hat{\sigma}_1^2 = \frac{1}{m-1} \sum_{i=1}^{m} (X_i - \bar{X})^2, \hat{\sigma}_2^2 = \frac{1}{n-1} \sum_{i=1}^{m} (Y_i - \bar{Y})^2 \qquad (3-13)$$

代替已知方差。

2. 方差一致性检验

当 X_i 和 Y_i 分别服从分布 $N(\mu_1, \sigma_1^2)$ 和 $N(\mu_2, \sigma_2^2)$ 时,测试数据的方差一致性问题变成了下面的假设检验问题:

$$H_0 : \sigma_1 = \sigma_2, H_1 : \sigma_1 \neq \sigma_2 \qquad (3-14)$$

又由统计基本定理可知

$$\frac{(m-1)\hat{\sigma}_1^2}{\sigma_1^2} \sim \chi^2(m-1), \frac{(n-1)\hat{\sigma}_2^2}{\sigma_2^2} \sim \chi^2(n-1) \qquad (3-15)$$

于是,下面的统计满足 F 分布,即

$$\frac{\hat{\sigma}_1^2 / \sigma_1^2}{\hat{\sigma}_2^2 / \sigma_2^2} \sim F(m-1, n-1) \qquad (3-16)$$

当假设成立时,又有

$$\frac{\hat{\sigma}_1^2}{\hat{\sigma}_2^2} \sim F(m-1, n-1) \qquad (3-17)$$

由此可以构造出方差的一致性检验法则,即给定显著水平之后,确定相应的 F 分布双侧分位数 $F_{1-\alpha,2}(m-1, n-1)$ 和 $F_{\alpha,2}(m-1, n-1)$,当 $F_{1-\alpha,2}(m-1, n-1) \leqslant \dfrac{\hat{\sigma}_1^2}{\hat{\sigma}_2^2} \leqslant F_{\alpha,2}(m-1, n-1)$ 时,认定假设成立,子样 X_i 和 Y_i 具有一致的方差,否则认定它们的方差具有显著的差异。由于 F 分布表一般只对显著水平 α 的某些值编制了上侧分位数,所以在实际应用时,可通过公式

$$F_{1-\alpha}(f_1, f_2) = \frac{1}{F_\alpha(f_2, f_1)} \qquad (3-18)$$

计算出 $F_{1-\alpha}(f_1, f_2)$。在实际使用 F 检验法时,可先计算出两个样本方差,然后将其中较大者作分子,较小者作分母来构造 F。这时 F 总是大于或等于 1 的,

故只需查表求出 $F_{\alpha,2}(m-1,n-1)$,若 $F > F_{\alpha,2}(m-1,n-1)$ 则拒绝假设,否则接受假设。

3.3.2 动态变化数据一致性分析

在输入信号相同的情况下,对仪器的多组输出序列进行两两比对分析,衡量输出数据的一致性程度,从而判断仪器的工作性能。如果能够获得理论输出数据序列,通过这种方法还可以判断仪器的实际输出与理论输出的一致性。

1. 统计假设检验方法

统计假设检验是统计推断的核心内容之一,数理统计中称有关总体分布的论断为统计假设,它是根据来自总体的样本来判断统计假设是否成立,在理论研究和实际应用上都占有重要地位。此处应用该方法以比较两组数据的一致性。已知两组长度相等的数据 x_i 和 y_i ,对应的两个数据的差异仅是由测量本身所引起的,现分别作各对数据的差 $d_i = x_i - y_i$,并假设 $d_1,d_2,\cdots,d_n$ 来自正态总体 $N(\mu_d,\sigma^2)$,这里 $N(\mu_d,\sigma^2)$ 均属未知。若 x_i 和 y_i 相等,则各对数据的差异 $d_1,d_2,\cdots,d_n$ 为随机误差,可认为其服从均值为零的正态分布,因而问题可归结为假设检验:

$$H_0:\mu_d = 0 \ , \ H_1:\mu_d \neq 0 \qquad (3-19)$$

分别记 $d_1,d_2,\cdots,d_n$ 的样本均值和样本方差为 $\bar{d},\bar{\sigma}^2$,则由单个正态总体均值的 t 检验,知其拒绝域为

$$| t | = \left| \frac{\bar{d} - 0}{\hat{\sigma}/\sqrt{n}} \right| > t_a(n-1) \qquad (3-20)$$

若检验结果未落入拒绝域,即原假设成立,则说明两组数据无明显差异,认为它们是一致的。一般使用的 t 分布表中 n 在 45 以下,当样本容量很大(如大于50)时,由中心极限定理知,当 H_0 成立时,统计量 $U = \dfrac{\bar{X} - \mu_d}{s/\sqrt{n}}$ 渐近地服从 $N(0,1)$,知其拒绝域为

$$| U | = \left| \frac{\bar{X} - 0}{\hat{\sigma}/\sqrt{n}} \right| > U_d \qquad (3-21)$$

因而可对该统计量来进行假设检验。一般情况下总体方差未知,需用样本方差来对总体方差作估计。这时至少要求样本容量大于100,才能利用极限分布来求近似的拒绝域。实际上,当样本容量很大时,正态分布和 t 分布近似相等。

在许多情况下,假设检验拒绝与否在很大程度上取决于显著检验水平 α 值的大小。α 值越大,如接受假设,则两组数据的相似程度就越高,拒绝假设的可能性也就越大,认为数据达不到要求,可能得出与事实相悖的结论。若 α 值过

小,则又容易把不合格的数据认为合格。我们可以根据 α 值划分数据的一致性等级。常取的几个 α 值有 0.1,0.05,0.02,0.01,0.001 等,它们可以作为定量评价两组数据一致性程度的指标。

2. 动态关联分析法

动态关联分析法的基本思想是:把相同输入条件下所获得的两组输出数据看成一个动态过程—时间序列,然后构造一个关于这两组数据序列的标量函数,以此作为衡量两组数据一致性和动态关联性的定性指标。具体描述如下。

设 x_i 和 y_i 为两组输出序列,并取数据长度为 N,定义如下标量函数作为 TIC 系数:

$$\rho(x,y) = \frac{\sqrt{\frac{1}{N}\sum_{t=1}^{N}(x_t - y_t)^2}}{\sqrt{\frac{1}{N}\sum_{t=1}^{N}x_t^2} + \sqrt{\frac{1}{N}\sum_{t=1}^{N}y_t^2}} = \frac{\sqrt{\sum_{t=1}^{N}(x_t - y_t)^2}}{\sqrt{\sum_{t=1}^{N}x_t^2} + \sqrt{\sum_{t=1}^{N}y_t^2}}$$

$$(3-22)$$

显然,$\rho(x,y)$ 具有如下几个性质:

(1) 对称性:$\rho(x,y) = \rho(y,x)$。

(2) 规范性:$0 \leqslant \rho(x,y) \leqslant 1$,$\rho = 0$ 表示对所有的 N,两组数据序列完全一致,$\rho = 1$ 表示两组数据序列之间的一种最不相关的情况。

(3) ρ 越小表明两组数据序列一致性越好。这一方法属于非统计方法,对所要求的时间序列本身没有限制条件,运用起来比较方便。

本节所提到的方法已经过工程化处理,可直接在试验任务的数据比对工作中广泛应用。其分析结果能够提供数据一致性的定量结论,对产品性能评估、故障排除及关键环节的质量控制具有一定意义。

3.3.3 聚类分析方法

针对数据的相似程度进行聚类,将聚类结果中属于同一类的参数取值按时间求平均,以该平均值曲线作为对系统工作状况进行分析的依据。将历史测试数据与新测试数据进行聚类,能分析新测试数据的一致性,并对未来测试数据进行预测。

1. K 均值聚类算法

(1) 设 x_l 为待聚类的数据,其中 $l = 1,2,\cdots,N$。从中随机选取 K 个值为初始聚类中心,记为 $Z_1(1),Z_2(1),\cdots,Z_K(1)$。$Z_i(m)$,$i = 1,2,\cdots,K$,表示第 m 次迭代得到第 i 个聚类中心。

(2) 从 x_l 中将逐个待聚类的数据,按最小距离原则分配给以上 K 个聚类中心。即:如果 $\| x - Z_j(m) \| = \min\{ \| x - Z_i(m) \|, i = 1,2,\cdots,K\}$,则 $x \in C_j$

(m)。m 为迭代次数，$C_j(m)$ 为经过第 m 次迭代得到的第 j 个聚类，其聚类中心为 $Z_j(m)$。

（3）新聚类中心：

$$Z_j(m+1) = \frac{1}{N_j} \sum_{x_h \in C_j(m)} x_h, j = 1,2,\cdots,K, h = 1,2,\cdots,N_j, N_j < N$$

$$(3-23)$$

N_j 为第 j 个聚类的 $C_j(m)$ 所包含的样本数，$x_h \subset x_l$。

（4）如果 $Z_j(m+1) \neq Z_j(m)$，$j = 1,2,\cdots,K$，则令 $m = m+1$，重复（2）、（3）步骤，直至 $Z_j(m+1) = Z_j(m)$。

2. 基于 K 均值聚类算法的测量参数曲线聚类分析

1）曲线相似的度量

对于两条曲线，其相似程度可以用其取值的接近程度和变化趋势的接近程度来描述。

如图 3-4 所示，对于曲线 L_a 和 L_b，其取值相似程度可以定义为

$$\text{Sim}_V(a,b) = \frac{1}{K} \sum_{k=0}^{T} \left[F_a(t_k) - F_b(t_k) \right]^2 \qquad (3-24)$$

其中，$F_a(t_k)$ 和 $F_b(t_k)$ 为曲线 L_a 和 L_b 在 t_k 时刻的取值。其变化趋势的相似程度可以定义为

$$\text{Sim}_T(a,b) = \frac{1}{K} \sum_{k=1}^{T} \left[(F_a(t_k) - F_a(t_{k-1})) - (F_b(t_k) - F_b(t_{k-1})) \right]^2$$

$$(3-25)$$

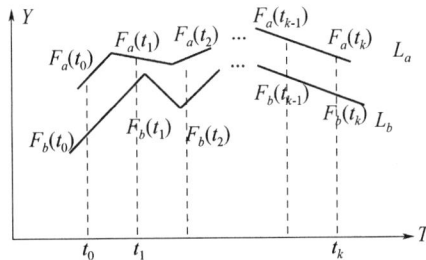

图 3-4　测量参数曲线相似性分析图

2）参数曲线相似程度的表示

对于历史数据，将各采样点的参数值记为

$$F_n(1), F_n(2), \cdots, F_n(t_k), \cdots, F_n(T)$$

$F_n(t_k)$ 为第 n 次测量中,参数在 t_k 时的取值,T 为本次测量计时结束时间。进一步,在第 n 次测量中,参数在 t_k 时刻,其取值的变化值 $Y_n(t_k)$ 为

$$Y_n(t_k) = F_n(t_k) - F_n(t_{k-1}), t_k = 1, \cdots, T$$

于是,得到

$$Y_n(1), Y_n(2), \cdots, Y_n(t_k), \cdots, Y_n(T)$$

参数曲线的采样值及其变化可描述如下:

$$S_n = [F_n(0), F_n(1), \cdots, F_n(T), Y_n(1), Y_n(2), \cdots, Y_n(T)]$$

$$(3-26)$$

$n = 1, 2, \cdots, N$ 为测量次数。

3)算法步骤

(1)野值剔除。

(2)选取 K 个初始聚类中心:

$$Z_1(1) = [S_{a1}], Z_2(1) = [S_{a2}], \cdots, Z_K(1) = [S_{aK}]$$

其中,括号内的序号为搜索聚类中心的迭代次数,初始时为1。随机选取历史测量参数中的 K 条曲线所对应的 $S_{a1}, S_{a2}, \cdots, S_{aK}$ 为初始聚类中心。

(3)根据式(3-24)描述曲线相似程度,按最小距离原则将所有历史曲线对应的 S_n 分配给以上 K 个聚类中心。

$$\| S_n - Z_j(m) \|_2 = \min\{ \| S_n - Z_i(m) \|_2,$$
$$n = 1, 2, \cdots, N, i = 1, 2, \cdots, K\}$$

则 $S_n \in C_j(m)$ $C_j(m)$ 为第 m 次迭代得到的第 j 个聚类,其聚类中心为 $Z_j(m)$,N 为测量次数。

(4)新聚类中心为

$$Z_j(m+1) = \frac{1}{N_j} \sum_{S_l \in C_j(m)} S_l, j = 1, 2, \cdots, K \qquad (3-27)$$

其中 N_j 为第 j 个聚类的 $C_j(k)$ 所包含的曲线数。上式表示第 j 个聚类中心的值为属于该聚类中心的各个曲线的 S_n 的均值。

由式(3-26)可以得到

$$S_l = [F_l(0), F_l(1), \cdots, F_l(T), Y_l(1), Y_l(2), \cdots, Y_l(T)]$$

因此式(3-27)可以表示为

$$Z_j(m+1) = \frac{1}{N_j}\{ \sum_{S_{l1}, \cdots, S_{Nj} \in C_j(m)} [F_{l1}(0) + F_{l2}(0) + \cdots + F_{lN_j}(0)], \cdots,$$
$$\sum_{S_{l1}, \cdots, S_{Nj} \in C_j(m)} [F_{l1}(T) + F_{l2}(T) + \cdots + F_{lN_j}(T)],$$

$$\sum_{s_{l1},\cdots,s_{Nj}\in C_j(m)}[Y_{l1}(1)+Y_{l2}(1)+\cdots+Y_{lN_j}(1)],\cdots,$$

$$\sum_{s_{l1},\cdots,s_{Nj}\in C_j(m)}[Y_{l1}(T)+Y_{l2}(T)+\cdots+Y_{lN_j}(T)]\} \qquad (3-28)$$

N_j 为第 j 个聚类的 $C_j(m)$ 所包含的样本数。

（5）如果 $Z_j(m+1)\neq Z_j(m)$，$j=1,2,\cdots,K$，则令 $m=m+1$，重复（3）、（4）步骤，直至 $Z_j(m+1)=Z_j(m)$，得到最终聚类 $C_j(m+1)$，$j=1,2,\cdots,K$。

可以得到第 j 个（$j=1,2,\cdots,K$）聚类中心对应的曲线：

$$z_j(t_k)=\frac{1}{N_j}\{\sum_{s_{l1},\cdots,s_{Nj}\in C_j(m)}[F_{l1}(0)+F_{l2}(0)+\cdots+F_{lN_j}(0)],\cdots,$$

$$\sum_{s_{l1},\cdots,s_{Nj}\in C_j(m)}[F_{l1}(T)+F_{l2}(T)+\cdots+F_{lN_j}(T)]\}$$

式中：$t_k=1,2,\cdots,T$。

对图 3-5 的某参数变化曲线聚类分析，得到 3 个聚类中心曲线，如图 3-6 所示。

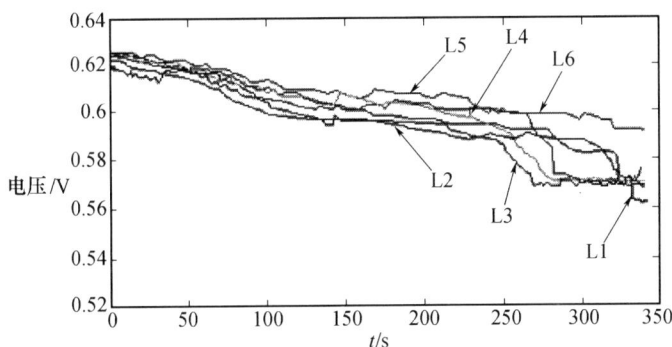

图 3-5　某参数变化曲线

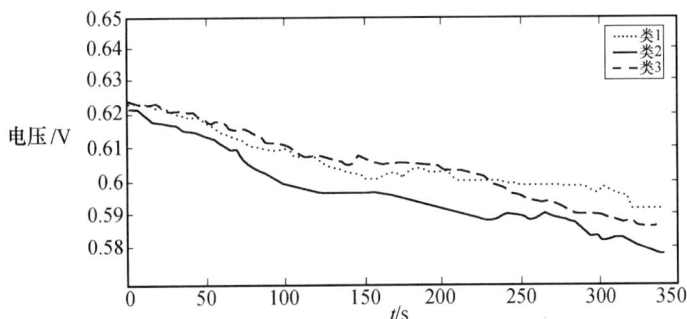

图 3-6　正常数据的聚类结果

3. 基于聚类分析的参数动态预测

通过对历史数据的聚类分析，可以得到某参数历史的正常值趋势，如

图3-6所示,其变化状况可以得到3个不同的聚类,每一个类具有相似性。利用聚类分析得到的参数正常历史数据分类结果,可对系统中该参数的工作状况进行预测。

用$F_{new}(t_i)$表示当前获取的某参数数据,当前时刻t_k以前的实测参数为$s_{new}(t_{k-1})=[F_{new}(0),F_{new}(1),\cdots,F_{new}(t_{k-1})]$。根据式(3-24)计算其与聚类中心对应的曲线相似程度,如下:

$$d(i,j) = \parallel s_{new}(i) - z_j(i) \parallel_2$$

式中:$z_j(i)$为第j个聚类中心对应曲线在i时刻以前的取值,有

$$z_j(i) = \frac{1}{N_j}\{\sum_{S_{l1},\cdots,S_{Nj} \in C_j(m)}[F_{l1}(0)+F_{l2}(0)+\cdots+F_{lN_j}(0)],\cdots,$$

$$\sum_{S_{l1},\cdots,S_{Nj} \in C_j(m)}[F_{l1}(i)+F_{l2}(i)+\cdots+F_{lN_j}(i)]\}$$

$d(i,j)$表示在i时刻$s_{new}(i)$与j个聚类中心$z_j(i)$的距离。

在$[0,t_k)$时段内,当前实测曲线与聚类结果中的第j类S_j距离最近的次数用$T(j)$表示,其中$j=1,2,\cdots,K$。其计算规则为:

(1) 当$i=1,2,\cdots,K$时,计算$\min(d(i,1),d(i,2),\cdots,d(i,K))$中当前实测数据$F_{new}(t_i)$在$t_i$时刻与第$j$个聚类中心对应曲线的最小值距离次数$T(j),j=1,2,\cdots,K$。

(2) 统计$T(j)$中的极大值。对于得到的$T(j)$,对$T(1),T(2),\cdots,T(K)$排序,求得$T(j)$取最大值时的j。

(3) 如果此时j有多个取值,则将$[0,t_k)$时间段右移1个时刻,即$[1,t_k)$再重复(1)、(2)步骤,直到j有唯一取值。

通过以上计算可得到$T(j),j=1,2,\cdots,K$。对应于$T(j)$取最大值时的j,将第j个聚类中心所对应曲线在t_{k+1}时刻的取值作为该参数在t_{k+1}的参考取值。

由于聚类曲线描述了系统工作正常时参数变化与时间的关系,因此,可以用其作为系统工作状态的预测。通过上述算法得到实测值与距离最近的聚类曲线,如果这时某参数$d_{min}(t_k,j)<\delta,\delta$是该参数允许的变化范围,则可做出目前时刻$t_k$和下一时刻$t_{k+1}$系统的工作状况正常的预测。当某参数在$t_k$时刻$d_{min}(t_k,j)>\delta$偏离聚类曲线,则可做出系统出现异常的报警,在某时刻t_k后连续出现$d_{min}(t_{k+1},j)>\delta,d_{min}(t_{k+2},j)>\delta,\cdots,d_{min}(t_{k+n},j)>\delta$,则可以预测系统的工作状况异常。

图3-7为某实测参数的实际数据与该参数的历史趋势线比较。结果表明,实际参数值的变化与历次数据的聚类趋势一致,在规定的变化范围内,系统工作状况是正常的。

图3-8给出了某系统工作状态异常时,实测数据与聚类趋势线的比较结

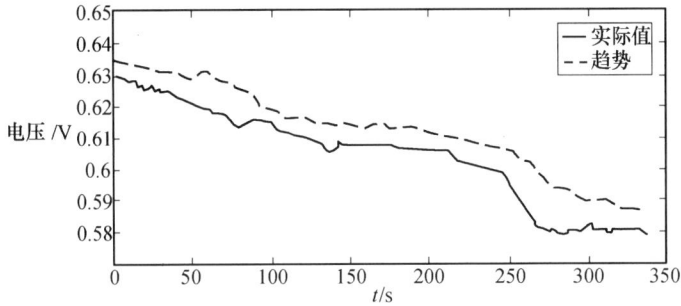

图 3-7　正常数据与聚类趋势线的比较

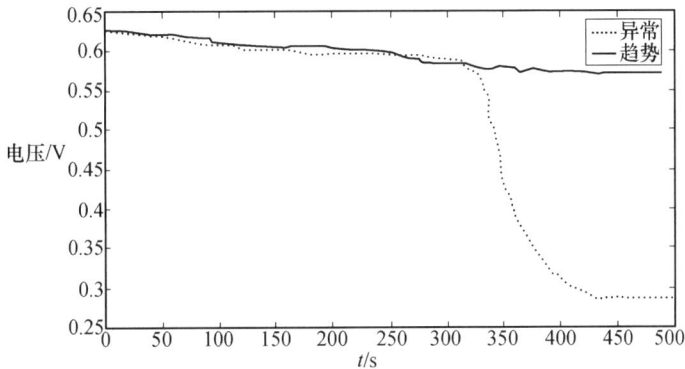

图 3-8　异常数据与聚类趋势线的比较

果。在330s前实测数据与聚类曲线的值趋势一致,其变化范围在聚类趋势曲线的邻域内,即处于正常变化范围内,可以认为在该时段系统工作正常。但在330s后,实测数据与聚类趋势线的偏差逐渐加大,可以预测出该参数开始出现异常,即可以预测系统工作状况开始出现异常。

3.4　数据奇异点分析

测试信号数据中的突变信号(突变点和不规则的突变部分)称为奇异信号,它经常包含检测对象的重要信息,是信号的重要特征之一。因为信号突变点常常蕴含火箭发射过程的重要信息,所以恰当准确地检测出突变点对运载火箭分离和安全控制有非常重要的意义。

突变信号中往往含有各种成分的噪声,给突变信号奇异点的检测和分析带来困难。传统的基于Fourier变换的方法不能在时域中对信号作局部化分析,难以检测和分析信号的突变。相对于Fourier变换,小波变换则具有时频局部化特性,可以根据需要来调节时频窗的宽度,因此小波变换成为突变信号的检测和分析的有力工具。

75

3.4.1 信号的奇异性描述

在数学上,信号 $f(x)$ 的奇异性是通过 Lipschitz 指数来描述的。

设 n 为非负整数,且 $n < \alpha \leq n+1$,如果存在两个常数 M 和 $h_0 (M > 0, h_0 > 0)$ 及 n 次多项式 $g_n(h)$,使得 $h < h_0$ 而且

$$|f(x_0 + h) - g_n(h)| \leq M|h|^\alpha \qquad (3-29)$$

则称 $f(x)$ 在点 x_0 处为 Lipschitz $-\alpha$ 类。如果对所有的 $x_0, x_0 + h \in (a,b)$,式 (3-29) 均成立,则 $f(x)$ 在 (a,b) 上是一致的 Lipschitz $-\alpha$ 类。

设 $f(x)$ 为连续信号,如果 $f(x)$ 在 x_0 不是 Lipschitz -1 类,则称 $f(x)$ 在 x_0 处是奇异的。关于信号的奇异性有如下结论:函数 $f(x)$ 的 Lipschitz 指数越大,则 $f(x)$ 越光滑。函数在一点连续、可微或不连续但导数有界,Lipschitz 指数均为 1。如果函数 $f(x)$ 在 x_0 处 Lipschitz 指数小于 1,称函数 $f(x)$ 在该点是奇异的,因此,函数 $f(x)$ 在 x_0 处 Lipschitz 指数刻画了函数在该点的奇异性。

信号的 Lipschitz 指数可以用其定义来计算,但过于复杂,且没有考虑噪声的影响。小波变换具有良好的局部化能力,且能更有效地刻画信号的局部奇异性。对孤立的奇异点,小波系数绝对值趋于零的速度小于其邻域小波系数绝对值趋于零的速度,这表明信号小波变换在该点取得局部模极大值。因而,小波变换可以确定信号奇异点的位置和定量描述信号局部奇异性的大小。

对于采用小波变换来确定 $f(x)$ 在点 x_0 的奇异性指数,有以下相关结论。

设小波基具有 n 阶消失矩,并且 n 阶可微,且具有紧支撑。这里 n 为正整数,$\alpha \leq n, f(x) \in L^2(R)$。如果在 x_0 的邻域内和所有的尺度上,存在一个常数 A 满足

$$|Wf(s,x)| \leq A(s^\alpha + |x - x_0|^\alpha) \qquad (3-30)$$

则 $f(x)$ 在点 x_0 处的 Lipschitz 指数为 α。上式表明了小波变换与信号 $f(x)$ 在点 x_0 处的 Lipschitz 指数的关系。由式 (3-30) 可以看出,信号奇异点分布在模极值线上,其 Lipschitz 指数不等于 1,突变信号表现出信号的奇异性,且 Lipschitz 指数 $\alpha > 0$,因此可以利用小波变换来检测分类。

设 x_0 为信号 $f(x)$ 的局部奇异点,则该点处 $f(x)$ 的小波变换取得模极大值。在离散二进小波变换中,式 (3-30) 变为

$$|W_2^j f(s,x)| \leq K(2^j)^\alpha (1 + |x - x_0|^\alpha) \qquad (3-31)$$

这里 j 为二进尺度参数,x 取离散值。由式 (3-31) 可得

$$\log_2 |W_2^j f(x)| \leq \log_2 K + \alpha j + \log_2(1 + |x - x_0|^\alpha) \qquad (3-32)$$

如果信号在 x_0 处的奇异性指数大于零,那么由式 (3-31) 可知,随尺度 j 的增加,小波变换模极大值的对数也增加。

3.4.2 信号奇异点位置的确定

设一光滑函数 $\theta(x)$，且满足条件 $\theta(x) = O\left(\dfrac{1}{1+x^2}\right)$ 和 $\displaystyle\int_R \theta(x)\mathrm{d}x \neq 0$，并且定义 $\theta_s(x) = \dfrac{1}{s}\theta(x/s)$。设

$$\psi^1(x) = \frac{\mathrm{d}\theta(x)}{\mathrm{d}x}, \psi^2(x) = \frac{\mathrm{d}^2\theta(x)}{\mathrm{d}x^2} \qquad (3-33)$$

为两个小波变换函数。对于 $f(x) \in L^2(R)$，其小波变换可为

$$W^1 f(s,x) = f * \psi_s^1(x) = s\frac{\mathrm{d}}{\mathrm{d}x}(f * \theta_s)(x) \qquad (3-34)$$

$$W^2 f(s,x) = f * \psi_s^2(x) = s^2\frac{\mathrm{d}^2}{\mathrm{d}x^2}(f * \theta_s)(x) \qquad (3-35)$$

其中 $f * \theta(x)$ 起着光滑 $f(x)$ 的作用。对每一尺度 s，其 $W^1 f(s,x)$、$W^2 f(s,x)$ 分别正比于 $f * \theta(x)$ 的一阶导数和二阶导数。

由图 3-9 可知，$f(x)$ 上的奇异点通过小波变换在 $W^1 f(s,x)$ 上表现为极大值，而在 $W^2 f(s,x)$ 上则表现为过零点。因此，确定奇异点位置就可以转化为求 $W^1 f(s,x)$ 的极大值或求 $W^2 f(s,x)$ 的过零点。从图 3-9 可以看出，求解 $W^1 f(s,x)$ 的极大值更为方便。

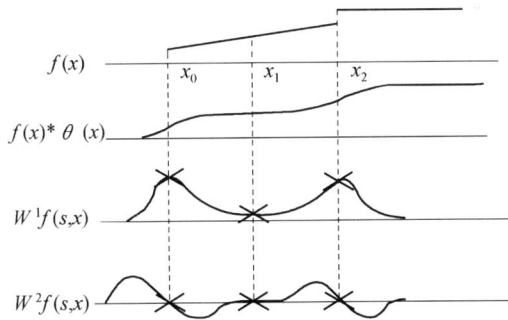

图 3-9 $f(x)$、$f(x) * \theta(x)$、$W^1 f(s,x)$、$W^2 f(s,x)$ 关系图

$W^1 f(s,x)$ 的极大值随着 s 具有传递性，Mallat 曾经证明：如果小波在更小的尺度上不存在局部模极大值，那么在该邻域不可能有奇异点。这表明奇异点的存在与每一尺度的模极大值有关。一般情况下，尺度从大到小，其模极大值点汇聚为奇异点，构成一条模极大值曲线。

3.4.3 数值实例

1. 实例 1

某次测试过程得到的曲线如图 3 – 10(a)所示。将脉冲信号进行了 5 层小波分解。其各层的细节信号如图 3 – 10(b)所示。由图 3 – 10(b)可以发现在细节信号的 d_1,d_2 上能比较准确地确定信号奇异点的位置,而在 d_3、d_4、d_5 上却不能。这说明利用小波变换在 d_1、d_2 上能较为准确地检测出脉冲信号奇异点的位置。

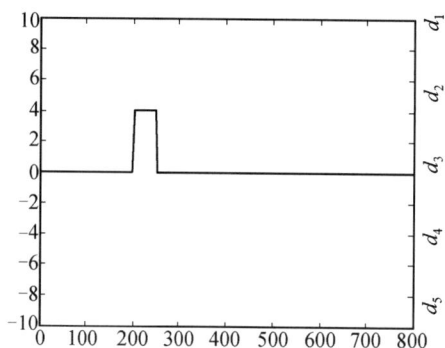

(a)

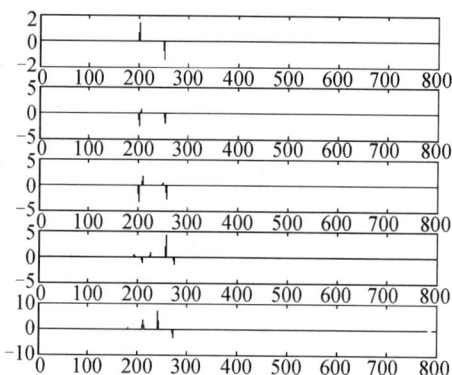

(b)

图 3 – 10 突变信号及其小波分解后的细节信号波形

(a)突变信号;(b)小波分解的细节高频波形。

2. 实例 2

局部携带高频信息的信号如图 3 – 11(a)所示。经小波 5 层分解后的各层高频信息如图 3 – 11(b)所示。由图 3 – 11(b)可以看出在小波分解的第一层与第二层信号奇异点能比较精确地被确定,而第三层与第四层以及第五层却不能精确地反映出信号奇异点的位置。

78

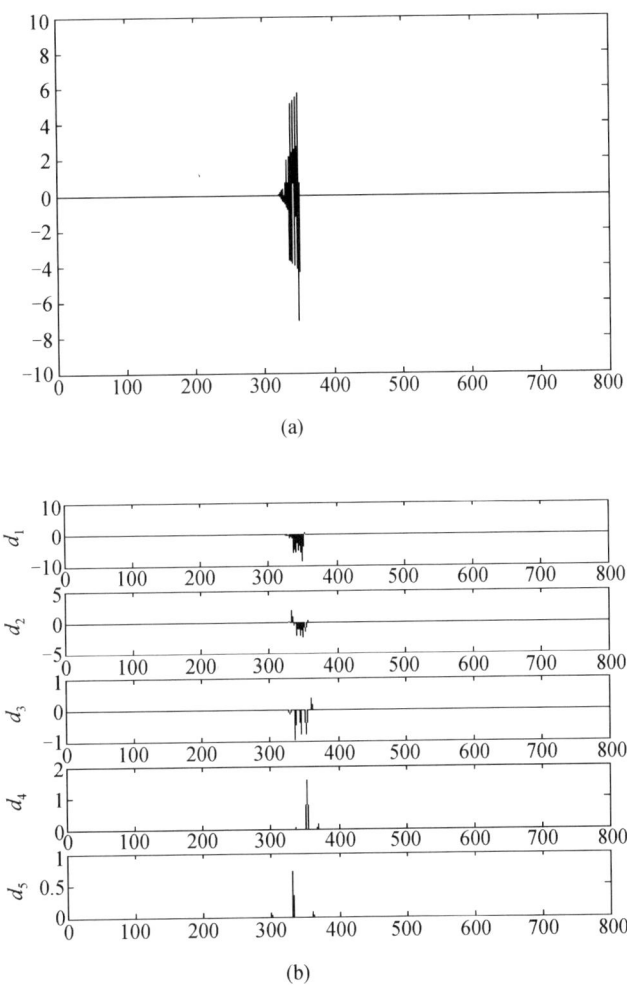

图 3-11　局部携带高频信息信号及其小波分解后的各层高频信息
(a) 局部携带高频信息的波形；(b) 小波分解后的细节高频波形。

3. 实例 3

缓变信号如图 3-12(a) 所示，图 3-12(b) 为缓变信号经 5 层小波分解得到的细节信号。由 d_1 和 d_2 可以看出，在点 650 附近的奇异点能比较明显地显示出来，而在点 550 附近的奇异点却在 d_5 处被清晰地显示，而 650 附近的奇异点却不能被恰当地显示在 d_5 上。这表明小波在检测缓变信号奇异点时有一定的局限性。

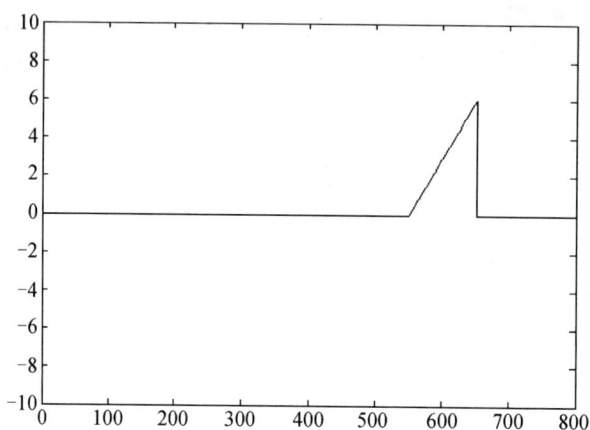

(a)

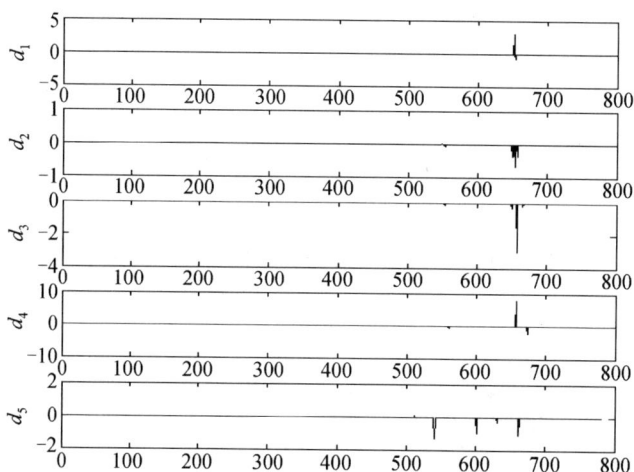

(b)

图 3 - 12　缓变信号及其小波分解后的各层高频信息
（a）缓变信号波形图；（b）小波分解后的细节高频信息。

4. 实例 4

携带高斯噪声的混合信号如图 3 - 13(a)所示,图 3 - 13(b)为该混合信号经 5 层小波分解得到的细节信号。由图 3 - 13 可以看出在噪声环境下 d_1,d_2 并不能较为准确地表现出原始信号的奇异点,而在 d_4,d_5 中也没有明显地表示出缓变信号的奇异性。这表明小波变换在检测信号的奇异性时受背景噪声的影响较大。

3.4.4 实验分析实例

对某发动机振动测试信号的奇异点和变化率进行分析。测试信号 A8 如图 3-14(a)所示,(b)~(d)为对 A8 信号的奇异点分析结果。图中"米"字形点为分析出的奇异点,在奇异点上的线段为奇异点的变化幅度。

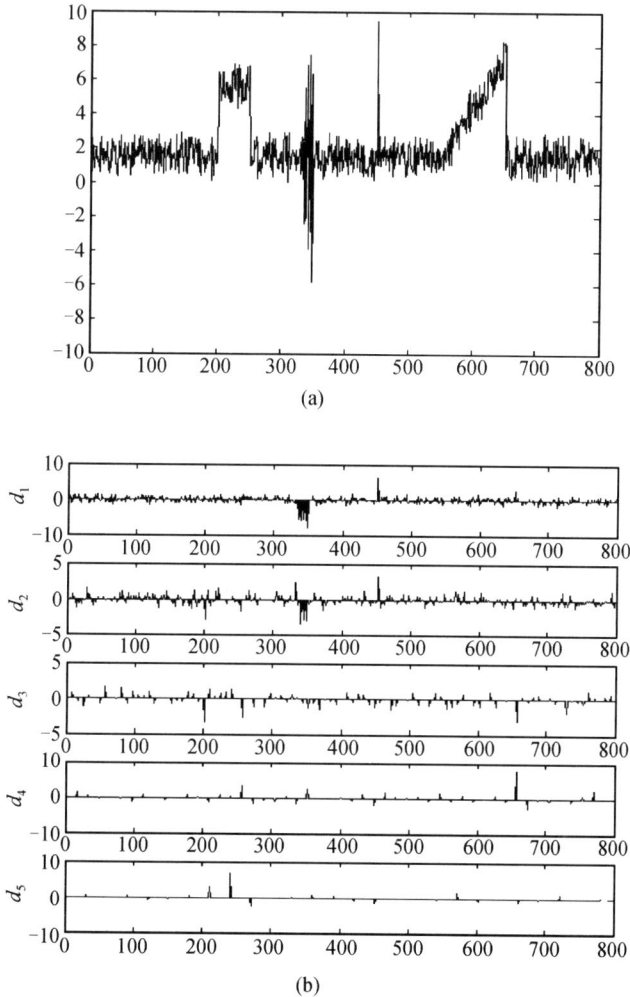

(a)

(b)

图 3-13　携带高斯噪声的混合信号经 5 层小波分解后的细节信息

（a）携带高斯噪声的混合信号；（b）小波分解后的细节高频信息。

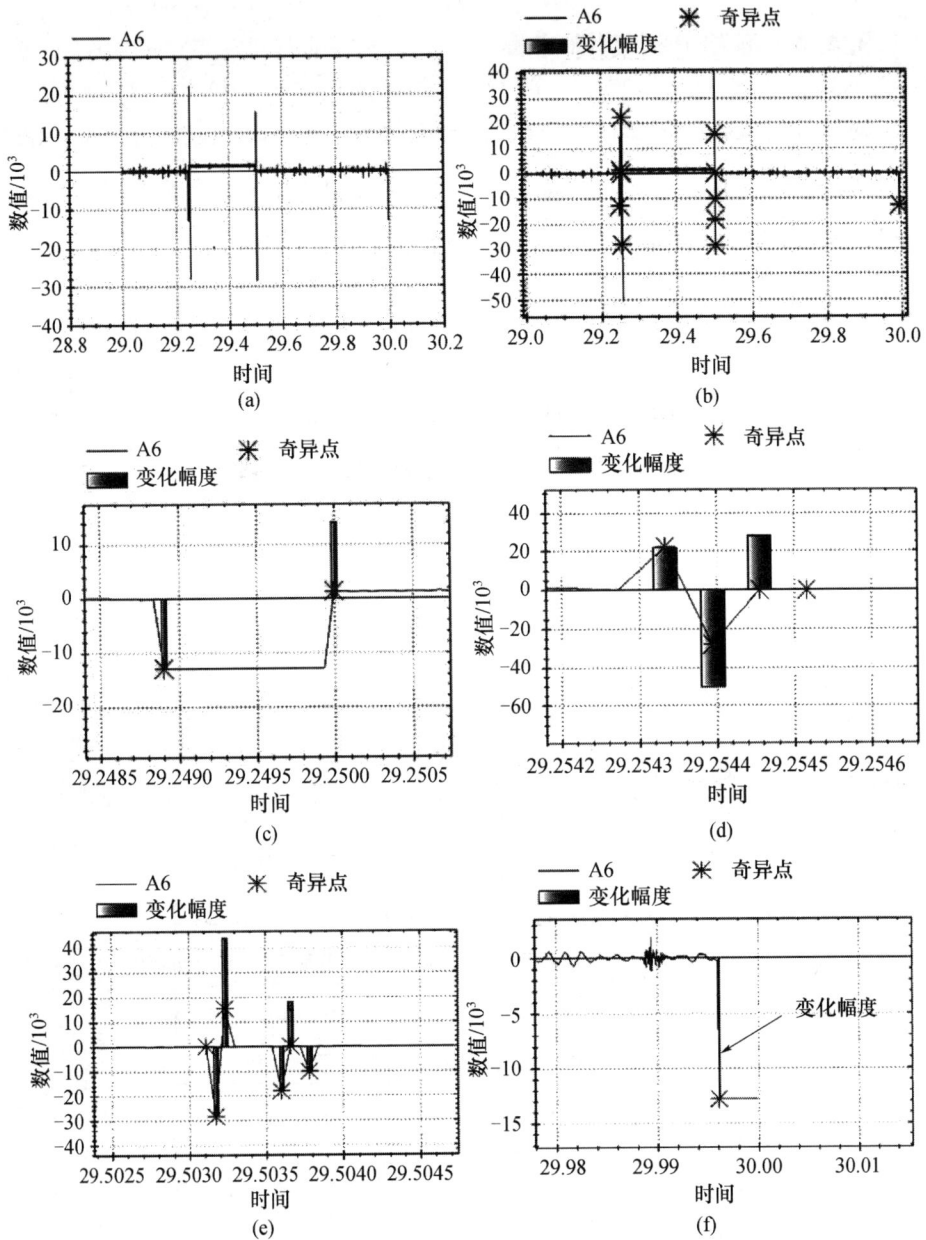

图 3-14 测试信号 A6 及其奇异点分析结果

（a）测试信号 A6；（b）A6 奇异点分析结果；

（c）29.2485s ~ 29.2505s 奇异点分析局部放大图；

（d）29.2542s ~ 29.2546s 奇异点分析局部放大图；

（e）29.5025s ~ 29.5045s 奇异点分析局部放大图；

（f）29.98s ~ 30.01s 奇异点分析局部放大图。

从以上对变量曲线 A6 的奇异点分析结果可知,在曲线的拐点处和信号有较大变化的地方,算法能将奇异点找出来,同时计算出变化的幅度。在图 3 - 14 中可以看到奇异点分布在时间范围 29.2 到 29.3、29.5 以及 30.0 区域。在这些时间区域正好是曲线变化较大的区域,因此理论上的算法设计与实际实验结果吻合。

3.5 测试参数重要性分析

在系统整体测试分析中,由于物理参量之间存在一定的因果关联关系,不同测试参数之间存在冗余情况。有些参数对于反映系统工作状态分析是冗余的,从信息的角度上看,这些参数带来的信息量很小,所以对系统进行重要测试参数提取,对于实现快速测试数据分析具有重要意义。本节以动力系统为例,结合粗糙集理论,介绍测试中重要参数的分析方法。

3.5.1 粗糙集的基本原理

粗糙集理论认为,知识是人类对对象进行分类的能力,不可分辨关系是粗糙集理论中的最基本概念。在此基础上,粗糙集理论引入上近似和下近似等概念来刻画知识的不确定性和模糊性;引入约简和求核进行知识的化简等计算。

1. 信息系统

为了采用智能方法处理数据,需要知识的符号表达,知识表达系统的基本成分是研究对象的集合,关于这些对象的知识是通过指定对象的基本特征与属性和特征值与属性值来描述的。

一个知识表达系统 S 可以表达为五元组:

$$S = < U, C, D, V, f >$$

式中:U 是对象的非空有限集合;$C \cup D = A$ 是属性集合,子集 C 和 D 分别称为条件属性和决策属性;$V = \bigcup_{a \in A} V_a$ 是属性值的集合,V_a 表示了属性 $a \in A$ 取值的范围;$f : U \times A \rightarrow V$ 是一个信息函数,它指定 U 中每一对象 x 的属性值。

在粗糙集理论中,知识表达系统又称为信息系统,可以表示成信息表的形式。信息表的列表示属性,行表示对象,每个单元格表示对象的属性值。容易得知,一个属性对应一个等价关系,一个信息表可以看作是一组等价关系的定义,即知识库。

2. 粗糙集合

集合是由其中的元素来定义的,一旦集合中的全部元素都唯一确定,则集合本身也就确定了。集合在数学中的定义是明确的,否则不可能证明任何数学定理。

粗糙集理论延拓了经典集合论,把用于分类的知识引入集合内,作为集合组成的一部分。一个对象 a 是否属于集合 X,需要根据拥有的关于论域的知识来做出判断,可分为 3 种情况:

(1) 对象 a 肯定属于集合 X;

(2) 对象 a 肯定不属于集合 X;

(3) 对象 a 可能属于集合 X,也可能不属于集合 X。

因此,集合划分依赖于所掌握的关于论域的知识,是相对的而不是绝对的。给定论域 U,等价关系 R 将 U 划分为互不相交的基本等价类 U/R。设 X 是论域 U 上的一个集合,如果 X 能表示成等价类组成的并集,则称 X 在 U 上是 R 可定义的,否则 X 为 R 不可定义的。R 可定义是指可以在知识库 $K = (U, R)$ 中被精确定义,R 不可定义则是不可能在这个知识库中被精确定义,只能通过近似的方法来刻画。R 可定义集也称为 R 精确集(R – exact Sets),相对应的,R 不可定义集也可称为 R 非精确集(R – inexact Sets)或者粗糙集(Rough Sets)。

当存在等价关系 $R \in \text{IND}(K)$,且 X 为 R 的精确集,集合 $X \subseteq U$ 称为 K 中的精确集;当对于任何 $R \in \text{IND}(K)$,但 X 为 R 的粗糙集,则 X 称为 K 中的粗糙集。粗糙集可以近似定义,在粗糙集理论中采用两个精确集(粗糙集的上近似集和下近似集)逼近的方法来达到这个目的。

给定知识库 $K = (U, R)$ 和 U 的分类 U/R,对每个子集 $X \subseteq U$,把以下两个集合分别称为 X 的 R 下近似和 R 上近似:

$$R_-(X) = \{x \in U : [X]_R \subseteq X\}$$

$$R^-(X) = \{x \in U : [X]_R \cap X \neq \varnothing\}$$

即当且仅当 $[X]_R \subseteq X, x \in R_-(X)$;当且仅当 $[X]_R \cap X \neq \varnothing, x \in R^-(X)$。

$R_-(X)$ 是利用知识 R, U 中所有一定能归入 X 的元素的集合;$R^-(X)$ 是利用知识 R, U 中所有可能归入 X 的元素的集合。

有了 R 下近似和 R 上近似的定义,下面介绍正域、负域和边界域的定义。

3. 正域、负域和边界域

如图 3 – 15 所示,集合 $\text{POS}_R(X) = R_-(X)$ 称为 X 的 R 正域;把 $\text{NEG}_R(X) = U - R^-(X)$ 称为 X 的 R 负域;把 $\text{BN}_R(X) = R^-(X) - R_-(X)$ 称为 X 的边界域。

正域 $\text{POS}_R(X)$ 或 X 的下近似是那些对于知识 R 能完全确定地属于 X 的对

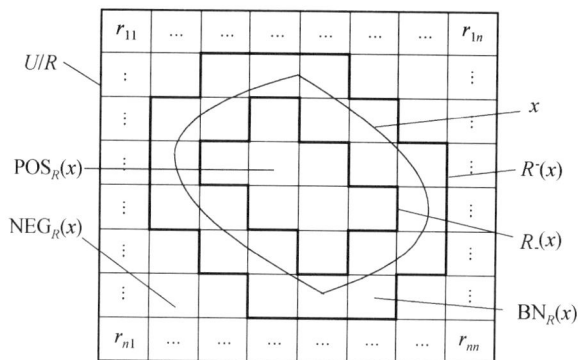

图 3 - 15　正域、负域和边界域

象的集合。类似地,负域 $\mathrm{NEG}_R(X)$ 是那些对于知识 R 毫无疑问地不属于 X 的对象的集合,它们是属于 X 的补集。边界域是某种意义上论域的不确定域,对于知识 R,属于边界域的对象不能确定地划分是属于 X 或是 X 的补集。X 的上近似是由那些对于知识 R 不能排除它们属于 X 的可能性的对象构成的,从形式上看,上近似就是正域和边界域的并集。

4. 粗糙集的分类特性与属性的重要性

用 U 作为粗糙集理论中描述系统数据的论域,X 为其子集,即 $X \subseteq U$,R 是由系统参数构成的属性表达的等价关系。当 X 能用 R 属性集确切地描述时,称 X 是 R 可定义的。但在实际系统中,存在近似分类的不确定性问题,即根据 R 的基本集合的描述,U 中的元素有些能完全确定地归入集合 X,有些则不一定划归入 X。

为了衡量基于 R 的基本集合的描述 Y 对 X 近似分类的不确定性,考虑两个子集:

$$R_-(X) = \cup \{Y \subseteq U \mid R:Y \subseteq X\}$$

$$R^-(X) = \cup \{Y \subseteq U \mid R:Y \cap X \neq \varnothing\}$$

以上两个集合分别称为 X 的 R 下近似和 R 上近似,即:$R_-(X)$ 是根据属性 R,U 中所有一定能归入 X 的元素的集合,它是所有包含于 X 的 Y 的并集。$R^-(X)$ 是根据属性 R,U 中一定能和可能归入 X 的元素的集合,即所有与 X 的交不为零的 Y 的并集。$\mathrm{BN}_R(X)$ 是 X 的 R 边界,它是根据属性 R,U 中既不能肯定归入 X 也不能肯定归入 X 补集的元素的集合。

因此,我们能够肯定地划分 U 中的对象为 X 或 X 补集两个不相联的子集,其对象的总数等于除了 X 的 R 边界的对象的数目,即

$$|U - \mathrm{BN}_R(X)| = |U| - |R^-(X) - R_-(X)|$$

式中：|·|代表集合的基数或势，对于有限集合它表示集合中所包含的元素个数。

若 R 仅是系统的某一参数，则可由它的分类能力来定义系统参数的重要性，即

$$\alpha_R(X) = (|U| - |R^-(X) - R_-(X)|)/|U|$$

$$(3-36)$$

下面对式(3-36)的分类意义进行解释，如图3-15所示，为了叙述方便令 $n=8$，论域 U 上的等价关系 R 用 U/R 表示，设子集 R_1、R_2、R_3 分别为

$$R_1 = (r_{11}, \cdots, r_{18}, r_{21}, r_{22}, r_{26}, r_{27}, r_{28}, r_{31}, r_{37}, r_{38}, r_{41}, r_{48},$$
$$r_{51}, r_{58}, r_{61}, r_{62}, r_{68}, r_{71}, r_{72}, r_{73}, r_{77}, r_{78}, r_{81}, \cdots, r_{88})$$
$$R_2 = (r_{34}, r_{43}, r_{44}, r_{45}, r_{54}, r_{55}, r_{56}, r_{65})$$
$$R_3 = (r_{23}, r_{24}, r_{25}, r_{32}, r_{33}, r_{35}, r_{36}, r_{42}, r_{46},$$
$$r_{47}, r_{52}, r_{53}, r_{57}, r_{63}, r_{64}, r_{66}, r_{67} r_{74}, r_{75}, r_{76})$$

$|U| - |R^-(X) - R_-(X)|$ 所包含的元素可分为两个部分：R_1 和 R_2。

$\mathrm{BN}_R(X) = R^-(X) - R_-(X)$ 所包含的元素为 R_3。其中 R_1 是一定不属于 X 的元素，R_2 是一定属于 X 的元素。即等价关系 R 对 U 中元素的划分，可以确定 R_1 中的元素一定不属于 X，也可以确定 R_2 中的元素一定属于 X。也即对 U 的等价关系 R 而言它可以对 R_1 和 R_2 中的元素进行明确的分类，R_1 和 R_2 中的元素对 X 而言相关性是非常明确的，或者说 R_1 和 R_2 中的元素对 X 的影响是非常明确的。而 R 对 R_3 中的元素是否属于 X，不能给出确切的判断，当然也就不能确定 R_3 与 X 的相关性如何。在式(3-36)中，该式的分子部分 $|U| - |R^-(X) - R_-(X)|$，表示一定不属于 X 的元素 R_1 和一定属于 X 的元素 R_2。该式的分母部分 $|U|$ 表示论域 U 中的所有元素的个数。故式(3-36)表示论域 U 中与 X 关系明确的元素的比例。因此，可以用式(3-36)作为判断 R 对 X 的相关性的依据。

可见，$\alpha_R(X)$ 表达了利用系统参数 R 描述 X 中对象的隶属度情况，它代表了该特征(或特征集)对于分类的有效程度。因此，利用 $\alpha_R(X)$ 可以衡量某个特征 R 的分类能力，即 $\alpha_R(X)$ 越大时，则 R 的分类能力越强。

3.5.2 粗糙集对系统参数约简

1. 基于自组织特征映射的参数值离散化

运用粗糙集理论对参数数据进行分析，首先要将获取的测试数据中的各种与动力系统相关的数据进行离散化。连续属性值的离散化，是指将条件属性值

划分成若干个离散子区间,以此子区间的离散值代替参数原有实值。将以上多个数据划分到若干个离散子区间的过程,可以看成是将样本数据进行聚类分析的问题。因此,可以通过聚类方法将连续值参数离散化。

考虑到参数所取数值间的距离联系不明确,采用自组织特征映射(Kohonen)神经网络的聚类方法对参数数据进行聚类。由芬兰学者 Kohonen 提出的 Kohonen 网络是一种无监督竞争学习型前馈网络,是由一个全互联的神经元阵列构成,各个神经元的连接权值具有一定的分布,最近邻的神经元相互激励。其基本原理为:当某类模式输入时,其输出层某一节点得到最大刺激而获胜,同时该获胜节点周围的一些节点因侧向作用也受到较大刺激,这时,与这些节点连接的权值矢量向输入模式的方向做相应的修正。当输入模式类别发生变化时,获胜节点也从原来的节点移到其他节点。这样,网络通过自组织方式用大量的训练样本数据来调整网络权值,最后使网络输出层能反映整个数据的大体分布情况,即从样本数据中得到数据分布的大体本质特征。利用 Kohonen 网络进行离散化的步骤如下:

(1) 确定神经元数结构参数:竞争层神经元个数为最终分类数,网络的权值学习速率和阈值学习速率以及学习步数;

(2) 对于每一个参数,将其取值作为输入样本 $I = (x_0, x_1, x_2, \cdots, x_K)$;

(3) 利用 Kohonen 网络对数据分布特征进行学习,得到 M 个聚类中心,按照升序排列为 $C_1, C_2, \cdots, C_M$;

(4) 取以上相邻两个聚类中心的中点作为数据离散化边界:

$$B_n = (C_n + C_{n+1})/2$$

其中,$n = 1, 2, 3, \cdots, M-1$,形成离散化区间$(-\infty, B_1], (B_1, B_2], (B_2, B_3], \cdots, (B_{M-2}, B_{M-1}], (B_{M-1}, +\infty)$,按区间进行离散化,得到与区间相对应的离散值。

例如在动力系统中,有些参数对于反映动力系统的工作状态是冗余的,从信息的角度上看,这些参数带来的信息量很小。针对压力工作状况,分析与其相关参数的重要性,获得影响储箱压力变化的关键参数。

根据动力系统结构原理,其主要参数有:吹除气瓶压力(参数 a),冷氦减压器出口压力(参数 b),压调器出口流量(参数 c),氧泵泵前压力(参数 d),推力室压力(参数 e),压调器出口压力(参数 f),氧泵出口液氧压力(参数 g),液氧液位(参数 h),氧箱压力(参数 i)作为参考参数。对以上参数数据利用 Kohonen 网络进行自组织特征映射,使参数值离散化,由其可以得到离散化的参数值,如表 3 – 1 所列。

表 3-1 离散化后的属性取值表

a	b	c	d	e	f	g	h	i
5	2	1	1	1	5	5	5	5
5	2	1	1	1	5	5	5	5
5	2	1	1	1	5	5	5	5
4	2	1	1	1	5	5	5	5
4	2	5	1	1	5	5	5	5
3	2	5	1	1	5	5	5	5
3	5	5	1	1	5	5	5	5
3	5	5	5	1	5	5	5	5
3	5	5	5	1	5	5	5	5
3	5	5	5	5	5	5	5	4
1	1	5	1	1	1	2	1	1
1	1	5	1	1	1	1	1	1
1	1	5	1	1	1	1	1	1
1	1	1	1	1	1	1	1	1
1	1	1	1	1	1	1	1	1
…	…	…	…	…	…	…	…	…

剔除以上离散化后的参数取值相同的取值组合,得到取值唯一的决策属性表,见表 3-2。

表 3-2 重复值剔除后的属性参数表

样本	a	b	c	d	e	f	g	h	i	i 的状态
X_1	1	1	1	1	1	1	1	1	2	W_2
X_2	1	1	5	1	1	1	1	1	1	W_1
X_3	1	2	5	1	1	1	1	1	1	W_1
X_4	1	5	5	1	1	1	1	1	1	W_1
X_5	1	5	5	2	1	1	1	1	1	W_1
X_6	1	5	5	2	2	1	2	1	1	W_1
X_7	2	5	5	2	5	2	5	1	1	W_1
X_8	3	2	5	5	1	5	1	5	5	W_5
X_9	3	5	5	1	5	2	5	5	1	W_1

（续）

样本	a	b	c	d	e	f	g	h	i	i 的状态
X_{10}	3	5	5	1	5	3	5	5	1	W_1
X_{11}	3	5	5	1	5	4	5	5	1	W_1
X_{12}	3	5	5	1	5	5	5	5	1	W_1
X_{13}	3	5	5	2	5	2	5	1	1	W_1
X_{14}	3	5	5	2	5	2	5	5	1	W_1
X_{15}	3	5	5	2	5	4	5	5	1	W_1
X_{16}	3	5	5	3	5	4	5	5	1	W_1
X_{17}	3	5	5	4	5	5	5	5	1	W_1
X_{18}	3	5	5	4	5	5	5	5	4	W_4
X_{19}	3	5	5	5	1	5	1	5	5	W_5
X_{20}	3	5	5	5	1	5	5	5	5	W_5
X_{21}	3	5	5	5	5	4	5	5	1	W_1
X_{22}	3	5	5	5	5	5	5	5	4	W_4
X_{23}	4	2	1	5	1	5	1	5	5	W_5
X_{24}	4	2	5	5	1	5	1	5	5	W_5
X_{25}	5	2	1	5	1	5	1	5	5	W_5

2. 参数的重要性分析

从参数的重要性角度上看，如果一个参数 A 能够较好地描述另一个参数 B 的变化，即对于参数 B 具有较好的分类能力，则参数 A 相对于参数 B 就具有较强的重要性。如果一个参数相对于另一参数重要性低，甚至不具有重要性，那么这个参数是可以约去的。

在通过 Kohonen 网络对参数值约简得到离散化参数的基础上，对表 3 - 2 中计算参数 a、参数 b、参数 c、参数 d、参数 e、参数 f、参数 g 和参数 h 相对于参数 i 的重要性进行分析。为了便于讨论，根据参数 i 的取值，将参数 i 的状态定义为 W_1，W_2，W_4，W_5。

于是，将经过约简后的表 3 - 2 对应 25 个样本为论域 U，$U = (X_1, X_2, \cdots, X_{25})$。根据表中的参数 i 的取值，将以上参数表划分为 4 个状态为

$$W_1 = (X_2, X_3, X_4, X_5, X_6, X_7, X_9, X_{10},$$
$$X_{11}, X_{12}, X_{13}, X_{14}, X_{15}, X_{16}, X_{17}, X_{21})$$
$$W_2 = (X_1)$$
$$W_4 = (X_{18}, X_{22})$$

$$W_5 = (X_8, X_{19}, X_{20}, X_{23}, X_{24}, X_{25})$$

下面以状态 W_1 为例,分析各个参数对其分类能力。

对于参数 a,根据表 3-2,有 $a = (Y_1, Y_2, Y_3, Y_4, Y_5)$,其中

$$Y_1 = (X_1, X_2, X_3, X_4, X_5, X_6), Y_2 = (X_7),$$
$$Y_3 = (X_8, \cdots, X_{22}), Y_4 = (X_{23}, X_{24}), Y_5 = (X_{25})$$

于是,$Y_1 \cap W_1 \neq \varnothing$,$Y_2 \subset W_1$,$Y_3 \cap W_1 \neq \varnothing$,$Y_4 \not\subset W_1$,$Y_5 \not\subset W_1$。

所以

$$R_-(a) = Y_2 = (X_7)$$
$$R^-(a) = (Y_1, Y_3) = (X_1, X_2, X_3, X_4, X_5, X_6, X_8, \cdots, X_{22})$$
$$\alpha_a(W_1) = (|U| - |R^-(a) - R_-(a)|)/|U| = 0.2$$

同理可得 $\alpha_a(W_2)$、$\alpha_a(W_4)$、$\alpha_a(W_5)$。

同样,可以计算出参数 $a, b, \cdots, h$ 对于 i 取值的重要性,其结果如表 3-3 所列。

表 3-3 参数重要性

	a	b	c	d	e	f	g	h
W_1	0.2	0	0	0.56	0	0.8	0	0
W_2	0.76	0.92	0.88	0.68	0.56	0.76	0.6	0.68
W_4	0.4	0.28	0.12	0.6	0.48	0.64	0.44	0.32
W_5	0.28	0.08	0	0.68	0.04	0.64	0.04	0.32
平均值	0.41	0.32	0.25	0.63	0.27	0.71	0.27	0.33

从表 3-3 计算结果中的平均值可以看出,参数 f 对于变量 i 的重要性最为突出,其次是参数 d 的重要性也较为突出,应予保留。而其他参数,如参数 e 和参数 g 等重要性较低。

3.6 数据相关性分析

在运载火箭测试过程中,为了实现全面的性能评价和故障排查,往往需要测量大量的变量。但是不同变量之间通常存在着一些关联。通常,这种关联关系的变化使得工作人员很难及时对引起变化的真正原因作出准确判断。所以,数据相关性分析对于测试过程的性能评价和故障排查有着重要的意义。

数据相关性分析是基于测试数据,研究变量或变量组(包括信号、数据)之间相互关系的密切程度和相互联系方式,揭示变量变化的具体形式和规律,并确定变量之间相关关系强弱。相关关系的测定包括定性分析和定量分析。定

性分析是依据研究者的理论知识和实践经验,对客观现象之间是否存在相关关系,以及何种关系做出判断。定量分析,是在定性分析的基础上,通过计算相关系数等方法,来判断现象之间相关的方向、形态及密切程度。

对于运载火箭而言,其功能的特殊性、结构复杂性使得其测试数据相关性分析不同于一般的工程系统,具有小样本、非线性、大规模等特点。由于测试过程是通过部件层测试、子系统层测试、系统层测试等从下往上进行的,因此通过基于先验知识分析和运载火箭系统结构的定性分析,能够分析测试变量之间的信息联系和变化趋势。定性分析和描述测试变量之间的相关性方法有 Petri 网、符号有向图等,这里不详细阐述。本节的重点在于考虑定量分析变量之间的相关性,重点阐述基于核函数方法的非线性相关分析。

3.6.1 相关系数的数学算法及测定

1. 相关系数的概念

数据相关性定量分析的经典方法为相关系数分析法。相关系数是在相关条件下,说明变量之间相关关系的方向和相关关系密切程度的非常重要的统计指标,通常用 r 表示。

2. 相关系数的数学算法

设 $X = [x_1, x_2, \cdots, x_n]^T$,$Y = [y_1, y_2, \cdots, y_n]^T$ 两个数据向量是某两个连续变量 X_t、Y_t 的波形的采样序列。定量地刻画它们的相关程度,即相似程度,粗略地说,把它们平移到适当位置,如果其中之一是另一个的某个倍数,则认为是完全相关的;如果其中之一与另一个的任何倍数都相差很大或者两者数据没有规则,则认为是不相关的。因而,可以采用误差平方和的最小值

$$Q_0 = \min_{a,\lambda} \frac{1}{n} \sum_{i=1}^{n} (y_i - a - \lambda x_i)^2 \qquad (3-37)$$

来衡量它们的相关程度。如果有某个 a 和 λ 使得 $Q_0 = 0$,则可以说 X_t 和 Y_t 完全相关;否则就以 Q_0 大小不同来描述它们的相关程度,为求 Q_0 值,可对

$$Q = \min_{a,\lambda} \frac{1}{n} \sum_{i=1}^{n} (y_i - a - \lambda x_i)^2 \qquad (3-38)$$

关于 a 和 λ 求导,并令其等于 0,即

$$\frac{\partial Q}{\partial a} = \frac{-2}{n} \sum_{i=1}^{n} (y_i - a - \lambda x_i) = 0 \qquad (3-39)$$

$$\frac{\partial Q}{\partial \lambda} = \frac{-2}{n} \sum_{i=1}^{n} [(y_i - a)x_i - \lambda x_i^2] = 0 \qquad (3-40)$$

解得 $\lambda = \dfrac{\sum\limits_{i=1}^{n}(x_i - \overline{X})(y_i - \overline{Y})}{\sum\limits_{i=1}^{n}(x_i - \overline{X})^2}, a = \overline{Y} - \lambda\overline{X}$。

由上可得

$$Q_0 = \frac{1}{n}\sum_{i=1}^{n}(y_i - \overline{Y})^2\left\{1 - \frac{\left[\sum\limits_{i=1}^{n}(x_i - \overline{X})(y_i - \overline{Y})\right]^2}{\sum\limits_{i=1}^{n}(x_i - \overline{X})^2\sum\limits_{i=1}^{n}(y_i - \overline{Y})^2}\right\}$$

$$= \frac{1}{n}\sum_{i=1}^{n}(y_i - \overline{Y})^2(1 - r_{xy}^2) \qquad (3-41)$$

其中记

$$r_{xy} = \frac{\sum\limits_{i=1}^{n}(x_i - \overline{X})(y_i - \overline{Y})}{\sum\limits_{i=1}^{n}(x_i - \overline{X})\sum\limits_{i=1}^{n}(y_i - \overline{Y})} \qquad (3-42)$$

由此还可得到最小相对误差平方和

$$E_0 = \frac{Q_0}{\dfrac{1}{n}\sum\limits_{i=1}^{n}(y_i - \overline{Y})^2} = 1 - r_{xy}^2 \qquad (3-43)$$

由于 E_0 是消去了 X 和 Y 的测量单位带来的影响,所以它比 Q_0 用来衡量 X 与 Y 的相关程度更为合理,以后就将 E_0 等价地以 $|r_{xy}|$ 作为衡量 X 与 Y 相关的度量,并称 r_{xy} 为 X 与 Y 的相关系数,当 $|r_{xy}|$ 越大(从而 E_0 越小),则 X 与 Y 相关(相似),当 $|r_{xy}|$ 越小(从而 E_0 越大),则 X 与 Y 越不相关。有时为了记号上的方便,把 r_{xy} 写成 $\mathrm{corr}(X,Y)$。由许瓦兹不等式

$$\sum_{i=1}^{n}(x_i - \overline{X})(y_i - \overline{Y}) \leqslant \sqrt{\sum_{i=1}^{n}(x_i - \overline{X})^2\sum_{i=1}^{n}(y_i - \overline{Y})^2}$$

$$(3-44)$$

可得到相关系数的一个重要性质:$0 \leqslant |r_{xy}| \leqslant 1$。特别地,当 $|r_{xy}| = 1$,有 X 和 Y 线性相关;$|r_{xy}| = 0$,有 X 和 Y 正交,即最不相关。

3. 相关系数的测定

基本算法(定义式):英国统计学家皮尔逊所创的乘积动差法,简称积差法。该方法是通过变量与各自平均值的离差的乘积来反映两变量之间的相关程度。

$$r = \frac{S_{xy}^2}{S_x S_y} = \frac{\sum(x - \bar{x})(y - \bar{y})/n}{\sqrt{\sum(x - \bar{x})^2/n}\sqrt{\sum(y - \bar{y})^2/n}}$$

$$= \frac{n \sum xy - \sum x \sum y}{\sqrt{n \sum x^2 - (\sum x)^2} \sqrt{n \sum y^2 - (\sum y)^2}} \qquad (3-45)$$

相关系数是一个相对数,是一个抽象化的统计指标,其绝对值的大小反映相关程度的高低,越接近 1,表示相关程度越高;越接近 0,表示相关程度越低。按相关系数的计算公式由数学计算所得的相关系数 r 表示两组变量之间的相关程度,r 在 -1 到 1 之间,r 的绝对值越大则越相关(相似),r 的绝对值越小则越不相关。若 $r>0$,表示正相关,指两相关现象变化的方向是一致的;若 $r<0$,表示负相关,指两相关现象变化的方向是相反的。

3.6.2 基于主元分析的相关性分析

1. 基于 PCA 的相关性分析

相关系数主要是针对两个变量之间的相关程度。由于运载火箭测试数据包含了多个变量,若对所有变量之间相关参数进行分析,这样做比较繁琐,抓不住要领。

主成分分析(Principal Component Analysis,PCA)是最为常用的特征提取方法,它依据输入变量的线性变换,由输入变量相关矩阵的主要特征值的大小来确定坐标变换和变量压缩,其目的是在数据空间中找出一组 m 个正交向量。它们最大可能地表示数据方差,以便将数据从原始的 n 维空间映射到这组正交向量组成的 m 维子空间上,从而完成降维任务($m<n$)。主成分分析法可以从大样本多变量数据中发现一些主要特征量,寻找它们之间的相互关系,并用极少的新变量代替原有变量,一方面可以消除重叠的信息,另一方面还可以起到降维的作用。这就可以使我们从繁杂的观测数据中得到有用信息。主成分分析法可将多变量的平面数据表进行最佳综合简化,在力保数据信息丢失最少的原则下,对高维变量空间进行降维处理。

对于数据矩阵 $M \times N$ 的过程变量数据矩阵 $\boldsymbol{X}$,每一列对应于一个向量,每一行为观测样本,可以表示为

$$\boldsymbol{X} = \boldsymbol{TP} = t_1 \boldsymbol{p}_1^{\mathrm{T}} + t_2 \boldsymbol{p}_2^{\mathrm{T}} + \cdots + t_a \boldsymbol{p}_a^{\mathrm{T}}, a < N \qquad (3-46)$$

式中:t_i 为得分向量;$\boldsymbol{p}_i$ 为负荷向量。得分向量是两两正交的,负荷向量也是两两正交的并且模为 1。每一个得分向量实际上是矩阵 $\boldsymbol{X}$ 在与此得分向量相应的负荷向量方向上的投影,也就是主成分。

$$t_i = \boldsymbol{X} \boldsymbol{p}_i \qquad (3-47)$$

对矩阵进行主成分分析实质上就是对矩阵的协方差矩阵进行特征向量分析。在实际测试过程中,由于过程变量的测量单位不同,直接应用主成分分析在数据处理中可能出现假变异现象,不能真正反映数据本身的变化情况,为了

消除这一不良影响,需首先消除变量的量纲效应,使每一个变量具有同等的表现力,在这里将所有原始数据进行标准化处理。

设 $X = [x_{ij}^*]_{M \times N}$,其中

$$x_{ij}^* = \frac{x_{ij} - \bar{x}_j}{s_j}, i = 1, 2, \cdots, M; j = 1, 2, \cdots, N \qquad (3-48)$$

式中:$\bar{x}_j$ 为均值;s_j 为标准差。这样 $p_i(i = 1, 2, \cdots, N)$ 表示了 X 中数据变化的方向,而相对应的主成分则表示了数据在该变化方向上的投影。进一步分析,数据 X 的变化主要体现在最前面几个负荷向量方向上,在最后面的几个负荷向量上的投影通常很小,它们主要是由测量噪声所引起的。这样可将式(3-46)改写为

$$X = t_1 p_1^{\mathrm{T}} + t_2 p_2^{\mathrm{T}} + \cdots + t_k p_k^{\mathrm{T}} + E \qquad (3-49)$$

式中:E 为误差矩阵,代表了 X 在后 $N-k(k<N)$ 个负荷向量方向上的变化。在实际应用时,由于 E 主要由测量误差引起,将 E 忽略掉常常能起到清除测量噪声的效果,又不会引起数据中有用信息的明显损失,从而实现了降维的效果,便于对测试过程进行及时的分析和评估。

基于以上处理,将非零均值矩阵中心化后,转化为零均值矩阵。零均值数据矩阵 X 的协方差矩阵可以表示为

$$C = \frac{1}{M} \sum_{i=1}^{M} x_i x_i^{\mathrm{T}} \qquad (3-50)$$

对 C 做特征向量分析,即对下式求解:

$$\lambda_i p_i = C_i p_i \qquad (3-51)$$

如果将 C 的非零特征值 λ_i 从大到小排列,那么与这些特征值相对应的特征向量 p_i 就是矩阵 X 的负荷向量,从而由式(3-51)可以求得矩阵的主成分。通过计算数据的累积解释程度,作为选择具体主成分的依据,前 k 个主成分对数据的累积解释程度 y 可表示为

$$y = \sum_{i=1}^{k} \lambda_i / \sum_{i=1}^{N} \lambda_i \qquad (3-52)$$

基于主成分分析法的相关性分析的主要思想是:将一个由 p 维变量描述的系统有效地降至 2 维,从而在一个平面上描绘每个样本点,以直接观察样本点间的相关关系以及样本群点的分布特点和结构,使高维数据点的可见性成为可能,更好地协助系统分析人员的思维和判断,及时发现大规模复杂数据群中的普遍规律与特殊现象,大大提高数据信息的分析效率。在当今的决策支持系统理论与方法的研究中,许多著名专家和学者指出,将抽象空间或高维不可见空间信息以及一些更复杂的现象转换成直观的平面图示,这种面思维的工作方

式,能够极大地提高决策人员的洞察能力和增加决策者的知识,是实现决策支持系统高效率的最佳途径之一。

将主成分分析法应用到运载火箭测试过程数据相关性分析中,主要包含数据的规格化处理、样本相关系数矩阵的建立、主成分的计算和主成分的提取等处理过程。

1) 数据的规格化处理

设运载火箭测试数据样本长度为 N,参加相关性分析的变量为 M,则原始数据矩阵为

$$\boldsymbol{D} = \begin{bmatrix} d(1) & d(2) & \cdots & d(N) \end{bmatrix} \in R^{M \times N}$$

其中,
$$\boldsymbol{d}(t) = \begin{bmatrix} d_1(t) & \cdots & d_M(t) \end{bmatrix}^{\mathrm{T}} \in R^M$$

为了克服实际数据在单位上的不一致和数量级上的差别,同时也为了计算上方便,对数据进行规格化处理,使样本均值为 0,方差为 1,这样得出的协方差阵即为相关阵。规格化处理后的数据为

$$x_i(t) = \frac{d_i(t) - e(d_i)}{\delta(d_i)}, \forall i, t, \boldsymbol{X} = \begin{bmatrix} x(1) & x(2) & \cdots & x(N) \end{bmatrix} \in R^{M \times N}$$

$$(3 - 53)$$

式中:$e(d_i) = (1/N) \sum\limits_{t=1}^{N} d_i(t)$ 为样本均值;$\delta^2(d_i) = [1/(N-1)] \sum\limits_{t=1}^{N} [d_i(t) - e(d_i)]^2$ 为样本方差。

2) 样本相关系数矩阵的建立

在一定的样本上建立相关系数矩阵,可以表示各个样本间的相关程度。当将所有的路口均看成一个样本时,则所有这些样本间的相关系数矩阵可表示为

$$R(\boldsymbol{X}) = \frac{1}{N-1} \boldsymbol{X} \boldsymbol{X}^{\mathrm{T}} = \frac{1}{N-1} \sum\limits_{t=1}^{N} \boldsymbol{x}(t) \boldsymbol{x}(t)^{\mathrm{T}} = (r_{ij})_{M \times N}$$

$$(3 - 54)$$

式中:$r_{ij} = [1/(N-1)] \sum\limits_{k=1}^{N} x_{ki} x_{kj}$ 为第 i 个变量和第 j 个变量的相关系数。这里的相关系数矩阵表明了 M 个变量彼此之间的相关程度。

3) 主成分的计算

利用相关系数矩阵 $\boldsymbol{R}$ 并求出其特征值 $\lambda_1 \geq \lambda_2 \geq \cdots \geq \lambda_M \geq 0$ 以及对应的正交特征向量 $\boldsymbol{q}(1), \boldsymbol{q}(2), \cdots, \boldsymbol{q}(M)$,其中

$$\boldsymbol{q}(t) = \begin{bmatrix} q_1(t) & \cdots & q_M(t) \end{bmatrix}^{\mathrm{T}} \in \mathbf{R}^M, t = 1, 2, \cdots M$$

$$(3 - 55)$$

则可得到 M 个主成分为

$$y_i(t) = \boldsymbol{q}(i)^{\mathrm{T}}\boldsymbol{x}(t), i = 1,2,\cdots,M \qquad (3-56)$$

其中,第 i 个主成分 $y_i(t)$ 的特征值 λ_i 即为该主成分的方差。方差越大,对总变差的贡献也越大。与特征值 λ_i 对应的特征向量 $\boldsymbol{q}(i)$ 的 M 个分量就是第 i 个主成分 $y_i(t)$ 中 M 个规格化变量的系数,它们的绝对值大小和正负号反映了该主成分与相应变量的相关程度和影响方向。

4）部分主成分的提取

在主成分分析法的应用中,只使用部分主要的成分即可。因而假设取前 m 个主成分:

$$\left.\begin{aligned} y_1(t) &= \boldsymbol{q}(1)^{\mathrm{T}}\boldsymbol{x}(t) \\ y_2(t) &= \boldsymbol{q}(2)^{\mathrm{T}}\boldsymbol{x}(t) \\ &\vdots \\ y_m(t) &= \boldsymbol{q}(m)^{\mathrm{T}}\boldsymbol{x}(t) \end{aligned}\right\}, 1 \leqslant m < N \qquad (3-57)$$

并计算其累积贡献率为 $\sum \alpha_i$。一般情况下,如果前 m 个主成分的累积贡献率大于或等于 85%,则取前 m 个主成分即能反映全部 M 个变量的绝大部分信息。

试验表明,在具体分析测试变量相关性时,通常取前两个主成分即可较好地实现对变量相关性的分析。这样就可以把 M 个变量在二维空间中进行描述,从而直观地看出各个变量之间的相互关系。在由主成分对应的特征向量所构成的矩阵中,各列数据平方值的方差越大越有利。但在实际数据处理中,可能会遇到各列数据分布不够分散的情况,此时需要采用因子正交旋转的方法进行处理。由于非主成分的特征值比较小,一般采用基于主成分的因子模型,即用前 m 个主成分对应的特征向量构成因子模型中的载荷矩阵。为了使载荷矩阵中各列数据更加分散,可以对载荷矩阵进行正交变换,使各列数据平方的相对方差之和达到最大,同样可以得到合理的分类结果。

2. 核主成分分析

由于主成分分析方法是基于线性代数理论的线性空间变换方法,是一种线性映射算法,运载火箭的工作参数具有一定的非线性特征,在处理非线性问题时,典型的多元统计方法往往差强人意。在典型的非线性 PCA 方法中,神经网络方法则在有限数据样本下,很难得到令人满意的效果,因此其不适合运载火箭测试数据的分析和处理。基于核函数的主成分分析(Kernel function Principal Component Analysis,KPCA)方法是通过某种事先选择(核函数)的非线性映射,将输入向量 X 映射到一个高维特征空间 F,使输入向量具有更好的可分性,并对高维空间中的映射数据进行线性主成分分析,从而得到数据的非线性主成分,以所选的非线性主成分作为特征子空间。此方法是核函数方法中的一种典型方法,适于运载火箭测试过程这类小样本问题。

核主成分分析基本思路是将原始输入向量 x 映射到高维特征空间 $\Phi(x)$,然后在特征空间中对 $\Phi(x)$ 进行线性 PCA 计算,这样,在特征空间中对 $\Phi(x)$ 进行的线性 PCA 就相当于在输入空间中进行的非线性 PCA。

在线性 PCA 的基础上,非线性 PCA 首先引入一个非线性映射 $\Phi: x \in R^n \mapsto \Phi(x) \in F \subseteq R^N$,将输入空间的一个样本集 $x_k(x_k \in R^n, k = 1, 2, \cdots, M, \sum\limits_{k=1}^{M} x_k = 0)$ 变换到特征空间(特征空间 F 的维数可以任意大,可以是无限维),假设 $\sum\limits_{k=1}^{M} \Phi(x_k) = 0$,则特征空间中样本的协方差矩阵为

$$\overline{C} = \frac{1}{M} \sum_{i=1}^{M} \Phi(x_i) \Phi(x_i)^{\mathrm{T}} \qquad (3-58)$$

此时 PCA 是通过求解下列方程:

$$\lambda V = \overline{C} V \qquad (3-59)$$

获得特征值 $\lambda(\lambda \geqslant 0)$ 以及所对应的特征向量 $V(V \in F \setminus \{0\})$。由于上式的所有解均在 $\Phi(x_1), \cdots, \Phi(x_M)$ 张成的子空间内,因此

$$\lambda(\Phi(x_k) \cdot V) = (\Phi(x_k) \overline{C} V), k = 1, 2, \cdots, M \qquad (3-60)$$

并且存在系数 $\alpha_i(i = 1, 2, \cdots, M)$,使得

$$V = \sum_{i=1}^{M} \alpha_i \Phi(x_i) \qquad (3-61)$$

合并上两式,得到

$$\lambda \sum_{i=1}^{M} \alpha_i (\Phi(x_k) \cdot \Phi(x_i)) = \frac{1}{M} \sum_{i=1}^{M} \alpha_i (\Phi(x_k) \cdot \sum_{j=1}^{M} \Phi(x_j))(\Phi(x_j) \cdot \Phi(x_i)), k = 1, 2, \cdots, M \qquad (3-62)$$

定义一个 $M \times M$ 维矩阵 K,其中 $K_{ij} = \Phi(x_i) \cdot \Phi(x_j)$,可以得到

$$M \lambda K \alpha = K^2 \alpha \qquad (3-63)$$

式中: $\alpha = (\alpha_1, \cdots, \alpha_M)^{\mathrm{T}}$。通过特征方程

$$M \lambda \alpha = K \alpha \qquad (3-64)$$

来求解非零特征值。由于

$$1 = \sum_{i,j=1}^{M} \alpha_i^k \alpha_j^k (\Phi(x_i) \cdot \Phi(x_j))$$

$$= \sum_{i,j=1}^{M} \alpha_i^k \alpha_j^k K_{ij} = (\alpha^k \cdot K \alpha^k) = \lambda_k (\alpha^k \cdot \alpha^k) \qquad (3-65)$$

因此可通过标准化 $\boldsymbol{\alpha}^k$ 来使特征空间相应的特征向量标准化,即 $(\boldsymbol{V}^k \cdot \boldsymbol{V}^k) = 1$。为提取主成分,需要计算 F 中的样本在特征向量 $\boldsymbol{V}^k$ 上的投影,若 $\boldsymbol{x}$ 为某一测试样本向量,在特征空间的映射为 $\boldsymbol{\Phi}(\boldsymbol{x})$,则

$$(\boldsymbol{V}^k \cdot \boldsymbol{\Phi}(\boldsymbol{x})) = \sum_{i=1}^{M} \alpha_i^k (\boldsymbol{\Phi}(\boldsymbol{x}) \cdot \boldsymbol{\Phi}(\boldsymbol{x})) \qquad (3-66)$$

为测试样本对应于 $\boldsymbol{\Phi}$ 的非线性主成分。

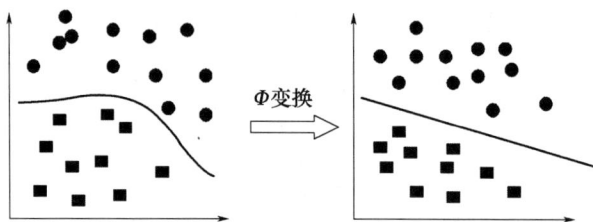

图 3 - 16　由线性不可分到线性可分

前面的讨论都是基于一个前提,即所考察的观测值都是经过中心化处理,这个前提条件在输入空间容易实现,但在特征空间中我们不能明确地计算出样本映射在特征空间后的平均值。这个问题的一种解决办法是用 $\bar{K}$ 取代 K 来求解特征值,$\bar{K}$ 按下式计算:

$$\bar{K}_{ij} = K_{ij} - \frac{1}{M} \sum_{m=1}^{M} I_{im} K_{mj} - \frac{1}{M} \sum_{n=1}^{M} I_{in} K_{nj} + \frac{1}{M^2} I_{im} K_{mn} I_{nj}$$

$$(3-67)$$

值得一提的是,KPCA 最大主成分数目为样本数 M,即 KPCA 的主成分是基于样本的;而在线性 PCA 中主成分数目决定于样本维数大小,即线性 PCA 的主成分是基于样本维数的。与 PCA 相同的是,如果只考虑排在前面的几个特征向量,KPCA 同样可以对 $\boldsymbol{x}$ 降维。通过使用核方法实现了 PCA 的非线性化,并且线性 PCA 所具有的特性,在 KPCA 的 $\boldsymbol{\Phi}(\boldsymbol{x})$ 中同样得到体现。KPCA 通过引入非线性映射函数 $\boldsymbol{\Phi}(\boldsymbol{x}) \in R^M (M > N)$,将输入空间中非线性问题转换到高维特征空间采用线性方法处理,这里是利用"核函数"来巧妙地解决这个问题的。根据泛函有关理论,只要某个核函数 $K(x,y)$ 满足 Mercer 条件,它就对应某一变换空间的内积,即 $K(x,y) = \boldsymbol{\Phi}(x) \cdot \boldsymbol{\Phi}(y)$,这样在高维空间实际上只需进行内积运算,而这种内积运算是可以用原空间中的函数实现的,而无需知道变换 $\boldsymbol{\Phi}$ 的具体形式。常用的核函数有线性核函数、多项式核函数、高斯核函数、多层感知机核函数等。高斯核函数适应范围广,算法相对简单,尤其对于复杂问题,优点更加明显。

3.6.3 数值实例

对 10 组测试数据做分析,测试信号分别为 A1、A2、A3、A4、A5、A6、A7、A8、A9、A10,信号如图 3 - 17 所示。

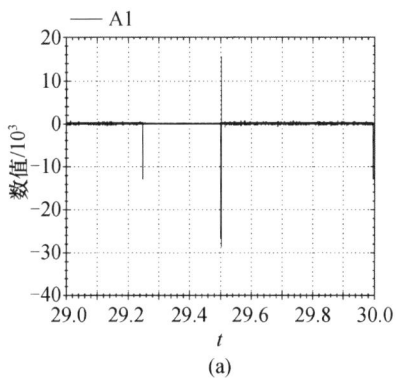

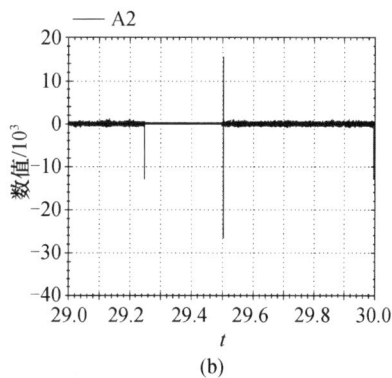

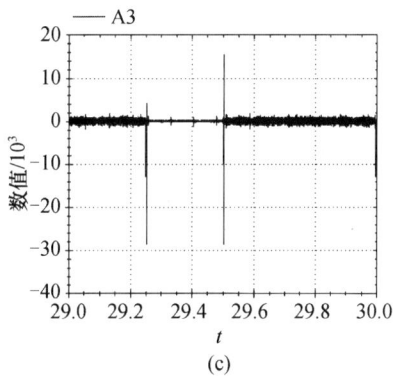

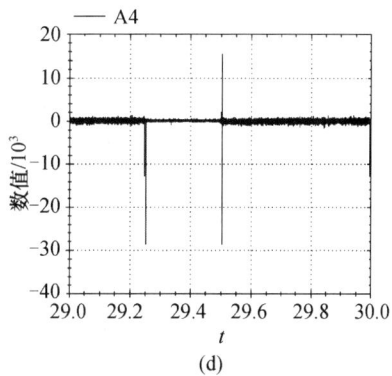

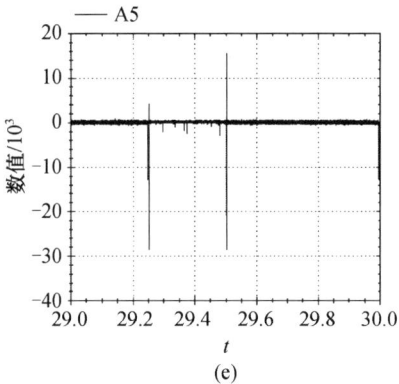

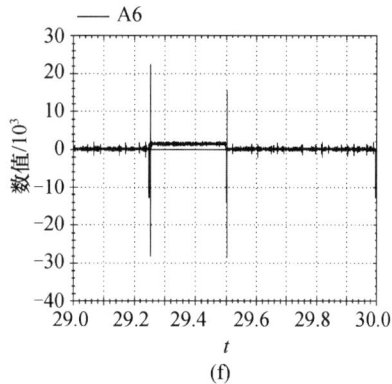

(a)

(b)

(c)

(d)

(e)

(f)

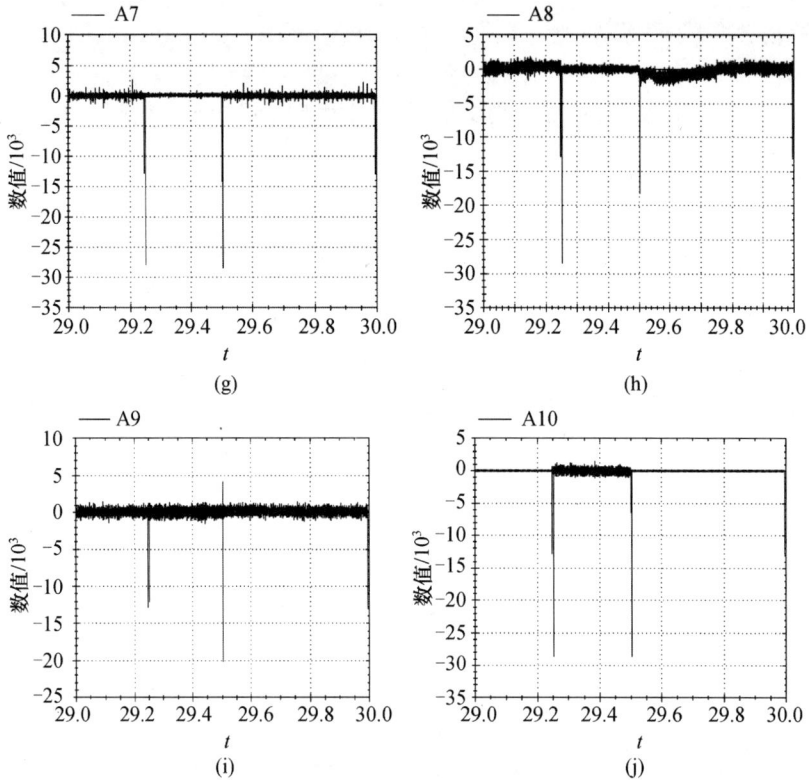

图 3 - 17 测试信号

（a）信号 A1 数据曲线；（b）信号 A2 数据曲线；（c）信号 A3 数据曲线；

（d）信号 A4 数据曲线；（e）信号 A5 数据曲线；（f）信号 A6 数据曲线；

（g）信号 A7 数据曲线；（h）信号 A8 数据曲线；

（i）信号 A9 数据曲线；（j）信号 A10 数据曲线。

根据主成分分析算法，信号 A1、A2、A3、A4、A5、A6、A7、A8、A9、A10 的相关系数矩阵计算结果如表 3 - 4 所列。

表 3 - 4 相关系数矩阵

	A1	A2	A3	A4	A5	A6	A7	A8	A9	A10
A1	1	0.964	0.885	0.941	0.972	0.775	0.804	0.963	0.906	0.976
A2	0.964	1	0.865	0.923	0.954	0.797	0.789	0.942	0.866	0.954
A3	0.885	0.865	1	0.876	0.875	0.718	0.731	0.871	0.822	0.881
A4	0.941	0.923	0.876	1	0.945	0.800	0806	0.928	0.871	0.936
A5	0.972	0.954	0.875	0.945	1	0.829	0.801	0.955	0.899	0.966
A6	0.775	0.797	0.718	0.800	0.829	1	0.694	0.802	0.721	0.789

	A1	A2	A3	A4	A5	A6	A7	A8	A9	A10
A7	0.804	0.789	0.731	0806	0.801	0.694	1	0.811	0.723	0.800
A8	0.963	0.942	0.871	0.928	0.955	0.802	0.811	1	0.894	0.956
A9	0.906	0.866	0.822	0.871	0.899	0.721	0.723	0.894	1	0.907
A10	0.976	0.954	0.881	0.936	0.966	0.789	0.800	0.956	0.907	1

针对表 3-4 中信号 A1、A2、A3、A4、A5、A6、A7、A8、A9、A10 的相关系数矩阵计算结果，设关联阈值为 0.9，则信号间的相关图可用图 3-18 表示。

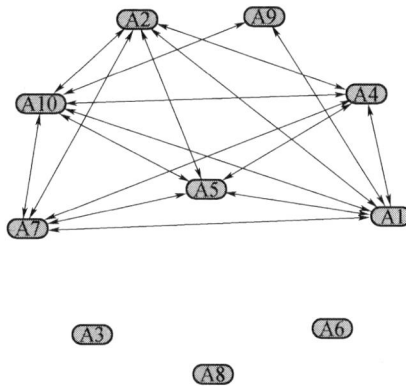

图 3-18　变量间的相关图

从图 3-18 可以看到，在关联阈值设定为 0.9 的情况下，A3、A6、A8 与其他任何信号都不相关。而 A2 与 A9，A9 和 A4，A9 和 A5，由于相关系数分别为 0.866、0.871、0.899，相关性低于 0.9 的关联阈值，因此认为 A2、A9、A4 和 A5 不相关。

变换后有两个主元，其主元的载荷分别如图 3-19 和图 3-20 所示。

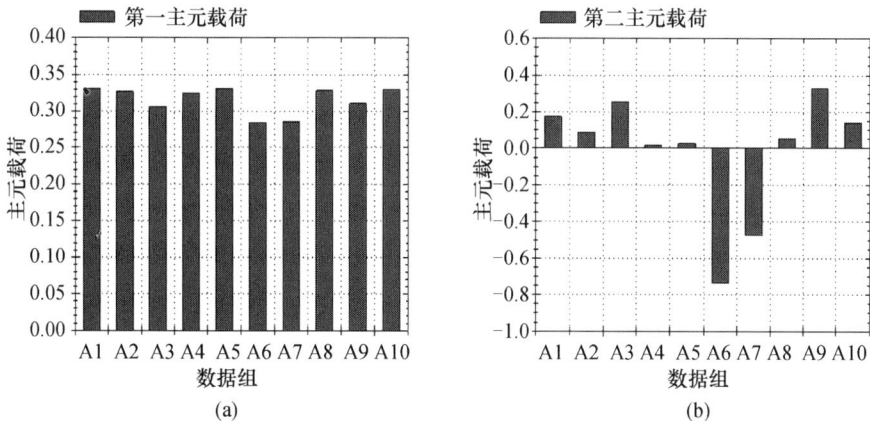

图 3-19　主元的载荷图

（a）第一主元载荷；（b）第二主元载荷。

101

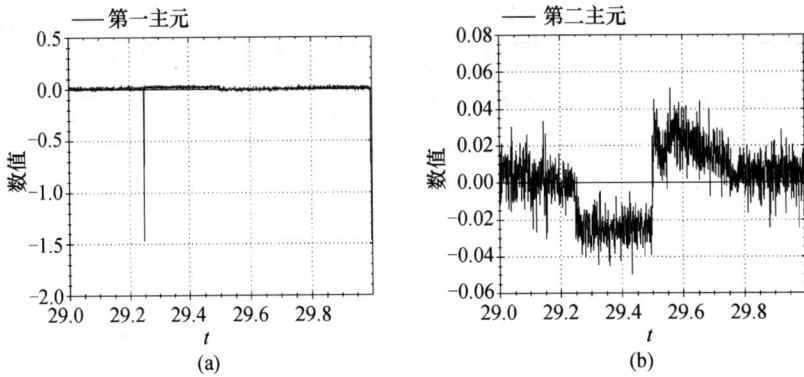

图 3 - 20   主元分布图

(a) 第一主元输出；(b) 第二主元输出。

主元载荷即每个原始变量在主元中所占的比重。从图 3 - 19 可知,由于所有的变量的相关系数均较高,因此第一主元中,所有的变量的比重都比较大,而在第二主元中,明显看到 A6 和 A8 所占的比重较大,而从表 3 - 4 中可以看到 A6 和 A8 与其他变量的相关系数较小,因此它们组成独立的第二主元。同时,从第一主元和第二主元的输出曲线图可知,两个主元变量的输出差别较大,因此可以认为在第二主元中的 A6 和 A8 中数据的一部分成分独立性较强。

第四章 航天测试发射智能故障诊断

航天测试发射故障诊断主要包括测试故障诊断和发射飞行故障诊断两个方面的内容。测试故障诊断是指在单元测试、分系统测试、总检查测试等环节中,需要基于测试数据对运载器故障进行检测、诊断、定位和排查。发射飞行故障诊断是为安控分析和决策提供支持,需根据遥测数据分析运载器的参数变化趋势和工作状况,实时诊断异常工况和进行安全评估。

本章中,分析航天测试发射故障诊断问题的内涵,以及相关智能故障诊断技术的发展状况;着重阐述核主元分析、小波分析、蚁群算法、神经网络等智能方法与传统故障诊断方法的结合,进行航天测试发射故障诊断。

4.1 航天测试发射故障诊断概述

4.1.1 航天故障的成因分析

对航天发射而言,故障产生的最根本原因在于运载器的高度复杂性、运行环境的复杂性以及人机结合的复杂性。

1)系统复杂性

系统复杂性是产生航天故障的主要原因。受现有工艺水平限制,大型航天测试发射过程中不可避免地会出现这样或那样的故障。以往国际国内航天发射证实,大部分航天故障可以归结于运载器的缺陷或功能性失效。

2)过程复杂性

航天测试发射是一项十分复杂的系统工程。纵观卫星、飞船、航天飞机、空间站等航天器发射与测控过程可以看出,大多数航天器都是凭借多级运载火箭提供的持续而巨大的推力脱离地球引力进入太空预定轨道的。无论是运载火箭起飞段、动力飞行段、轨道调整阶段、姿态控制阶段、在轨管理阶段还是回收段,都必须依赖地面或低空测控网的监视、控制和干预;测控网的控制指令又必须通过箭(星)上合作设备发挥作用。一方面,无论是监视还是控制、干预,都是遥操作方式,如遥测、遥控等。因此,测量、计算、推断、决策、控制以及信号的发射、传输、接收等,无论哪个环节发生故障或出现失误,都将会导致系统性故障或灾难。另一方面,网络系统的各节点、各环节都必须指令畅通、信号稳定、时

103

间统一、功能协调、相互配合、各司其职地对整个测控过程进行分工协作。任何一个网络节点的失误或功能性故障,都会导致系统功能受损甚至整个任务的失败。

3）技术复杂性

技术的复杂性决定了航天是一个高风险领域。它主要体现在两个方面:一是具有多技术集成与多学科综合的特点;二是军事和民用领域对航天工程任务与目标的多样化以及航天器结构与功能的复杂化需求。航天实践证明,对于一些在地面环境或模拟空间环境下稳妥可靠的新材料、新工艺、新技术,应用于航天工程时其可靠性和有效性都面临挑战,甚至蕴藏着故障隐患。

4）环境复杂性

航天发射过程中,运载器和航天器运行环境十分复杂。运载器携带航天器穿越稠密大气层、电离层和地磁层,经受来自环境各种扰动的影响。无论是机械设备还是电子设备,其功能、性能和稳定性均与地面设计和地面测试时有巨大差异,不可避免地也会诱发各种异常现象。因此,环境不确定性和气候的异常变化都可能成为重要的故障源。实践证明,复杂的运行环境不但降低了系统可靠性,还直接影响到系统安全运行。

5）人机系统复杂性

从人机工程学角度看,航天测试发射系统是一个涉及到多人、多机、多环境的结构十分复杂的巨型系统。在这个系统中,无论是运载火箭测试、发射、跟踪测量、轨道机动、姿态控制,还是运载火箭安全控制,都是在人直接、间接或遥操作下完成的。因此,人的因素也是故障发生的一个重要原因。在运载器测试、发射、测控、管理的任一环节,由于操作者心理、生理或知识、经验等各种主、客观因素的影响,或各种预设状况的突发性变化,都可能导致操作人员发布错误指令、实施错误,导致指挥人员判断错误和决策失误。

4.1.2　航天故障的特点

航天测试系统是一个超大规模复杂系统,它不仅有一般复杂系统常见的自主性、不确定性、不确知性、发展性、分散性等典型特性,还具有许多其他复杂系统所不常见的特性,诸如不可重复性、不可逆性、主体系统与环境的强关联性和明显的过程参数变化非连续性、奇异性等。航天系统的特殊性决定了航天故障不仅具有一般复杂系统故障的层次性、传播性、相关性、放射性和延时性等常见特点,还具有如下的重要特点。

1）故障多发性

航天故障的多发性既体现在不同型号航天试验中发生故障的试验次数占总试验次数的比率大,也体现在同一试验过程中可能会发生多次故障上。据报道,1957 年—1994 年,美国"先锋"、"丘诺"、"雷神"、"Delta"、"宇宙神"和"大力神"等型号液体运载火箭 1043 次发射过程中失败 136 次,失败率高达13.04%;苏联"月亮"、"东方"、"联盟"、"质子"、"宇宙"、"天顶"等型号系列运载火箭的 1220 次发射过程中失败 47 次,失败率为 3.85%;欧空局的阿丽亚娜(Ariane)系列运载火箭 126 次发射过程中失败 11 次,失败率为 8.73%;日本的K 系列、L 系列、M 系列和 H 系列等运载火箭发射失败 27 次。

2)多故障并发性

航天测试发射与控制系统是一个涉及多人、多机、多环境的、结构十分复杂的巨型系统,从硬件构成可分为测发系统、测控系统、通信系统、气象系统和勤保系统等;每一分系统又是由若干个子系统构成的。以往航天试验故障情况证实,在航天发射、测控和管理过程中,工程系统的任一子系统、任一环节都可能出现异常或发生故障。因此,航天工程中,多故障并发现象也是比较常见的。这既包括短时间内多个不同源故障的同时(或相继)发生,也包括某一简单故障在同一时间点上导致多个子系统功能异常,以及多种类型故障的并发与相互转化等。

3)故障模式多样性

故障模式多样性表现在由于子系统之间的强耦合,使不同子系统、不同环节或(和)不同类型的故障相互触发与彼此关联。一般地,对同一子系统,既可能出现影响强烈的突发性故障,也可能在发生强烈故障同时出现局部的持续性、漂移性、泄漏性故障,或由小故障渐变到质变导致灾难的发生;对不同子系统之间,一种故障往往是另一种故障的诱因。

4)故障不可修复与不可逆转性

在运载器飞行过程中,大部分故障都难以修复。无论是控制系统故障、发动机故障还是级间分离故障,即使被及时检测和诊断,也难以进行在线修复。唯一可做的是监视飞行状况、判断故障后果并确定安全控制对策。

5)故障危害性

每一次大型的航天试验,其人力、财力、物力的投入动辄上亿,甚至上百亿美元。如果发射失败,带来的经济损失将是沉重的,若威胁到发射场区、航区乃至人类赖以生存的环境的安全,其代价将更为惨重。

4.1.3 航天故障诊断的难点

航天系统的复杂性和遥测、遥控、遥操作等特点,决定了在航天测试发射过程中,分析和诊断航天故障是一个艰难的、具有挑战性的研究领域。

1)高可靠性和高准确性

由于航天发射过程具有不可逆性、部分部件不可重复、主体系统与环境强关联、故障危害大,对安全性、可靠性有着苛刻的要求。不仅要求每一次发射活动具有高可靠性,而且要求故障诊断科学地把握可靠性变化趋势和发展规律,采取相应的维修策略,以便预测故障,及时发现故障,防止突发性故障带来重大后患,保证发射成功。

2）技术综合性

参与航天发射的各系统,具有系统化、大型化、复杂化和科技含量高的特点。特别是随着现代信息技术的快速发展,航天器、运载器、弹道导弹和发射场,采用的高新技术越来越多,微电子技术、光电技术、计算机网络技术、人工智能技术和新型复合材料、隐身材料、耐高温材料等新材料和新工艺的应用,不仅使系统的硬件变得更加复杂,而且出现了软件密集等状况,航天发射故障诊断成为了一种技术综合性很强的活动。

3）反应快速性

航天发射对故障处置的实时性有着很高的要求。航天测试发射故障快速诊断的难点在于尽早发现故障,尽快定位故障,及时决策应对。

4）验前信息少

由于航天发射是一项探索性和试验性活动,同类的航天器及其运载器,弹道导弹甚至发射场,年发射次数不过十几次,每次发射几乎都有新的试验目的和技术状态,产品研制时所进行的检查、测试次数也都有限,因此,航天发射故障诊断所需要的故障验前信息很少,给故障诊断带来很大难度。

5）故障决策的风险性

对航天故障的误检、误判和错误处理,往往孕育着巨大的风险。例如,在运载火箭起飞段,将正常飞行误检和误判为故障时,可能导致运载火箭及其载荷被错误地炸毁,造成巨额的经济损失;反之,当本该实施安全炸毁的故障箭未被炸毁而坠落时,则会造成较大范围的环境污染甚至人员伤亡。

4.2 故障诊断方法

4.2.1 故障诊断方法分类

故障诊断方法整体上可以分为两大类,即定性分析方法和定量分析方法。

1. 定性分析方法

定性分析方法主要包括图论方法、专家系统和定性仿真。图论方法主要包括符号有向图（Signed Directed Graph,SDG）方法、故障树（Fault Tree）方法。

（1）符号有向图是一种被广泛采用的描述系统因果关系的图形化模型。在 SDG 中,事件或者变量用节点表示,变量之间的因果关系用从原因节点指向结果节点的有方向的边表示。在系统正常时,SDG 中的节点都处于正常状态,发生故障时故障节点的状态将会偏离正常值并发生报警,根据 SDG 给出的节点变化间的因果关系,并结合一定的搜索策略就可以分析出故障所有可能的传播路径,判明故障发生的原因,并且得到故障在过程内部的发展演变过程。故障树是一种特殊的逻辑图。基于故障树的诊断方法是一种由果到因的分析过程,它从系统的故障状态出发,逐级进行推理分析,最终确定故障发生的基本原因、影响程度和发生概率。基于图论的故障诊断方法具有建模简单、结果易于理解和应用范围广等特点。但是,当系统比较复杂时,这类方法的搜索过程会变得非常复杂,而且诊断正确率不高,可能给出无效的故障诊断结果。

(2) 基于专家系统(Expert System)的故障诊断方法是利用领域专家在长期实践中积累起来的经验建立知识库,并设计一套计算机程序模拟人类专家的推理和决策过程进行故障诊断。专家系统主要由知识库、推理机、综合数据库、人机接口及解释模块等部分构成。通常,专家知识不可避免地具有不确定性。模糊专家系统在专家知识的表示中引入了模糊隶属度的概念,并利用模糊逻辑进行推理,能够很好地处理专家知识中的不确定性。利用证据理论则能够描述由于不知道所引起的不确定性。基于专家系统的故障诊断方法能够利用专家丰富的经验知识,无需对系统进行数学建模并且诊断结果易于理解,因此得到了广泛的应用。但是,这类方法也存在不足,主要表现在:首先,知识的获取比较困难,这成为专家系统开发中的主要瓶颈;其次,诊断的准确程度依赖于知识库中专家经验的丰富程度和知识水平的高低;最后,当规则较多时,推理过程中存在匹配冲突、组合爆炸等问题,使得推理速度较慢、效率低下。

(3) 定性仿真(Qualitative Simulation)是获得系统定性行为描述的一种方法,定性仿真得到的系统在正常和各种故障情况下的定性行为描述可以作为系统知识用于故障诊断。基于定性微分方程约束的定性仿真方法是定性仿真中研究最为成熟的方法之一。这种方法首先将系统描述成一个代表物理参数的符号集合以及反映这些物理参数之间相互关系的约束方程集合,然后从系统的初始状态出发,生成各种可能的后继状态,并用约束方程过滤掉那些不合理的状态,重复此过程直到没有新的状态出现为止。定性仿真的最大特点是能够对系统的动态行为进行推理。

2. 定量分析方法

定量分析法主要分为基于解析模型的方法、数据驱动的方法。

(1) 基于解析模型的故障诊断方法利用系统精确的数学模型和可观测输入输出量构造残差信号来反映系统期望行为与实际运行模式之间的不一致,然后基于对残差信号的分析进行故障诊断。基于解析模型的故障诊断研究得相对较多,也较深入。总体来说,这类方法包括状态估计(State Estimation)方法、参数估计(Parameter Estimation)方法和等价空间(Parity Space)方法。

基于状态估计的故障诊断方法主要包括滤波器方法和观测器方法。基于参数估计的故障诊断认为故障会引起系统过程参数的变化,而过程参数的变化会进一步导致模型参数的变化,因此可以通过检测模型中的参数变化来进行故障诊断。基于等价空间的故障诊断方法利用系统的解析数学模型,建立系统输入输出变量之间的等价数学关系,这种关系反映了输出变量之间静态的直接冗余和输入输出变量之间动态的解析冗余,然后通过检验实际系统的输入输出值是否满足该等价关系,达到检测和分离故障的目的。基于解析模型的故障诊断利用了对系统内部的深层认识,具有很好的诊断效果。但是这类方法依赖于被诊断对象精确的数学模型,实际中对象精确的数学模型往往难以建立,此时基于解析模型的故障诊断方法便不再适用。然而系统在运行过程中积累了大量的运行数据,因此需要研究基于过程数据的故障诊断方法。

(2) 数据驱动的故障诊断方法就是对过程运行数据进行分析处理,从而在不需知道系统精确解析模型的情况下完成系统的故障诊断。这类方法又可分为机器学习类方法、多元统计分析类方法、信号处理类方法、信息融合类方法和粗糙集方法等。

机器学习类故障诊断方法的基本思路是利用系统在正常和各种故障情况下的历史数据训练神经网络(Neural Network)或者支持向量机(Support Vector Machine)等机器学习算法用于故障诊断。基于机器学习的故障诊断方法以故障诊断正确率为学习目标,并且适用范围广。但是机器学习算法需要过程故障情况下的样本数据,且精度与样本的完备性和代表性有很大关系,因此难以用于那些无法获得大量故障数据的过程。

基于多元统计分析的故障诊断方法是利用过程多个变量之间的相关性对过程进行故障诊断。这类方法根据过程变量的历史数据,利用多元投影方法将多变量样本空间分解成由主元变量张成的较低维的投影子空间和一个相应的残差子空间,并分别在这两个空间中构造能够反映空间变化的统计量,然后将观测向量分别向两个子空间进行投影,并计算相应的统计量指标用于过程监控。常用的监控统计量有投影空间中的 T^2 统计量、残差空间中的 Q 统计量、Hawkins 统计量和全局马氏距离等。基于多元统计分析的故障诊断方法不需要对系统的结构和原理有深入的了解,完全基于系统运行过程中传感器的测量数据,而且算法简单,易于实现。但是,这类方法诊断出来的故障物理意义不明确,难于解释,并且由于实际系统的复杂性,这类方法中还有许多问题有待进一步的研究,比如过程变量之间的非线性,以及过程的动态性和时变性等。

基于信号处理的方法是对测量信号利用各种信号处理方法进行分析处理,提取与故障相关的信号的时域或频域特征用于故障诊断。主要包括谱分析(Spectrum Analysis)方法和小波变换(Wavelet Transform)方法。

粗糙集（Rough Sets）是一种从数据中进行知识发现并揭示其潜在规律的新的数学工具。与模糊理论使用隶属度函数和证据理论使用置信水平不同，粗糙集的最大特点就是不需要数据集之外的任何主观先验信息就能够对不确定性进行客观的描述和处理。属性约简是粗糙集理论的核心内容，它是在不影响系统决策的前提下，通过删除不相关或者不重要的条件属性，从而使得可以用最少的属性信息得到正确的分类结果。因此，在故障诊断中可以使用粗糙集来选择合理有效的故障特征集，从而减小输入特征量的维数，降低故障诊断系统的规模和复杂程度。

信息融合技术是对多源信息加以自动分析和综合以获得比单源信息更为可靠的结论。基于信息融合的故障诊断方法利用了多个传感器的互补和冗余信息，但是，如何保证这些信息能够被有效利用，以达到提高故障诊断的准确性及减少虚报和漏报的目标还有待进一步的研究。

总之，数据驱动的故障诊断方法不需要过程精确的解析模型，完全从系统的历史数据出发，因此在实际系统中更容易直接应用。但是，这类方法因为没有系统内部结构和机理的信息而对于故障的分析和解释相对比较困难。

4.2.2 智能故障诊断方法

近年来，人工智能及计算机技术的飞速发展，为故障诊断技术提供了新的理论基础，产生了众多智能故障诊断方法。智能故障诊断方法主要包括以下两方面的内涵。一方面是将人工智能方法直接地应用于故障诊断。包括前面提到的基于专家系统（Expert System）的故障诊断方法，凭借其在知识表达和推理方面的优势。还有机器学习类故障诊断方法，利用神经网络和支持向量机分类能力实现了故障辨识和诊断。另一方面是将人工智能技术与非智能方法结合，利用人工智能技术改进传统故障诊断方法的不足。其结合点主要分为以下三类：

（1）与专家系统、模糊理论、粗糙集、小波分析等相结合的方法。主要针对难以建立（或缺乏）精确数学诊断问题。

（2）与神经网络和支持向量机（包括核函数）相结合的方法，主要针对具有非线性特性或带有复杂分类的诊断问题。当然与支持向量机（包括核函数）相结合方法也适用于小样本对象。例如基于支持向量机的多元统计分析方法，基于神经网络的潜在通路法。

（3）与遗传算法、免疫算法、群智能算法相结合的方法，主要针对诊断过程中的复杂优化问题求解。例如基于蚁群算法的图论方法。

4.2.3 航天测试发射智能故障诊断方法

当前在航天测试发射实际工程中，部分故障的发生有时并不存在很复杂的故障原因,使用一些常用的故障诊断技术往往比较有效。根据我国航天50年来故障诊断的经验和航天发射故障的特点,已总结出跟踪寻迹法、隔离检查法、状态检查法、物理检查法、环境试验法、对比法和故障模拟检查法等常用故障诊断方法。但是对于比较复杂的综合性故障,不能完全实现故障诊断的目的,必须使用更为有效的故障诊断方法。

根据长期工程实践的积累,结合现代故障方法的发展,将人工智能与传统故障诊断方法结合,探究解决航天测试发射的复杂故障诊断问题的解决方案。本章首先从特征样本提取的角度,引入多尺度主元分析(Multi - scale Principal Component Analysis,MSPCA)方法,讨论了一种基于数据驱动的智能多元统计分析故障检测与诊断方法。然后从故障图的角度,描述系统状态条件同其故障关系间所存在的关联,通过智能故障路径的搜索和判断,实现故障定位方法。最后从潜在通路分析的角度,描述了故障的潜在通路关系,利用神经网络实现潜在通路分析。

4.3 基于核主元分析的多尺度故障检测算法

作为基于数据驱动的信息处理方法,主元分析(PCA)法不仅应用于数据相关性分析方面,还广泛应用于故障诊断领域。其核心思想是通过对多个过程变量之间的相关性进行统计检验分析来实现对系统的故障诊断。主元分析法的实质是对一个高维数据空间进行降维处理,再通过多元投影方法构造一个较小的隐变量空间,以隐变量空间代替原始变量空间。这个隐变量空间由主元变量张成的较低维的投影子空间和一个相应的残差子空间构成,然后在隐变量空间来实现算法的各种功能。具体就是首先在主元空间和残差空间中构造能够反映相应空间变化的统计量,然后将观测向量分别向主元空间和残差空间进行投影,并通过计算来判定实际系统的监控统计量是否超过已经设定过程监控指标来判断系统是否发生故障。常用的监控统计量有投影空间中的 T^2 统计量、残差空间中的 Q 统计量、Hawkins 统计量和全局马氏距离等。

传统的 PCA 是基于固定的、单尺度、线性分析方法,然而在实际诊断对象广泛具有非线性特征,而且实际采集到的数据存在着各种噪声和干扰,同时还具有多尺度性和时变性。并且对于一些特殊的复杂系统(运载器系统),由于其数据样本有限,还具有小样本特性。因此,在基于过程数据的模型的实际应用中PCA 的效果并不理想。

为克服传统 PCA 的上述不足,国内外研究者提出了一系列包括核主元分析(Kernel function Principal Component Analysis,KPCA)、滑动窗口主元分析(Moving Window Principal Component Analysis,MWPCA)和递归主元分析在内(Recursive Principal Component Analysis,RPCA)的自适应主元分析(Adaptive Principal Component Analysis,APCA)及多尺度主元分析(MSPCA)等多元统计方法。

由第三章内容可知,核 PCA 基于核函数将输入向量非线性映射到一个高维特征空间,使输入向量具有更好的可分性,实现了小样本条件下的非线性数据主元提取。自适应 PCA 能根据过程数据的均值、方差、协方差和模型控制跟随设备工况或过程条件变化而更新的情况,有效处理缓变和突变变量,且对异常值健壮,避免数据的时变效应和设备退化导致的模型偏差,但没有考虑事件由不同时间、不同频率、不同位置发生所引起的数据多尺度性;通过整合主元分析(PCA)去除过程变量线性相关的能力与小波变换近似分解过程变量自相关特性的能力以及小波变换提取过程变量的局部特征的能力,多尺度主元分析(MSPCA)能有效处理各种非平稳过程数据,并从不同尺度上解释其累积效应,进而准确监测过程变量,并能得到过程数据的各种统计特性随时间变化情况,防止故障的缓报或误报。

4.3.1 基于 PCA 故障诊断原理

PCA 方法是一种将多个相关变量转化为少数几个相互独立的变量的有效的分析方法,其最终目的是能在数据表中找到能概括原数据表信息的关键数据或者能够将一个高维空间进行降维处理。也就是说,PCA 能通过对原始数据空间的数据压缩来抽取一种有代表性的数据统计特征。作为一种典型的统计过程控制理论,PCA 可在正常操作条件下,通过直接对历史过程数据的相关性进行提取来建立起正常工况下的主元模型,根据检验新的观测数据相对于过程的历史数据统计模型的背离程度来判断系统是否含有异常,从而实现对过程的性能监视及故障诊断。

基于过程历史数据建立起系统正常运行情况下的 PCA 模型后,可以应用多元统计控制量进行故障检测与诊断的分析,常用的统计量有两个,即 Hotelling T^2 统计量和平方预测误差 SPE 统计量。

定义 4.1 Hotelling T^2 统计量在主元子空间的定义为

$$T_i^2 = \sum_{j=1}^{m} \frac{t_{ij}^2}{s_{t_i}^2} \tag{4-1}$$

式中:T_i^2 是第 i 行的 T^2 统计量;m 是所选主元个数;t_{ij} 是主元 t_i 第 j 行的值;$s_{t_i}^2$ 是 t_i 的估计方差。其控制限可由 F 分布确定:

$$\text{UCL} = \frac{k(n-1)}{n-k} F_{k,n-1,\alpha} \tag{4-2}$$

式中:n 是主元模型的样本个数;k 是所选主元个数;α 是检验水平;$F_{k,n-1,\alpha}$ 是自由度分别为 k 和 $n-1$ 时 F 分布的临界值。

定义 4.2 SPE 统计量位于残差子空间,其定义为

$$\text{SPE}(k) = \| E(k) \|^2 = x(k)(I - P_tP_t^{\text{T}})x(k)^{\text{T}} \qquad (4-3)$$

式中:P_t 是主元模型中相应载荷矩阵的前 t 列所构成的数据矩阵。SPE 的控制限可由对应的正态分布确定:

$$Q_\alpha = \theta_1 \left[\frac{h_0 C_\alpha \sqrt{2\theta_2}}{\theta_1} + \frac{\theta_2 h_0 (h_0 - 1)}{\theta_1} + 1 \right]^{\frac{1}{h_0}} \qquad (4-4)$$

$$\theta_j = \sum_{i=t+1}^{T} \lambda_i^j, j = 1,2,3 \qquad (4-5)$$

$$h_0 = 1 - \frac{2\theta_1\theta_3}{3\theta_2^2} \qquad (4-6)$$

式中:C_α 是正态分布的 α 分位点。

SPE 和 T^2 统计量分别从不同角度反映了观测数据中没有被已选取的主元模型所解释的那部分数据变化情况。SPE 统计量的含义是表示第 k 时刻的观测数据 $x(k)$ 相对于其主元模型的背离程度,通过这个背离程度作为衡量主元模型对应的外部数据变化的一个测度;T^2 统计量的含义是反映每个数据采样点在幅值及变化趋势方面相对于已选取的主元模型的偏离程度,通过这个偏离程度作为评价主元模型内部所发生的变化情况的一个测度。

PCA 通过检测 T^2 和 SPE 两个统计量的取值是否超过与其对应的控制限确定实际系统是处于异常工况还是处于正常工况。当采集到的在线数据与建立主元模型的数据都处于正常的工况时,则主元模型中对应的 T^2 统计量和 SPE 统计量都将低于 PCA 模型所设定好的 T^2 与 SPE 控制限,反之,T^2 和 SPE 统计量的取值将超出这个设定好的控制限。

以一个 4 维多变量系统 $x = [x_1, x_2, x_3, x_4]^{\text{T}}$ 为例,则其观测矩阵 $X \in R^{4 \times 1990}$ 表示为

$$X = [x(1), x(2), \cdots, x(1990)] \qquad (4-7)$$

其中 4 代表系统状态变量的数目,每个变量的采样次数为 1990,且有

$$\begin{cases} x_1 = \sum_{i=3}^{7} \frac{1}{2}\sin\{2\pi[2^{i+1} + \text{rand}(2^i)]\bar{t}\}, 0 \leqslant \bar{t} \leqslant 1 \\ x_2 = N(0,1) \\ x_3 = x_1 + x_2 \\ x_4 = x_1 - x_2 \end{cases} \qquad (4-8)$$

由于测量变量难免带有一定的噪声,为了增加实验的真实性,在系统中引入均值为 0、方差为 1 的高斯白噪声,即

$$\bar{X} = X + 0.1N(0,1) \qquad (4-9)$$

在 $\bar{X}$ 的 800 ~ 1000 样本区间加入高频故障,所得信号如图 4-1 和图 4-2 所示。

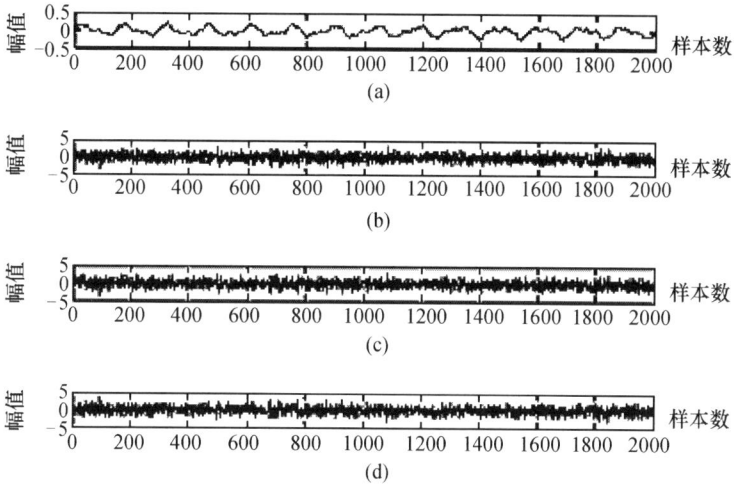

图 4 - 1　原始信号

（a）原始变量 x_1；（b）原始变量 x_2；（c）原始变量 x_3；（d）原始变量 x_4。

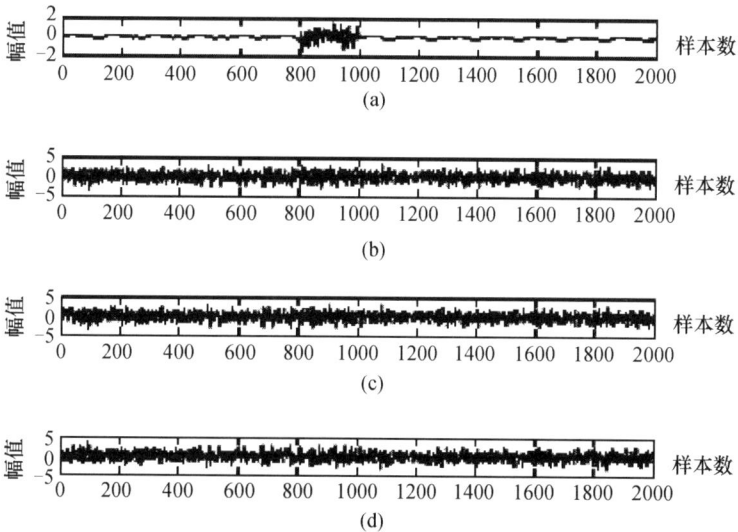

图 4 - 2　故障信号

（a）故障变量 x_1；（b）故障变量 x_2；（c）故障变量 x_3；（d）故障变量 x_4。

　　对系统做 PCA 分析,用累积方差百分比方法选取主元个数。经计算,本例中选取了两个主元,其中第一个主元对数据的解释程度为 73.4546%,而第二个主元对数据的解释程度为 25.1135%,二者对整个系统的数据解释程度为 98.5681%。图 4 - 3 给出了本算例中主元模型的两个主元对数据变化的累积解释程度。

　　主元模型中的每一个主元实质是数据矩阵 $\overline{X}$ 与这个主元相对应的载荷向量方向上的投影,由此构成的空间称为主元空间。图 4 - 4 显示了本算例中的两

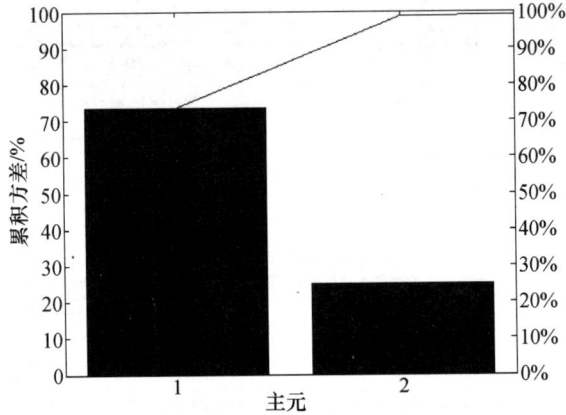

图 4 - 3　主元对原始数据的累积解释程度

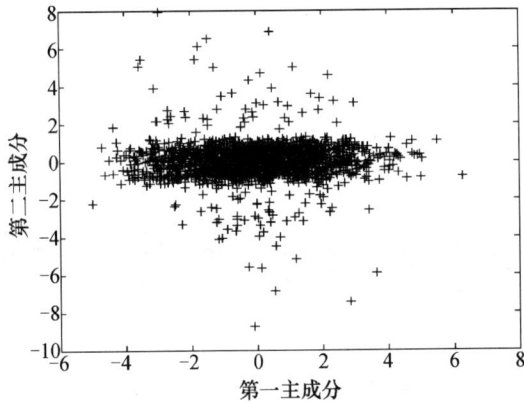

图 4 - 4　主元在主元空间中的位置

个主元在其组成的平面(实际上是一个超平面)中的位置,该图的横坐标为第一主元向量,纵坐标为第二主元向量。

尽管图 4 - 4 描述了本算例中两个主元在其主元空间中的位置,但是这并不能说明为何选择这两个主元。由于主元 t_i 的长度反映了数据矩阵 $\overline{X}$ 在载荷向量 p_i 方向上的覆盖程度。它的长度越长,数据矩阵 $\overline{X}$ 在载荷向量 p_i 方向上的覆盖程度就越全面。如果依据长度大小将各个主元做排列 $\|t_1\| > \|t_2\| > \cdots > \|t_m\|$,那么,与之对应的载荷向量 p_1 就代表数据矩阵 $\overline{X}$ 中数据变化最大的方向,与 p_1 相互垂直的 p_2 则代表了数据矩阵 $\overline{X}$ 中数据变化第二大的方向,依此类推,与 p_{m-1} 相互垂直的 p_m 则反映了数据矩阵 $\overline{X}$ 中数据变化最小的方向。图 4 - 5 较直观地描述了原始数据中 $x_1 \sim x_4$ 四个成分在主元空间中的投影情况,可以看出,x_1 和 x_2 的数据覆盖程度最大,而 x_3 和 x_4 的覆盖程度最小,因此,

114

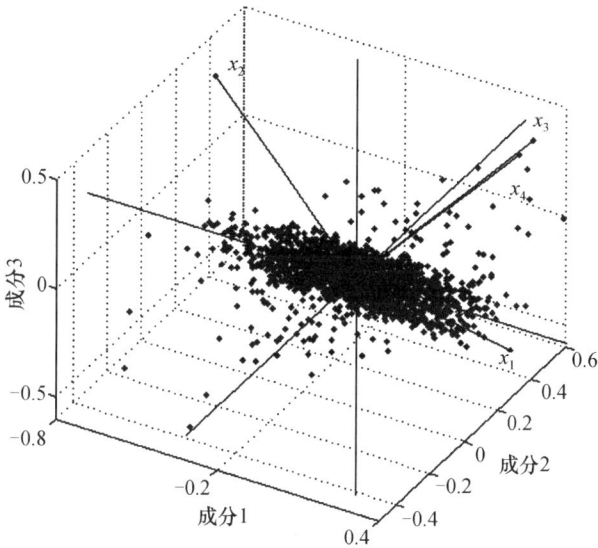

图 4-5 系统各向量在主元空间中的投影

选取 x_1 和 x_2 作为本算例的主元。这也正好验证了若一定程度的线性相关性存在于数据矩阵 $\overline{X}$ 中的各个变量中时,则数据矩阵 $\overline{X}$ 中的最主要的数据变化体现在最前面的若干载荷向量上这个规律。

在本算例中,T^2 和 SPE 均取 95% 的控制限。经过分析,可得到如图 4-6 和图 4-7 所示的 T^2 监控图和 SPE 监控图。

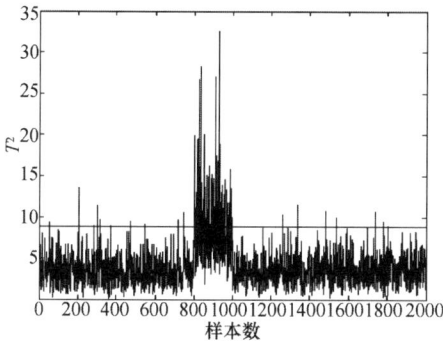

图 4-6 数据矩阵 X 的 T^2 监控图(PCA)

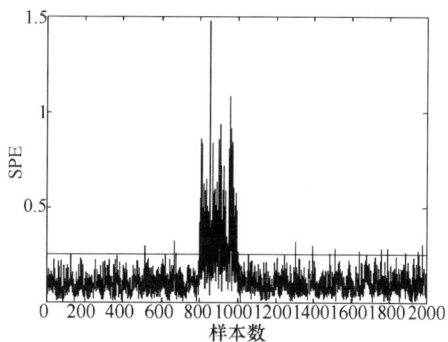

图 4-7 数据矩阵 X 的 SPE 监控图(PCA)

从图 4-6 和图 4-7 可以看出,T^2 监控图和 SPE 监控图都检测到了 800~1000 样本区间的故障,但是二者都出现了误报,只是 SPE 监控图相比于 T^2 监控图出现了较少的误报而已。因此单一尺度且模型固定的 PCA 在进行故障诊断时,效果并不理想。

4.3.2 基于特征样本提取的 KPCA 故障检测

标准 KPCA 故障检测方法是类似于第三章关于 KPCA 相关性方法的思想,将核函数引入 PCA 故障检测中。其基本思想是选取合理的核函数将输入向量非线性映射到一个高维特征空间,使输入向量具有更好的可分性,再采用 PCA 进行故障检测。但是标准 KPCA 故障检测方法需要计算和存储核矩阵对核矩阵进行特征值分解,其计算复杂度是 $O(M^3)$,而且对样本进行特征提取时,需要计算样本与所有训练样本间的核函数。当采样数大时,计算量大、耗时、效率低。

针对上述问题,采用基于特征样本的 KPCA(SKPCA)。解决 K 计算问题的方法目前分为两类:一类是将核矩阵某些数据用零替换,形成稀疏矩阵;另一类是削减训练样本数量。SKPCA 采用特征样本提取方法,样本的提取并非简单随机地减少样本数量,而是通过提取特征样本,确保样本分布不变。

1. 特征样本提取原理

利用原始数据 x_i 在映射空间 F 的像为 $\phi(x_i)$,设 $\phi_i = \phi(x_i)$,$k_{ij} = \phi_i^{\mathrm{T}}\phi_j$,从 N 个样本中选取的特征样本为 $X_s = \{x_{s1}, \cdots, x_{sL}\}$,那么其他样本在空间 F 中的映射可用特征样本的映射近似表示,即 $\hat{\phi}_i = \phi_s \cdot a_i$,其中:$\phi_s = (\phi_{s1}, \cdots, \phi_{sL})$,$a_i = (a_{i1}, \cdots, a_{iL})^{\mathrm{T}}$,$a_i$ 是使 $\hat{\phi}_i$ 和 ϕ_i 差异最小的系数向量,$\hat{\phi}_i$ 和 ϕ_i 的差异可表示为 $\delta_i = \|\phi_i - \hat{\phi}_i\|^2 / \|\phi_i\|^2$。

$$\min_{a_i} \delta_i = 1 - \frac{\boldsymbol{K}_{si}^{\mathrm{T}} \boldsymbol{K}_{ss}^{-1} \boldsymbol{K}_{si}}{\boldsymbol{K}_{ii}} \qquad (4-10)$$

式中:$\boldsymbol{K}_{ss} = (k_{s_p s_q})$,$1 \leq s_p \leq L$,$1 \leq s_q \leq L$,$k_{s_p s_q} = \phi^{\mathrm{T}}(x_{s_p})\phi(x_{s_q})$,$x_{s_p}$ 和 x_{s_q} 是特征样本,$\boldsymbol{K}_{si} = (k_{s_p i})$,$1 \leq p \leq L$。

从样本集中提取特征样本集 S 时,S 应满足代表性指标,为此最小化所有样本的差异 δ_i 的和,即

$$\min_S \left[\sum_{x_i \in X} \left[1 - \frac{\boldsymbol{K}_{si}^{\mathrm{T}} \boldsymbol{K}_{ss}^{-1} \boldsymbol{K}_{si}}{\boldsymbol{K}_{ii}} \right] \right], \max_S \left[\sum_{x_i \in X} \frac{\boldsymbol{K}_{si}^{\mathrm{T}} \boldsymbol{K}_{ss}^{-1} \boldsymbol{K}_{si}}{\boldsymbol{K}_{ii}} \right] \qquad (4-11)$$

定义 $J_s = \frac{1}{N} \sum_{x_i \in X} J_{si}$,其中 $J_{si} = \frac{\boldsymbol{K}_{si}^{\mathrm{T}} \boldsymbol{K}_{ss}^{-1} \boldsymbol{K}_{si}}{\boldsymbol{K}_{ii}} = \frac{\|\hat{\phi}_i\|^2}{\|\phi_i\|^2}$,则式(4-11)等于 $\max_S(J_s)$。从 J_s 和 J_{si} 的定义可以看出,它们的取值范围为 $(0,1]$。

2. 特征样本提取算法

特征样本提取算法是一个循环过程:首先提取样本集的中间样本,这时特征样本集 S 中只有一个样本($L=1$),计算 S 的代表性,即计算 J_s 和 J_{si},将最小 J_{si} 对应的样本添加到特征样本集 S 中;然后计算新的特征样本集 S 的代表性。

116

这个过程不断循环,直到 J_s 满足要求。特征样本提取算法的执行步骤如下:

（1）给定停止条件,即最大代表性指标 maxFitness;

（2）提取样本集的中间样本 x_m,$S = \{x_m\}$,$L = 1$;

（3）计算 J_s 和 J_{si},$1 < j < N$;

（4）提取样本 $x_{\hat{j}}$,$\hat{j} = \min_j J_{sj}$;

（5）$L = L + 1$,$S = S \cup \{x_j\}$;

（6）如果满足 $L < N$ 和 $J_s <$ maxFitness 转到（3）,否则转到（7）;

（7）S 为提取的特征样本。

在原 KPCA 算法中,第一个特征样本通过计算最大 J_s 来确定,采用中间样本作为第一个特征样本同样达到了原算法的效果,并且简化了计算。

3. SKPCA 算法仿真

以某运载火箭发动机系统中的一部分参数为例:共选取了 10 个参数,T 为燃烧室的温度,P 为燃烧室的压力,Pot 为发动机喷嘴压力,F_1 为燃料 1 的流量,F_2 为燃料 2 的流量,P_{1r} 为燃料 1 的储藏室压力,P_{2r} 为燃料 2 的储藏室压力,u_1 为控制阀 1 的开度,u_2 为控制阀 2 的开度,P_f 为控制阀气源压力,以某次试验数据组成数据样本集。样本集由 50 个样本组成并分别进行 KPCA 和 SKPCA 分析,并进行对比分析。

将预处理后的数据排成 $N \times 10$ 的矩阵（N 为样本数据长度）。按照上节给出的算法步骤进行特征提取并进行核主元分析,可以求得关系矩阵的特征值如表 4-1 所列。由表中知,取前 4 个主元,其累积贡献率为 97.61%（大于95%）,所以认为前 4 个主元已经能够反映全部 10 个变量的绝大部分信息了。

表 4-1 SKPCA 模型的贡献率

序号 \ 主元	矩阵特征值	方差贡献率/%	累积贡献率/%
1	0.4208	0.7864	78.64
2	0.0461	0.0861	87.25
3	0.0362	0.0676	93.01
4	0.0194	0.0362	97.63
5	0.0115	0.0215	99.78
6	0.0009	0.0017	99.95
7	0.0002	0.0003	99.98
8	0.0001	0.0002	100

仿真结果对比分析如图 4-8~图 4-11 所示。

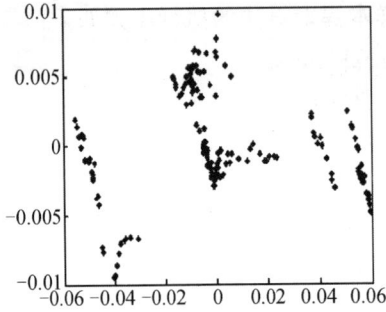

图4-8 KPCA方法的前两个主分量分布

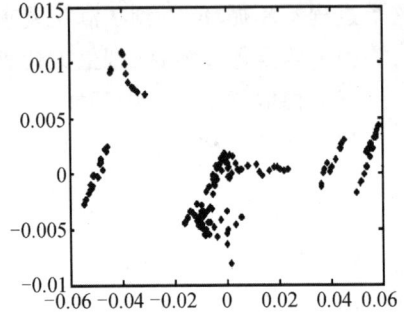

图4-9 SKPCA方法的前两个主分量分布

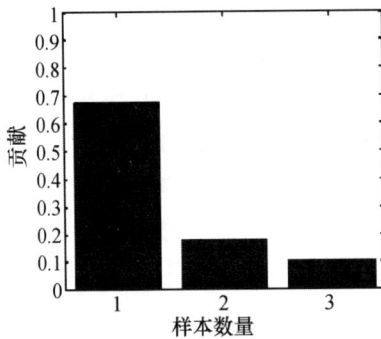

图4-10 KPCA特征值贡献图

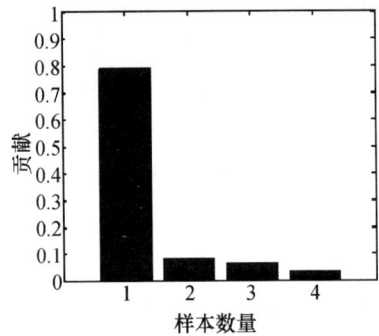

图4-11 SKPCA特征值贡献图

如图4-8~图4-11所示,将SKPCA应用于某运载火箭动力系统的某次试验过程,并与基于全体样本的KPCA比较,结果显示,SKPCA采用特征样本提取方法,样本的提取并非简单随机地减少样本数量,而是通过提取特征样本,样本分布结构基本不变,KPCA模型的仿真时间为0.416s,而SKPCA模型的仿真时间为0.094s,明显解决了 K 的计算问题,提高了算法的执行效率,同时保证SKPCA模型与全体样本建立的主元模型基本相同。

4.3.3 基于SKPCA的多尺度故障检测

在实际的过程监控中,KPCA方法还有不足之处,一方面,过程数据经常掺杂噪声和干扰,例如白噪声和电磁干扰,直接采用这样的数据进行KPCA对过程监控时,将影响信息处理分析结果,降低结果的置信水平;另一方面,KPCA方法需要计算核矩阵,它的大小是采样数的平方,如果采样数较大时,计算量大并且耗时,影响效率。但是这点已经在4.3.2节采用SKPCA的方法改善。针对第一点,采用多尺度核主元分析方法,通过对原始数据经正交小波变换后,对每一个尺度上的小波系数均进行小波阈值消噪,再利用消噪后的小波系数矩阵进行核主元分析及小波重构,最后利用综合尺度的核主元分析模型进行在线监测。这样既减少了误差,又顾及到数据的多尺度特性。

考虑到运载火箭系统中过程变量的数量大的特点,如果先对采样数据进行消噪处理,再进行多尺度分析,在理论上效果很好,但实际应用中,效果并不理想。主要原因是当采用小波来消噪时,对数据进行了一次小波分解和重构之后,再对消噪后的信号进行多尺度核主元分析(MSKPCA),又进行了一次小波分解与重构,这样会造成步骤上的重叠,也会增加不必要的时间开销。因此,本节将小波消噪和多尺度主元分析方法结合起来,并利用统计检测方法对过程变化或故障变量进行检测。

1. MSKPCA 的数学分析

MSKPCA 综合应用小波变换分析数据的多尺度特性,及 KPCA 挖掘数据之间的非线性、动态特性和相关性,从而提高故障检测的准确性。其具体分析步骤如下:

首先假设数据矩阵为 $X(n \times m, n$ 为采样点数,m 为变量个数$)$,WX 为 X 经小波变换后的小波系数矩阵,其中,$W(n \times n)$ 是由滤波器系数所组成的正交小波算子,如式(4 – 12)所示。

$$W = \begin{bmatrix} h_{L,1} & h_{L,2} & & & & & h_{L,N} \\ g_{L,1} & g_{L,1} & & & & & g_{L,1} \\ g_{L-1,1} & & & g_{L-1,\frac{N}{2}} & 0 & & 0 \\ 0 & & 0 & & g_{L-1,\frac{N}{2}+1} & & g_{L-1,1} \\ & & & & & & \\ & & & & & & \\ & & & & & & \\ & & & & & & \\ & & & & & & \\ g_{1,1} & g_{1,2} & 0 & & & & 0 \\ 0 & 0 & & & 0 & g_{1,N-1} & g_{1,N} \end{bmatrix} = \begin{bmatrix} H_L \\ G_L \\ G_{L-1} \\ \vdots \\ G_m \\ \vdots \\ G_1 \end{bmatrix}$$

$$(4 – 12)$$

式(4 – 12)中 ,G_m 是 $2\log_2^{n-1} \times n$ 维矩阵,由小波滤波器系数组成,$m = 1, 2, \cdots, L, L$ 为最大分解层次;H_L 由最大层尺度滤波器系数组成。矩阵 X 和 WX 之间的 KPCA 的关系可由以下两个定理来描述。

引理4.1 数据矩阵 X 和 WX 的负荷向量相等,WX 的得分向量是 X 得分向量的小波变换。

证明:由于数据矩阵 X 每一列的小波变换都选择相同的正交小波算子 W,因而有下式成立。

$$(WX)^{\mathrm{T}}(WX) = X^{\mathrm{T}}W^{\mathrm{T}}WX = X^{\mathrm{T}}X \qquad (4-13)$$

此式证明小波系数协方差矩阵与原始数据协方差矩阵保持一致,根据负荷向量的概念,式(4-13)可进一步证明 X 和 WX 的负荷向量相同。

既然 X 的主元分析可由下式描述,$X = TP^{\mathrm{T}}$,则 $WX = (WT)P^{\mathrm{T}}$,因而 WX 的得分向量是 X 得分向量的小波变换得证。

MSKPCA 算法从多尺度的角度出发,不仅包括对各层小波系数分别进行KPCA,而且为了减少误报,算法的最后一步将超出控制限的小波系数进行小波重构,然后再一次对重构后的数据进行主元分析。

与原始数据矩阵协方差保持一致的小波变换系数的协方差矩阵可写成各尺度协方差矩阵的累加和:

$$(WX)^{\mathrm{T}}(WX) = (H_LX)^{\mathrm{T}}(H_LX) + (G_LX)^{\mathrm{T}}(G_LX) + \cdots +$$
$$(G_mX)^{\mathrm{T}}(G_mX) + \cdots + (G_1X)^{\mathrm{T}}(G_1X) \qquad (4-14)$$

当过程中首次出现异常情况时,首先被细尺度上的小波系数监测到;异常情况持续发生时,较粗尺度上的小波系数又可监测到;最终尺度系数(最粗尺度上的低频系数)也会监测到这种变化。然而,当过程由异常恢复到正常时,尽管细尺度上的小波系数很快监测到变化,但由于尺度系数对数据变化的不敏感性,仍保持在控制限外,所以只通过分析各层小波系数来判断系统状态,会造成误报或延误的后果。

因而将所有的尺度综合分析,其中进行主元建模所用的协方差矩阵,可通过将所在尺度发生异常情况的协方差矩阵组合计算。

$$(H_{m-1}X)^{\mathrm{T}}(H_{m-1}X) = (H_mX)^{\mathrm{T}}(H_mX) + \gamma(G_mX)^{\mathrm{T}}(G_mX)$$
$$(4-15)$$

式中

$$\gamma = \begin{cases} 1, \text{KPCA 结果表明在尺度上发生异常情况时} \\ 0, \text{其他表况} \end{cases}$$

利用这些矩阵建立对应的主元分析模型进行故障检测。由于信号经小波分解后得到的小波系数近似相互独立,即小波系数序列基本上不存在严重的自相关性,因此,对小波系数建模同时可以较好地克服传统 KPCA 建模中的序列相关性问题。由于小波变换仍是正交变换,因此各个尺度上的 KPCA 模型并不会改变变量之间的相互关系。

120

2. MSKPCA 算法分析

过程由于受到具有不同时频局部特征的各种事件的作用,往往都具有复杂的多尺度特性,而常规的统计监测方法 PCA 等都只考虑单一尺度的情况。采用的多尺度核主元分析是一种能够同时利用多个尺度上的信息的多尺度监测方法。MSKPCA 构建故障检测的框架如图 4 – 12 所示,其基本思想是:对于来自过程数据库的测量数据阵 $X \in R^{N \times m}$,首先对矩阵进行小波变换,将各个变量的数据在不同尺度上进行分解,得到数据阵的近似部分 A_J 和细节部分 D_1,D_2,$\cdots$,D_J(假设最大分解尺度为 J),然后对各个尺度上的小波系数重构后得到 $(J+1)$ 维重构矩阵 $X^{[0]}$,$X^{[1]}$,$\cdots$,$X^{[J]}$。由式(4 – 14)可知 $X = X^{[0]} + X^{[1]} + \cdots + X^{[J]}$。所研究的 MSKPCA 方法,增广矩阵为 $\tilde{x} = [(x^{[0]})^{\mathrm{T}} (x^{[1]})^{\mathrm{T}} \cdots (x^{[J]})^{\mathrm{T}}]^{\mathrm{T}}$,则在非线性特征空间的点积核函数可表示为

$$k(\tilde{x}_s, \tilde{x}_t) = \exp(- \parallel \tilde{x}_s - \tilde{x}_t \parallel^2 / c)$$

$$= \prod_{j=0}^{J} \exp(- \parallel \tilde{x}_s^{[j]} - \tilde{x}_t^{[j]} \parallel^2 / c) = \prod_{j=0}^{J} k(\tilde{x}_s^{[j]}, \tilde{x}_t^{[j]}) \qquad (4-16)$$

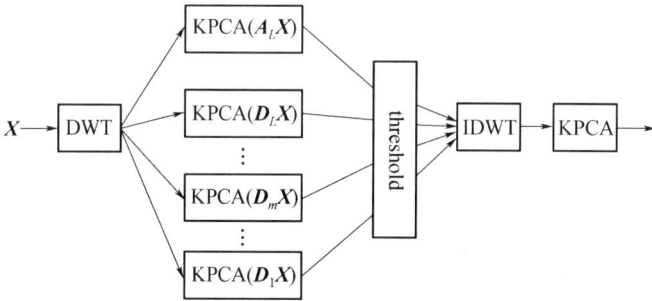

图 4 – 12　MSKPCA 的分析步骤

式(4 – 11)中的第三个等式满足高斯核函数条件,$k(\tilde{x}_s^{[j]}, \tilde{x}_t^{[j]})$ 表示在尺度 J 上的局部核函数。在 MSKPCA 模型中为了应用的灵活性,允许所有的局部核函数不一致,为了避免计算的复杂性,影响算法效率,所有的局部核函数均一致,最后对重构矩阵做 KPCA 分析,对数据进行降维处理,提取数据的主要信息用于故障检测。

MSKPCA 算法利用小波变换分析过程数据的多尺度特性,对不同尺度下的数据使用基于核函数的非线性变换,将数据转换到线性空间中作 PCA 分析。MSKPCA 模型的建立过程如下:

(1)选取 2^N(N 为正整数)个正常数据样本,利用第二章中的小波阈值消噪方法进行数据预处理后,对样本的每一列进行小波多尺度分解,得到每列数据各个细尺度和粗尺度的小波系数,并在各个尺度上建立小波系数矩阵;

(2)对每个尺度都分别进行核主元分析,计算协方差矩阵、主元分值,然后

选取合适的主元个数并计算平方预测误差 SPE 统计量,及其控制限,以 SPE 控制限为阈值,选取大于等于阈值的小波系数;

(3) 对具有显著事件的尺度进行组合,将这些尺度上所选分值和阈值分值重构,对重构后的矩阵进行核主元分析,计算 T^2 和 SPE 统计量及其控制限,确定主元个数,建立综合主元模型,并利用综合主元模型实现故障检测。

为了模拟在实际系统运行过程中所获取的数据中,其故障可能发生在不同的频段之上的现象,从而说明进行多尺度故障诊断的必要性,以下以一个同时具有恒偏差、缓变、突变和高频正弦等几种类型故障的噪声信号为例,如图 4-13 所示,对其做离散小波变换,提取出各尺度上的细节,也即故障的特征信号。

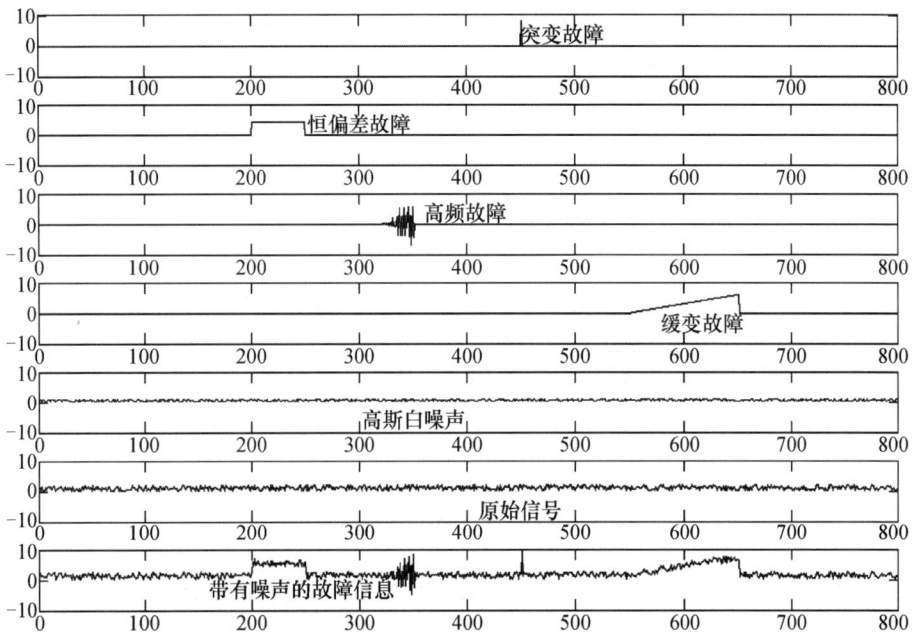

图 4-13　染噪的拟合故障信号

对图 4-13 所示的信号采用 sym 小波分解,其分解后在各个尺度上所表示的细节特征如图 4-14 所示。分析图 4-13 易知,第一层的细节信号主要描述了合成信号中的高频正弦故障和突变故障;第二层细节信号对 4 种故障都有所表征,但是只能较清晰地辨识出高频正弦故障;第三层细节信号则主要反映了恒偏差和缓变故障;而第四层细节信号清晰地展示了缓变故障;第五层细节信号则清晰地显示了恒偏差故障。通过对图 4-14 所示的细节特征分析,可以得到这样一个结论:出现在系统实际运行过程中的恒偏差和缓变故障主要是通过待检测数据中的粗尺度细节特征所表征,而出现在系统实际运行过程中的突变

122

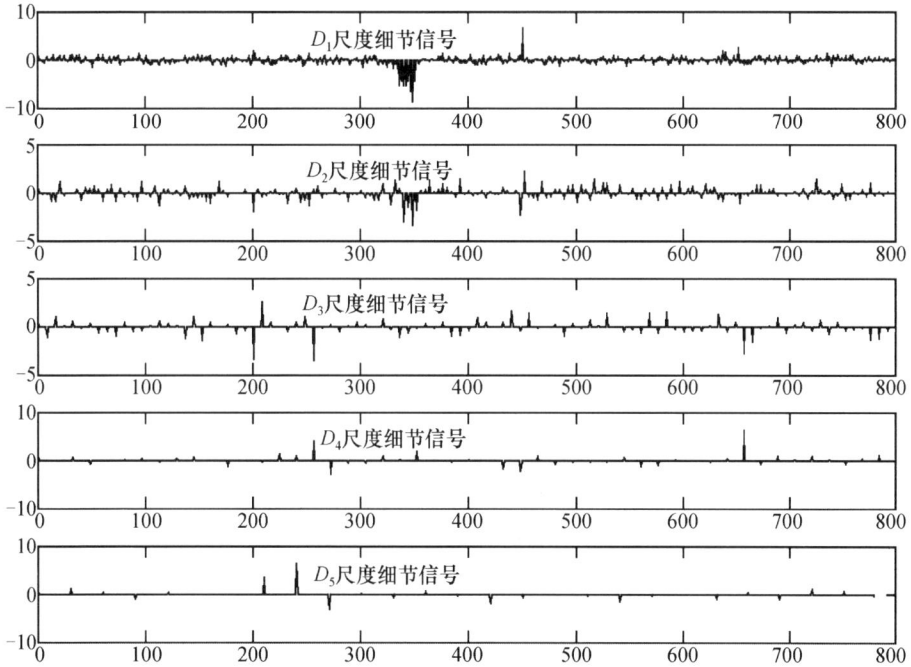

图 4-14　拟合信号离散小波分解特征示意图

与高频正弦故障,则主要是由待检测数据中的细尺度特征细节加以体现。

4.3.4　MSKPCA 算法的改进原理

传统的 MSKPCA 方法虽然具有多尺度建模的特点,但存在以下两点问题。首先,大多数过程中的运行数据均含有噪声,需要对采样数据进行消噪处理。但是如果先对其进行消噪处理,再运用 MSKPCA 方法进行分析,不可避免地会大大增加运算量,导致不必要的延迟,从而不能有效地应用于工业过程中的故障检测与诊断。其次,MSKPCA 统一选择各个尺度的 SPE 或 T^2 控制限为阈值对每个变量去噪,它的去噪方式是通过忽略某些细尺度模型的信息来实现的。而实际上,每个变量的噪声级别和大小是不同的,不能采用统一的标准去噪;并且各个细尺度的信息往往含有过程变化的信息,可以用来协助故障检测,而不能简单地忽略。

针对传统 MSKPCA 的缺点和不足,采用一种改进的 MSKPCA 方法,对采样数据的每一列进行正交小波分解后,计算每一尺度系数上的噪声标准差 δ 和阈值 T,采用小波阈值去噪方法去除每一尺度系数矩阵中的噪声和异常点,使得每一列的噪声水平普遍较低,从而达到消噪的目的,然后对低频系数和消噪后的高频系数进行核主元分析,以及多尺度分析,然后对超出控制限的小波系数进

123

行小波重构,再一次对重构后的数据进行核主元分析,以达到将小波消噪方法与多尺度核主元分析方法合二为一的目的,这样不但避免了水平不等的噪声数据对各尺度建模的影响,同时也优化了算法结构,提高了执行效率,进而能够更有效地实现对过程的故障检测。

改进 MSKPCA 方法的原理框图如图 4 – 15 所示,其中 WTDN 代表小波阈值消噪。

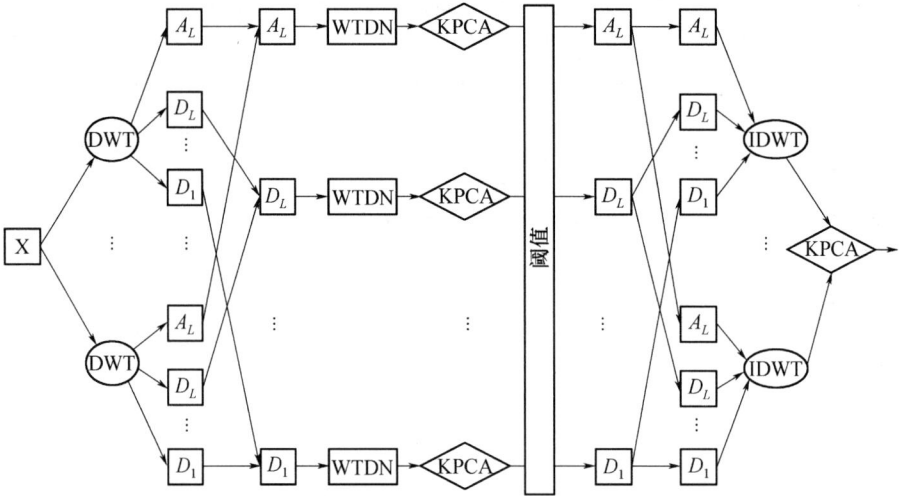

图 4 – 15 MSKPCA 方法原理框图

1. 基于改进 MSKPCA 的故障检测算法

改进 MSKPCA 算法利用小波阈值去噪消除了过程数据中的噪声,并且将小波阈值消噪与多尺度核主元分析过程合并,简化了算法的结构,同时提高了故障检测的效率,算法如下:

(1) 根据 4.3.2 节中介绍的特征样本提取算法对数据样本进行筛选,在保证 SKPCA 模型与用全体样本建立的主元模型基本相同的前提下,组成新的样本集,以提高算法效率。

(2) 选取 2^N(N 为正整数)个正常数据样本(便于小波分解),每一列对应一个变量,组成原始数据矩阵 $X_{n \times m}$(n 为样本数,m 为变量数),对矩阵 $X_{n \times m}$ 的每一列进行中心化、标准化处理,使各变量的基点相同。

(3) 对标准化后的原始数据矩阵 $X_{n \times m}$ 的每一列数据进行正交小波变换,得到各个粗尺度和细尺度的小波系数,并对每一尺度系数的每一列数据,分别计算噪声标准差 δ 和阈值 T,进行小波消噪阈值处理。

(4) 将每一列向量在相同尺度上得到的系数组合成系数矩阵,每个矩阵代表不同尺度的变化趋势。对各层尺度的小波系数矩阵分别进行核主元分析,计

124

算协方差矩阵、主元得分值,然后选取合适的主元个数,并计算 T^2 统计量和平方预测误差 SPE 统计量,以及各自的控制限,得到各尺度下的主元模型。

(5) 根据 T^2 和 SPE 统计指标是否超限来判断每个尺度是否含有重要信息,在含有重要信息的尺度上,以 SPE 统计量的控制限为阈值,对每一列数据进行阈值去噪并重构,得到重构后的小波系数,组成与原矩阵 $X_{n \times m}$ 同样大小的重构矩阵 $X'_{n \times m}$(即综合尺度)。

(6) 对矩阵 $X'_{n \times m}$ 进行核主元分析,用累积方差百分比的方法确定主元个数,计算 T^2 和 SPE 统计量的控制限,得到综合尺度 KPCA 模型。根据控制图的最后一点来判断新测试数据是否正常。

2. 仿真分析

为验证改进 MSKPCA 算法的有效性,基于以下方程选取 256 个正常样本数据进行分析。

$$\begin{cases} \tilde{x}_1(t) = 1.5 \times N(0,1) \\ \tilde{x}_2(t) = 2.5 \times N(0,1) \\ \tilde{x}_3(t) = \tilde{x}_1(t) + 2\tilde{x}_2(t) \\ \tilde{x}_4(t) = 3\tilde{x}_1(t) - \tilde{x}_2(t) \end{cases}$$

由以上 4 个方程组成矩阵 $\tilde{X}(k):\tilde{X}(k) = [\tilde{x}_1(k)\tilde{x}_2(k)\tilde{x}_3(k)\tilde{x}_4(k)]$。

按照改进 MSKPCA 模型建立的方法对数据去噪并建立综合 KPCA 模型,用累积方差百分比方法选取主元个数,图 4 - 16 给出了不同主元个数的主元模型对数据变化的累积解释程度。

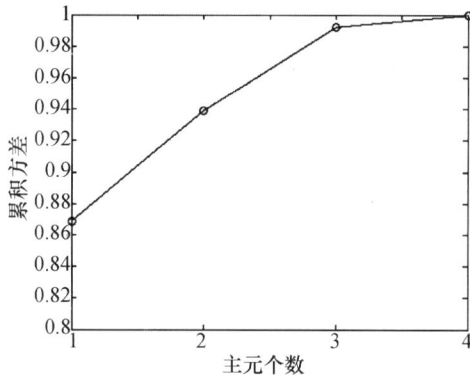

图 4 - 16 不同主元个数对数据的累积解释程度

从图 4 - 16 可以看出,前 3 个主元可以解释 99% 的数据变化,所以保留前 3 个主元作为综合主元模型的主元。计算出 SPE 统计量 95% 可信度的控制限为 0.3832,T^2 统计量 95% 可信度的控制限为 6.8542。其中,小波消噪阈值 $\lambda = 3.5482$,是根据 Sqtwolog 阈值规则得出。这样就得到了改进多尺度核主元模型,同时也分别建立传统 KPCA 和传统 MSKPCA 的主元模型,以便进行方法对比。

模型建立后,在各变量的第 176 到 225 个样本点引入幅值为 0.5 的均值偏移故障,并在第一个变量的第 20、50、120 个样本点引入异常点,分别利用 KP-CA、MSKPCA 和改进 MSKPCA 方法对数据进行故障检测。下面给出了各种方法的 T^2 和 SPE 监控图和各个方法的性能对照表。

从图 4 – 17(a)、(b)中可以看出,KPCA 方法检测到了部分故障,但存在一些误报和漏报,T^2 监控图中未检测到 185 ~ 200 之间的故障,并把引入的异常点及第 100、145 个采样点误报成故障,SPE 监控图漏报较少,但也错把异常点误报。由图 4 – 17(c)、(d)可以看出,MSKPCA 出现的漏报较少,只有 T^2 监控图中 190 ~ 196 之间的样本点未被检测到故障,但两种监控图都错把第 20、50、120 样本点的异常数据当成故障。从图 4 – 17(e)、(f)中可知,改进 MSKPCA 不但准确检测到故障,而且很好地消除了异常点,仅存在有少量的漏报。还可以看出在第 176 个样本点就检测到了故障,其他两种方法都有一点延迟。

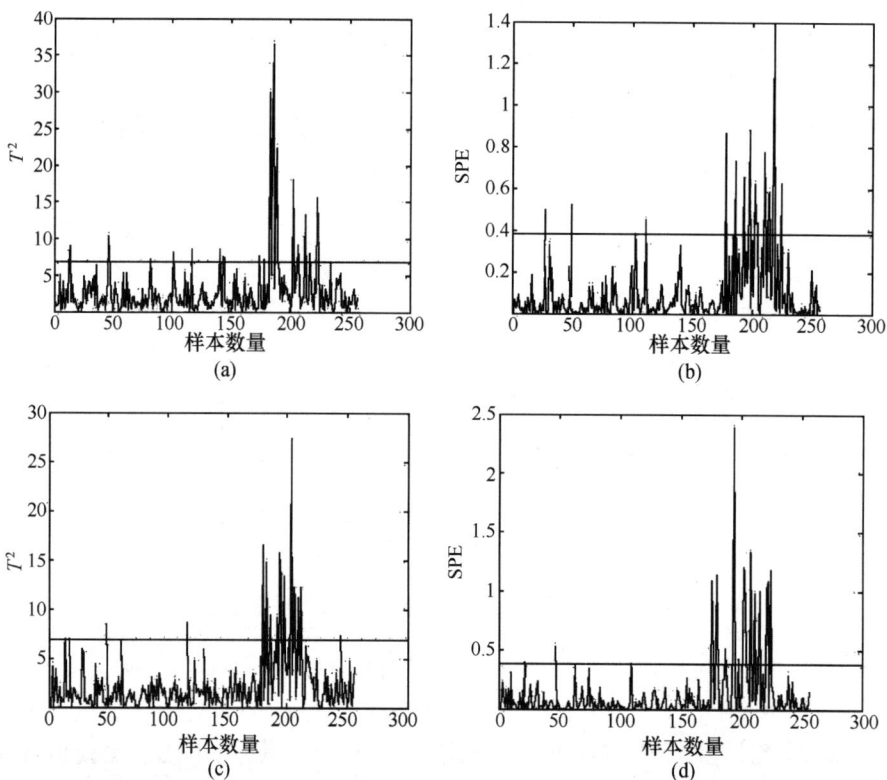

(a)

(b)

(c)

(d)

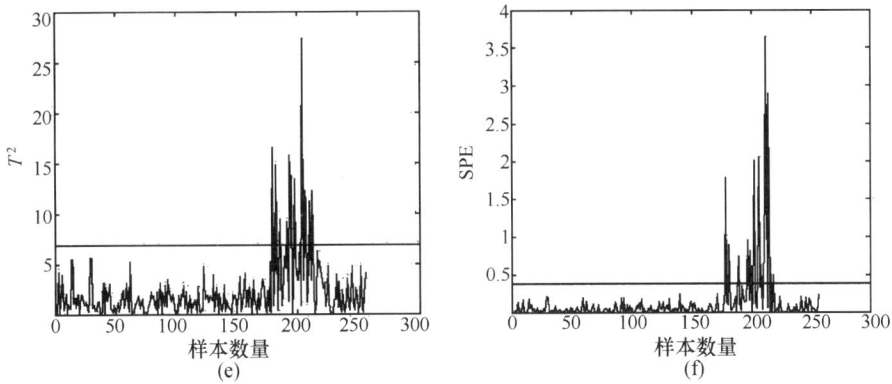

图 4 - 17 T^2 和 SPE 监控图

(a) T^2 监控图(KPCA);(b) SPE 监控图(KPCA);(c) T^2 监控图(MSKPCA);
(d) SPE 监控图(MSKPCA);(e) T^2 监控图(改进 MSKPCA);(f) SPE 监控图(改进 MSKPCA)。

表 4 - 2 给出了基于 SPE 统计量的不同方法的错报率和漏报率。在改进 MSKPCA 方法中,误报率为 0,说明在应用小波阈值去噪后,明显去除了噪声和异常点;漏报率为 2.03% ,与传统的 KPCA 和 MSKPCA 方法相比,漏报率大大降低。

表 4 - 2   不同主元分析方法的性能对比(SPE 统计量)

性能指标 算法	误报率/%	漏报率/%
KPCA	13.8	26.7
MSKPCA	7.13	12.9
改进 MSKPCA	0	2.03

由表 4 - 3 可以看出,改进 MSKPCA 方法比传统的 MSKPCA 方法要快大概 1s ~ 2s,平均可以节约 6% ~ 7% 的时间。

表 4 - 3   不同分析方法的所耗时间

方法	KPCA	MSKPCA	改进 MSKPCA
时间/s(T^2)	10.23	21.36	19.78
时间/s(SPE)	10.47	21.58	20.09

综上所述,通过试验对比分析,改进 MSKPCA 方法具有明显的优越性,在减少算法时间的前提下,又提高了检测质量。

由于实际过程中的数据中可能含有大量噪声,这些噪声是与故障信息相混淆的。因此,采用传统的分析方法会引起误报。针对系统的测量变量多、数据处理量大等问题,为了提高核主元分析方法的效率,本章采用特征样本提取的方法对 KPCA 样本进行筛选后再进行多尺度核主元分析方法,而针对上述问题,改进后的 MSKPCA 的基本思想是:对原始数据经小波正交变换后,对各层小波系数进行小波阈值去噪,然后对各个尺度上的小波系数矩阵进行核主元分析。利用各个尺度主元模型的 T^2 和 SPE 统计量控制限为阈值对小波系数重构,得到综合尺度数据矩阵,并建立综合主元分析模型。

改进的 MSKPCA 方法除了采用特征提取的方法减少数据样本,提高 KPCA 算法执行效率外,还将小波消噪与多尺度和多尺度核主元分析结合起来,不但去除了原始数据中的噪声,还在不同尺度上对数据进行了分析检测,减少了误报率和漏报率,又节省了时间,提高了故障诊断的准确率。性能测试表明,改进的 MSKPCA 方法能更早更准确地检测到故障信息。

4.3.5　基于滑动时间窗的 MSKPCA 在线故障检测

对测量数据进行离线分析时,从中选取具有代表性的数据,建立系统输入与输出之间的映射关系,一般模型建立后就不再变化。但将这种模型应用在时变的系统时,系统在工作时只与工作点附近的数据有较大的相关性,与远离工作点区域的数据相关性不大,系统工作一段时间后,工作域会发生迁移,用固定的数据建立的模型,随着时间和条件的变化会导致模型不能准确地描述系统的实际情况。

因此,应用滑动时间窗的方法,通过不断加入新的数据,自动更新监控模型,确保模型的准确性,提高故障检测的准确率。

在理想的情况下,发动机正常状态的工作参数应该是平稳的,即其均值和方差是不变的(视为与时间无关的时不变系统)。但随着使用时间的增长,由于磨损和老化、原材料的变化和传感器的偏移等,发动机的工作参数是缓慢时变的,其均值和方差在正常的运行情况下会随时间漂移。同发生故障情况相比,这种漂移是缓慢的,并属于发动机正常运行情况,但是会随时间累积逐步影响模型的精度。

因此,用一个时不变的固定 MSKPCA 模型来监控时变系统的性能,可能由于时间累积引起误报警,会引起故障检测、诊断的偏差。为此,需要根据实时采集的正常数据,采用自适应建模方法自动更新监控模型。故引进将滑动时间窗与 MSKPCA 相结合的方法,通过不断加入实时采集的数据,自动更新监控模型,使 KPCA 监控模型能适应这种时变系统的正常参数漂移,可提高故障检测的快速性及准确率。

1. 滑动时间窗的基本思想

通过不断加入最近采集每台发动机的实际正常样本数据,同时,舍弃相应

128

数量的旧的原始建模所采用的通用的正常样本数据,重新形成新的正常样本集(新样本集的样本个数始终不变);利用新的样本集重新建模、确定主元数、计算统计量及其控制限,并以更新后的 KPCA 模型进行检测,最终达到进一步提高故障检测效果的目的。

令滑动窗口长度为 w,移动步长为 h,则滑动窗口为

$$X_{w+h} = \left[x_{h+1}, \cdots, x_m, \cdots, x_{w+h} \right] \tag{4-17}$$

如图 4-18 所示。

图 4-18 滑动窗口示意图

其中,滑动窗口长度不能太小,否则不能从统计上组成协方差矩阵,从而大大影响统计量的有效性及监控检测结果的准确性。但窗口长度也不能太大,否则核矩阵 K 维数很大,计算量也随之大大增加,因此要合理选择窗口。而移动步长的选择也要根据具体的研究对象情况而定。如果系统(过程)的参数漂移较快,则相应的移动步长可取较小值,特殊情况可取步长为 1,即只要采集到一个正常数据,就对 KPCA 模型进行更新。但同时这样也会由于更新频率过快,导致计算量增加,不利于在线监控。因此,对于参数漂移较慢的系统(过程),不必每次都进行 KPCA 模型更新,步长可适当取得大些。

2. 基于滑动时间窗的 MSKPCA 在线故障检测算法

基于滑动时间窗的 MSKPCA 在线故障检测算法流程如下:

(1)选取正常状态样本数据,用于初始化滑动数据窗口。选定滑动窗口长度保持为 $w = 2^n$(n 为正整数),便于进行小波变换。移动步长设为 h,置累积数 $i = 0$。

(2)计算窗口数据的均值和方差,并采用该均值和方差对滑动窗的数据进行标准化处理,使各变量的基点相同。

(3)对标准化后的数据矩阵的每一列进行正交小波变换,并对各层小波系数进行小波消噪阈值处理后分别进行核主元分析,计算小波系数的协方差矩阵、主元得分值,根据累积方差百分比的方法选取合适的主元个数,计算 T^2 统计量和平方预测误差 SPE 统计量,以及各自的控制限,得到各尺度下的主元模型。

(4)对侦察到显著事件的尺度进行组合,将这些尺度上的小波系数进行重构,计算 T^2 和 SPE 统计量的控制限,得到综合尺度 KPCA 模型。

(5)采集一个新的数据 x_{new},用在步骤(2)中确定的均值和方差对新采集的数据进行标准化处理,然后重复步骤(3),并与步骤(3)中各尺度模型的控制限比较,如果超过控制限,则说明该尺度可能存在异常情况,协助最终尺度进行故

障检测,再按照步骤(4)的方法得到综合尺度的数据,进行核主元分析,计算 T^2 和 SPE 统计量,用(4)中的模型判断统计量是否超限;如果 T^2 和 SPE 没有超标,则认为新采集的样本 x_{new} 为正常状态的样本,并执行累加操作 $i = i + 1$,否则,认为 x_{new} 属于故障样本,不执行累加操作。

(6) 如果连续 h 次新采集的数据均为正常状态的样本数据(此时 $i = h$),则更新数据窗口,窗口向前移动 h 个步长,把 h 次新采集的样本实测数据加入到正常样本集中;同时,为保持窗口长度不变,需从原窗口的 w 个正常样本中去掉 h 个旧样本,至此,正常样本集得到更新,然后置 $i = 0$,重复步骤(2)~(4);如果累积数 $i < h$,则窗口不移动,正常样本集不改变,模型不更新,重复步骤(5),用原模型继续检测。

(7) 对步骤(5)的故障数据样本,绘制各个变量对 SPE 统计量的贡献图,以及各个变量对选取主元的贡献图,确定引起故障的变量。

4.3.6 实例分析

本节以实际测试的振动信号为诊断对象,通过对其进行数据实验来验证多尺度故障诊断的有效性。在获取 8×2000 的数据样本后(如图 4 - 19 所示,其中故障发生在 619 ~ 632 及 938 ~ 984 两个样本区间,故障发生的位置为 1 号和 2 号传感器所在位置),分别采用传统 PCA、传统 KPCA、SKPCA、基于递归多尺度核主元分析(MSKPCA)及基于滑动窗口的多尺度主元分析(MW - MSKPCA)进行数据实验,并对实验结果进行了深入细致的分析。

关于以上 5 种算法的具体步骤在前面各章有详细论述,这里只介绍如何用 MSKPCA 和 MW - MSKPCA 进行故障诊断,其他算法中的监测性能指标参数都与 MSKPCA 算法中所采用的性能指标参数相同。

采用 MSKPCA 所进行的数据实验,首先选取该设备大小为 8×2000 的正常数据作为训练样本,在长度为 $N = 8$ 的数据窗口内采用边缘校正滤波器进行小波分解(分解的尺度为 $L = \log_2^{2000} - 5 = 5.956 \approx 6$),在得到各层小波分解系数之后,利用公式 $T = \sigma\sqrt{2\ln(n)}$, 即 $T = (0.002753/0.6745) \cdot \sqrt{2\ln(2000)} = 0.01591$ 对这些小波系数进行阈值消噪;对消噪后的小波系数在每一个尺度进行自适应主元分析,RPCA 的初始数据块的设定为 8×256,计算出相应的小波系数协方差矩阵、主元得分向量和载荷向量,接着根据主元选取规则选取合适的主元个数,根据 HotellingT^2 统计量和平方预测误差 SPE 的定义计算出统计控制限的数值解为 95%;在得到参考主元模型后,将该设备 8×2000 的故障数据作为测试样本输入到主元模型中,当系统发生故障时,就会在各个尺度上检测到相应显著事件的发生,将各个尺度上大于统计控制限的小波系数给予保留,然后对保留的小波系数进行小波重构,得到重构的数据矩阵;计算出重构后数

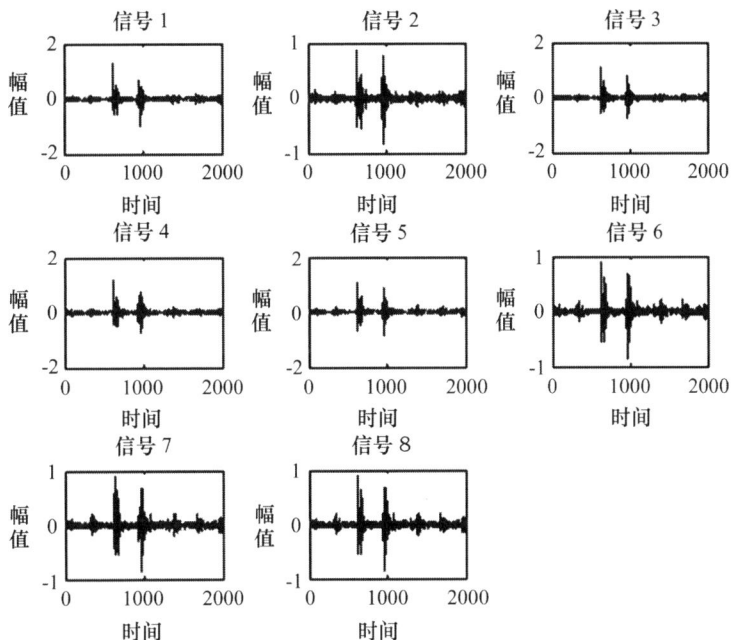

图 4-19 原始信号图

据矩阵小波系数协方差矩阵、主元得分向量和载荷向量,并根据 HotellingT^2 统计量和平方预测误差 SPE 的定义计算出重构数据矩阵的 T^2 和 Q 统计量,当重构数据矩阵的 T^2 和 Q 统计量超过了参考主元模型所设定的统计控制限时,就会发出故障的警报,从而实现故障诊断。

下面分别给出用传统 PCA、传统 KPCA、SKPCA、MSKPCA、基于滑动窗口多尺度主元分析(MW - MSKPCA)对 8 个振动信号诊断后得到的 SPE 图及 T^2 图。

在图 4 - 20 所示的设备实验数据的 SPE 统计监控图中,从图 4 - 20(a)~图 4 - 20(e)依次为采用传统 PCA、传统 KPCA、SKPCA、MSKPCA 和 MW - MSKPCA 算法所得到的 SPE 统计监控图。

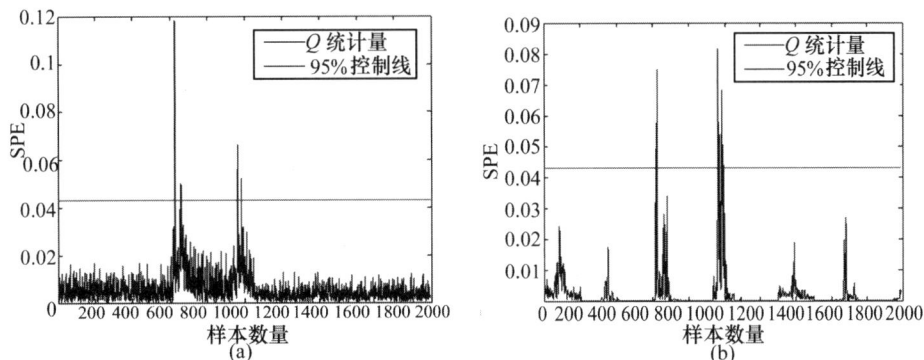

131

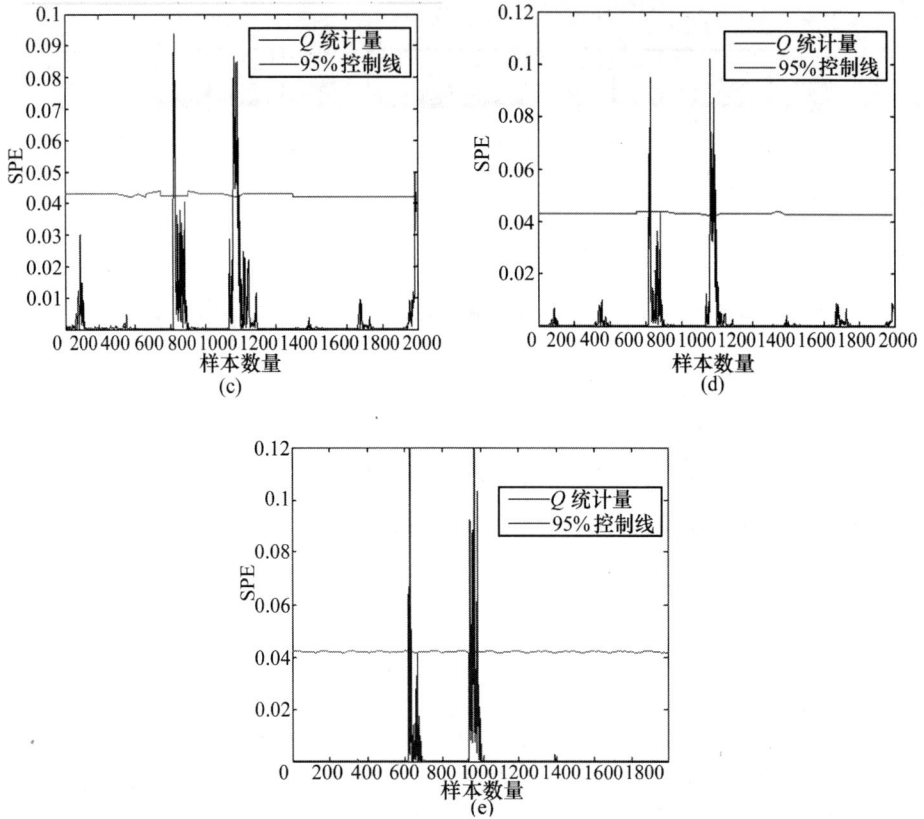

图 4 - 20　实验数据的 SPE 统计监控图
(a) 传统 PCA；(b) 传统 KPCA；(c) SKPCA；
(d) MSKPCA；(e) MW - MSKPCA。

　　从图 4 - 20(a) 来看，因为没有涉及到滤波问题，所以没有出现边缘效应，但是都不同程度的出现了漏报和误报。其中图 4 - 20(a) 中漏报了 624～628 和 954～970 两个样本区间的故障，而从图 4 - 20(b)、图 4 - 20(c)、图 4 - 20(d) 的故障诊断结果可以看出，SKPCA 方法虽然可以判断出故障的发生，但在第 986 个样本点附近发生了漏报。MSPCA 算法在统计过程的中途部分具有很好的效果，能够准确地诊断出故障发生的位置，但在第 1900 个样本点附近产生了误报，这也正好说明了边缘效应的影响。与传统 KPCA 和 SKPCA 相比，MSKPCA 算法和 MW - MSKPCA 对整个过程诊断的准确率要高，没有出现误报。另外从整个过程的噪声水平来看，SKPCA 和 MSKPCA 算法以及 MW - MSKPCA 算法较之常规的 KPCA 算法，都能很好地消除噪声，但改进的 MSPCA 算法对于处于边缘位置的样本点的去噪效果欠佳，相比之下，MSKPCA 算法和 MW - MSKPCA 算法能更清晰地监测到整个过程的故障信号。

　　从图 4 - 20(a)～图 4 - 20(e) 整体来看，可以得到一个定性的结论：采用阈值去噪的主元分析算法要优于未考虑噪声影响的主元分析算法,而在阈值去噪的主元分析算法中,采用了边缘滤波器的算法要优于直接对信号进行阈值去噪的主元分析算法。

在完成 SPE 统计图后,本节从 T^2 统计图角度分析了上述 5 种方法对故障的诊断效果,诊断结果如图 4-21 所示,其中从图 4-21(a) ~ 图 4-21(e)依次为采用传统 PCA、传统 KPCA、SKPCA、MSKPCA、MW-MSKPCA 算法所得到的 T^2 统计监控图。

较之图 4-20,图 4-21 的整体效果更为"杂乱",这是由于两种统计量的自身特点所决定的:SPE 统计量反映的是测量值与主元模型预测值之间的误差平方和,而 T^2 统计量反映主元模型内部的主元向量模的变化,对于过程中常见的变量均值、幅值波动、传感器失效等异常情况,T^2 和 SPE 统计量的均值都会发生变化。实际过程监测时,要综合分析 T^2 和 SPE 统计量的变化,不能简单地将过程工况的变化、过程故障和传感器故障与某一统计量单独联系起来。

从图 4-21(a)来看,因为都没有考虑噪声的影响,传统 PCA 算法明显出现了很多噪声干扰,使得诊断结果不同程度地产生了误报。由于 T^2 统计量反映主元模型内部的主元向量模的变化,而在 PCA 算法中,都没有去除噪声,使得噪声影响累积到主元空间中,而 SPE 统计量是测量值与主元模型预测值之间的误差平方和,能在一定程度上抵消噪声的影响,这正好说明了 SPE 统计监控图要比 T^2 监控图清晰明朗的原因。

而从图 4-21(b) ~ 图 4-21(e)的故障诊断结果可以看出,常规的 MSPCA 算法在进行故障诊断时,含有大量的噪声,并且在第 630 和第 1580 个样本点附近出现了明显的误报。图 4-21(c)显示的改进 MSPCA 算法能更清晰地监测整个过程的故障信号,但是同样在第 1900 个样本点附近出现了误报。较之前两种情况,图 4-21(d)在第 689 个样本点出现了误报,而图 4-21(e)的误报要稍微多一点,在第 692 ~ 694 的样本区间出现了误报,并且在 961 ~ 964 样本区间出现了漏报,相比前面三种算法的统计监控图来说,MSKPCA 和 MW-MSKPCA 对整个过程的诊断效果要比前三者清晰简洁得多。

在通过多元统计监控图完成对该设备故障发生的时间诊断之后,从数据的三维贡献图出发对该设备故障所发生的位置进行了诊断分析,诊断结果如图 4-22 所示,其中从图 4-22(a) ~ 图 4-22(e)依次为采用传统 PCA、传统 KPCA、SKPCA、MSKPCA、MW-MSKPCA 算法所得到的三维贡献图。从图 4-22(a) ~ 图 4-22(c)可以看出安装在该设备上的 8 个传感器所采集到的数据呈现出相互纠缠的状态,很难确定故障发生的准确部位,而图 4-22(d) ~

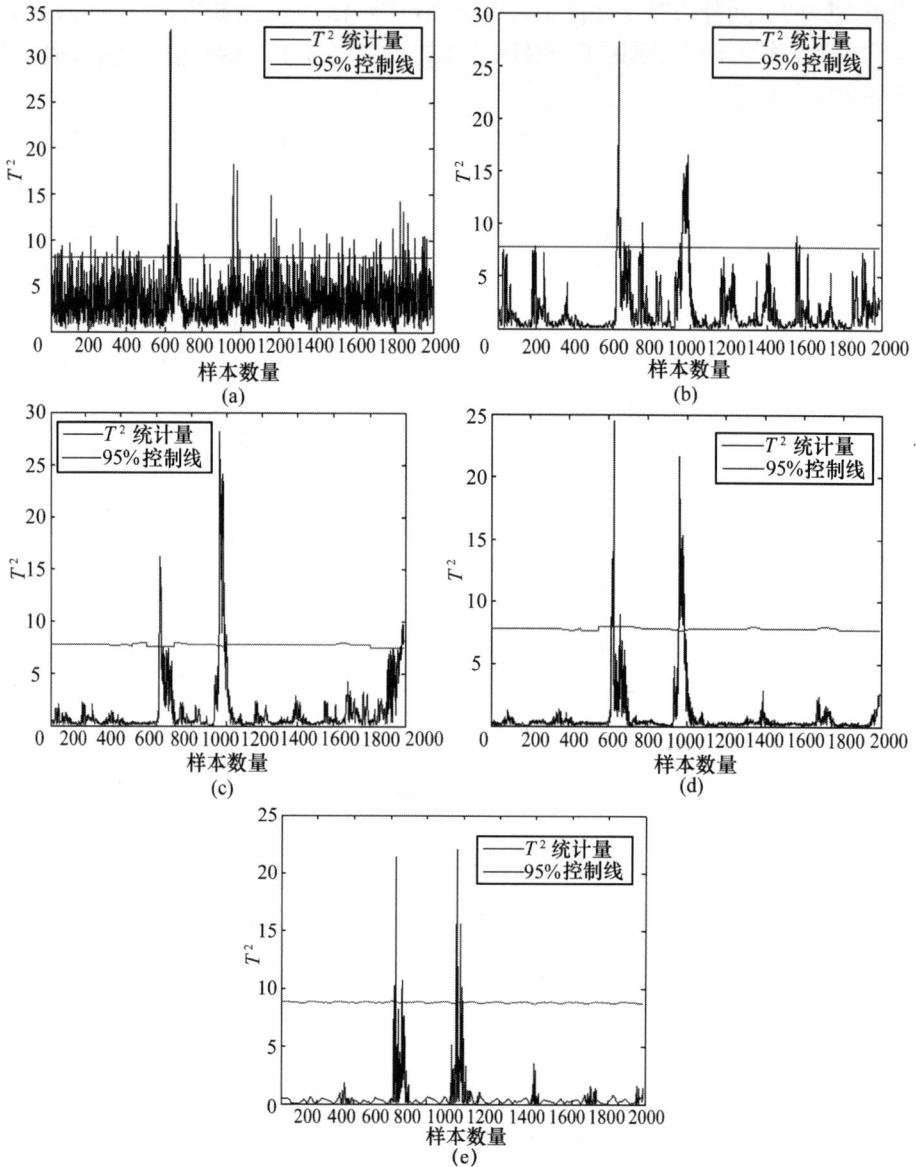

图 4 - 21　实验数据的 T^2 统计监控图

(a) 传统 PCA；(b) 传统 KPCA；(c) SKPCA；

(d) MSKPCA；(e) MW - MSKPCA。

图 4 - 22(e) 可以清晰地看出故障发生在第一个和第二个传感器所在位置,其中图 4 - 22(e) 中第二个传感器的贡献要比图 4 - 22(d) 中的贡献程度大,更能说明故障发生在第二个传感器所在位置。因此可以得到这样的结论:在对故障定位方面,采用 MSKPCA 与 MW - MSKPCA 效果类似,但二者明显优于 SKPCA

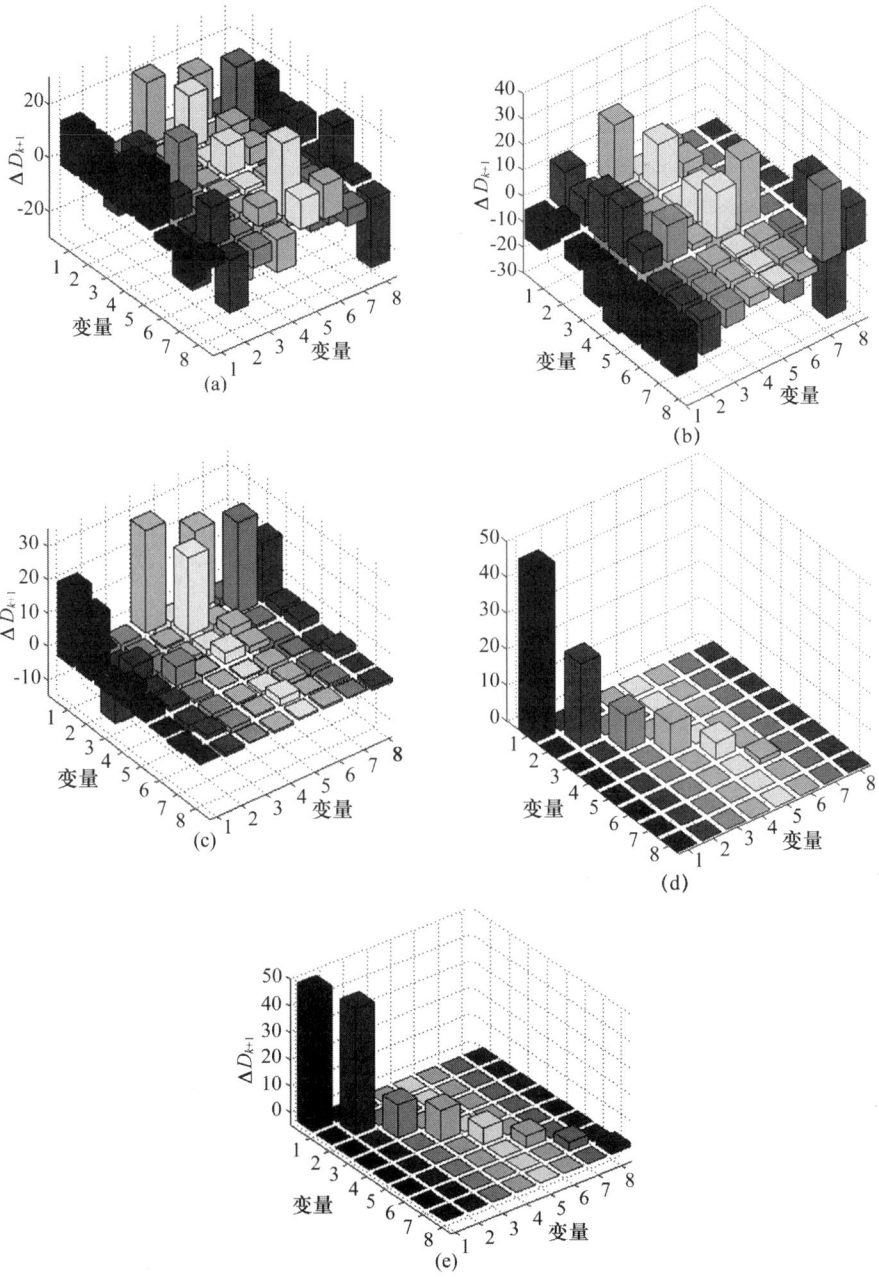

图 4 - 22 实验数据的三维贡献图

(a) 传统 PCA；(b) 传统 KPCA；(c) SKPCA；

(d) MSKPCA；(e) MW – MSKPCA。

和改进的 MSPCA 算法。

为了定量描述 5 种算法的故障诊断准确性,定义了故障诊断的准确率 A,即

$$A = \sqrt{\frac{\sigma_{T^2}^2 + \sigma_{\text{SPE}}^2}{2}} \qquad (4-18)$$

这里,σ_{T^2} 和 σ_{SPE} 分别表示了用 T^2 与 SPE 统计监控图进行故障诊断的准确率,即

$$\begin{cases} \sigma_{T^2} = 1 - (\eta_{\text{f.}T^2} + \eta_{\text{o.}T^2}) \\ \sigma_{\text{SPE}} = 1 - (\eta_{\text{f.SPE}} + \eta_{\text{o.SPE}}) \end{cases} \qquad (4-19)$$

式中

$$\begin{cases} \eta_{\text{f}} = \dfrac{n}{N} \\ \eta_{\text{o}} = \dfrac{m}{N} \end{cases} \qquad (4-20)$$

式中:η_{f} 为故障误报率;η_{o} 为故障漏报率;n 为误报的样本点数;m 为漏报的样本点数;N 为发生故障的总样本点数。

根据式(4-18) ~ 式(4-20)可得到以上 5 种算法的准确率,计算结果如表 4-4 所列。

表 4-4 算法准确率比较

算法	统计量	漏报率/%	误报率/%	准确率/%
传统 PCA	T^2	6.56	40.98	53.28
	SPE	36.07	9.84	
传统 KPCA	T^2	3.28	13.11	84.43
	SPE	6.56	8.20	
SKPCA	T^2	1.64	11.48	89.43
	SPE	3.28	4.92	
MSKPCA	T^2	1.64	4.92	94.26
	SPE	3.28	1.64	
MW - MSKPCA	T^2	4.92	6.56	93.57
	SPE	1.64	0	

从表 4-4 可以看出,传统 PCA 算法的准确率最低,只达到 53.28%;而 MSKPCA 算法的准确率最高,能达到 94.26%;MW - MSKPCA 的准确率次之,为 93.57%。对比分析如下:

(1) PCA 是一种基于数据协方差结构的方法,主元模型一旦建立就不再改变,而实验数据却是时变的,PCA 对一个动态非平稳过程特性的描述并不准确;

(2) PCA 对数据的理解属于单尺度,而不是从多尺度的角度来理解数据本

136

身的特征,因此它不能充分提取动态数据中载有的信息;

（3）PCA本质来说是一种线性变换,在处理非线性问题时存在先天不足,因此在处理该设备这样的动态非线性非平稳的数据中,准确率不高是正常的;

（4）MSPCA考虑了数据的多尺度特性,因而它的准确率要比基于单一尺度的PCA、KPCA模型的准确率要高,但是传统的MSPCA依然属于模型固定数据驱动方法,而固定的模型是不能准确反映数据的时变过程,并且忽略了噪声对诊断结果的影响,所以其故障诊断的准确率只有84.43%,要低于改进的MSKP-CA;

（5）MSPCA与MSKPCA算法都考虑了数据的多尺度和时变特性以及噪声对统计模型造成的偏差,但是MSPCA算法只是直接对小波系数进行阈值去噪,在去噪过程中忽略边缘效应的影响,这可以从图4-20(d)和图4-21(d)看出在1900的样本点附近都出现了明显的误报;

（6）MW-MSKPCA的准确率要比MSKPCA的准确率要低,主要原因在于边缘校正滤波器要比通过采用信号对称延拓的效果好,但是边缘校正滤波器的设计比采用信号对称延拓的方法要复杂得多。

4.4 基于蚁群算法的故障图分析

为了准确、有效地描述系统状态条件同其故障关系间所存在的关联,利用系统层次结构分析方法,对系统进行分层和分解,建立条件故障图的描述模型,界定并分析描述系统状态关系的状态树,并将它与故障图相结合形成条件故障图,用于对故障关系的自动化描述及分析。在此基础上,引入蚁群算法来确定故障图的最优检测次序,并指导系统多故障状态的决策。将它们应用于运载火箭的控制系统,给出了一个特征实例。条件故障图能有效地描述状态条件对故障关系的影响及作用,蚁群算法能够实时地、自适应地进行动态路径选择。

4.4.1 系统的层次结构分析

运载火箭系统中并列的分系统多,每个分系统又分为若干个逻辑层次,在结构和功能上具有多层次性,其系统级和分系统级之间紧密耦合,作为一个整体分析起来困难大,所以在问题求解策略上应采用面向对象的问题约简法,将整个诊断问题按已定策略分解为比较容易解决的若干子问题。

1. 基于结构与行为的层次分解数学模型

复杂设备由若干相互联系的分系统按某种特定方式组成,并且具有一定的功能和特征。因此,可把复杂设备系统模型化为层次结构有向图的层次集合。

设S表示控制系统,对S按结构与功能进行层次分解后,S在结构上可表示成为一个层次集合：

$$S = \{S_1, S_2, \cdots, S_i, \cdots, S_n\}, i = 1, 2, \cdots, n \qquad (4-21)$$

S 进行层次分解的一个层次结构图 D 定义为

$$D = (V, E) \qquad (4-22)$$

式中：$V = \{S_1, S_2, \cdots, S_n\}$ 为节点集合；$E = S \times S$ 为连接节点的有向边集合，由各分系统 S_i 之间的衔接关系 R 所组成。

衔接关系 R 是定义在 S 上的，其中 $R \subseteq S \times S$，并且 $S_i R S_j, S_i \smallsetminus S_j \in S$。这种衔接关系构成了控制系统 S 中的故障传播的所有路径。层次结构有向图 D 的节点集 V 由可监视结点集 V_M 和不可监视结点集 V_N 组成，并且满足

$$V = V_M \cup V_N \text{ 且 } V_M \cap V_N = \varnothing \qquad (4-23)$$

D 中由 S_j 到 S_k 的有向边用 $e_{jk} = (S_j, S_k)$ 表示，并且

$$e_{jk} \in E \text{ 且 } S_i R S_j \qquad (4-24)$$

层次结构有向图 D 的衔接矩阵 $\boldsymbol{A}$ 表示为

$$\boldsymbol{A} = \{a_{jk}\} \qquad (4-25)$$

式中

$$a_{jk} = \begin{bmatrix} 1, & e_{jk} \in E \\ 0, & \text{其他} \end{bmatrix}$$

由衔接矩阵 $\boldsymbol{A}$，可计算系统 S 的可达性矩阵：

$$\boldsymbol{M} = (m_{jk}) = [\boldsymbol{I} + \boldsymbol{A}]^k = [\boldsymbol{I} + \boldsymbol{A}]^{k+1} \qquad (4-26)$$

式中：$k \geqslant k_0$，k_0 是一个正整数；$\boldsymbol{I}$ 是单位矩阵。祖辈节点集和后代节点集是层次有向图 D 中节点集 V 上的两个函数，它们分别定义如下：

$$A_M(S_j) = \{S_k \mid m_{jk} \neq 0, m_{jk} \in \boldsymbol{M}, S_j, S_k \in V\} \qquad (4-27)$$
$$D_M(S_j) = \{S_k \mid m_{kj} \neq 0, m_{kj} \in \boldsymbol{M}, S_j, S_k \in V\} \qquad (4-28)$$

运用可达性矩阵 $\boldsymbol{M}$，层次结构有向图 D 中的节点集 V 可分解成 m 个层次级别 $V_1, V_2, \cdots, V_m$，其中

$$V_i = \{S_j \mid D_M \cap A_M(S_j) = A_M(S_j)\} \qquad (4-29)$$
$$V_i = (A_M(S_j) - V_1 \cdots V_{k-1}), k = 2, 3, \cdots, m \qquad (4-30)$$

这里 $m(\leqslant n)$ 是使 $V - V_1 - \cdots V_m = \varnothing$ 的正整数，这称为层次结构。这种对象类满足下列性质：

(1) $\overset{m}{\underset{i=1}{U}} = V$。

(2) $V_i \cap V_k = \varnothing, j \neq k_0$。

（3）对于 $S_j, S_k \in V$ 下列条件之一成立：若 $m_{jk} = m_{kj} = 1$，则 S_j 与 S_k 在同一闭环路中；若 $m_{jk} = m_{kj} = 0$，则 S_j 与 S_k 不互相衔接。

（4）离开对象 V_j 中的节点的边只能到对象类 V_k 中的节点。

分解从系统级开始，然后从各分系统、各子分系统、各部件级和各元件逐级展开。具有单一节点复杂设备系统 S 本身构成层次分解模型的第一层次，而层次结构有向图 D 构成控制系统层次分解模型的第二层次级。在此基础上，根据上述的层次分解模型，继续对每个分系统按结构与功能进行层次分解，得到相对应的 n 个层次结构有向图：

$$D(V_j, E_j), j = 1, 2, \cdots, n \qquad (4-31)$$

这 n 个层次结构有向图组成的集合 $\{D_j\}$ 构成层次分解模型的第三层次级。依此类推，层次分解模型第 i 层级上与第 $(i-1)$ 层次级上的节点 V 相对应的层次结构有向图可表示为

$$D_{ijk} = (V_{ijk}, B_{ijk}), j = 1, 2, \cdots, n \qquad (4-32)$$

综上所述，控制系统 S 按结构与功能进行层次分解的数学模型可描述成

$$H = \{L_i\}, i = 1, 2, \cdots, l \qquad (4-33)$$

其中，l 表示分解模型的层次级数，L_i 表示分解模型的第 i 层次级，并且

$$L_i = \{D_{ijk}\}, j = 1, 2, \cdots, n; k = 1, 2, \cdots, m_j \qquad (4-34)$$

采用上述层次分解模型，对控制系统 S 按结构与功能进行分解后，顶层次级是控制系统本身，第 2 层次级是组成控制系统 S 的各分系统 S_j，第 3 层次级是组成各分系统 S_j 的各子分系统 S_{jk}，$\cdots$，第 i 层次级是组成与第 $(i-1)$ 层次对应的各子分系统的各部件，依此递推逐级分解直至所需要的层次级为止。

2. 基于层次分解方法构建系统的条件故障图

为满足描述信息的完备性及描述形式的规范性，提出条件故障图的描述模型，以利于用计算机进行自动化描述和自动化分析。

1）状态关系描述

故障图是以故障模式为节点，以故障模式间的关系为有向边的一类有向图，可表示为 $GN = \langle V_N, R_N \rangle$。式中，$V_N$ 为故障模式的集合，故障模式既有系统中的各种原发故障，又有表现故障；既可以是部件或子系统的实在的故障形式，又可以是系统中某些参数的异常偏离，R_N 为故障模式间的二元关系集合，它主要描述的是故障模式间的因果传递关系。建立条件故障图，首先要描述系统中各种状态之间的关系。可将状态分为系统状态和部件状态两种类型。系统状态是对系统工作的整体状态的称谓。它首先包括系统全状态，即系统工作的所有状态的总称，全状态又可以被分解为若干分状态，分状态又可以包含自己的子分状态，从而建设起基于状态包含关系的状态层式结构，在层式结构中，

任何下层状态都包含于其上层状态,而上层状态也由其下层状态叠加构成。可用集合来表示这种包含关系:以所有的最底层状态集合为其集建立集簇,则任何系统状态都是此集簇的元素,表示为 $Q(i)$,而系统状态集全 $\{Q\}$ 是此集簇的子集。因而若状态 i 是 j 的上层状态,则有 $Q(j) \subset Q(i)$。为满足自动化分析的需要及与故障图的匹配,将这种状态关系描述为树结构。

定义 4.3 状态根树。有向根树 $T = <V, R>$,它的节点与系统状态集 $\{Q\}$ 的元素一一对应,即:节点 v_i 对应状态 $Q(v_i)$,且满足:若 $r(v_j, v_i) \in R$,则 $Q(v_j) \cap Q(v_i) = \varnothing$,称有向树 T 为状态集 $\{Q\}$ 的状态根树。

通俗地说,状态根树是状态层式结构的树状描述,根节点表示系统状态全集,叶节点集合则表示系统状态基集。运载火箭的控制系统共有三种单相一次电源,电源与电源之间以及它们与运载火箭箭体壳之间采用绝缘浮地方式。电源母线在地面分别为 $\pm M_1$、$\pm M_2$、$\pm M_3$,箭上分别对应 $\pm B_1$、$\pm B_2$、$\pm B_3$。运载火箭发射前要在下面 10 个状态下分别进行检测。状态 1:导通绝缘检查;状态 2:关瞄准窗;状态 3:分系统;状态 4:控制与遥测匹配;状态 5:控制、遥测、低温动力三大系统匹配;状态 6:总检 II 状态总检查;状态 7:总检 I 状态总检查;状态 8:总检 III 状态总检查;状态 9:常规加注后;状态 10:发射。同时,每种状态下接入控制系统的元部件不一样,而且不同状态下元部件发生漏电故障的状态权值不同,界于两状态之间的测试项目以前一状态进行故障诊断。例如,根据上面的分析可以建立电源 I 负母线供电模型(图 4 - 23)。

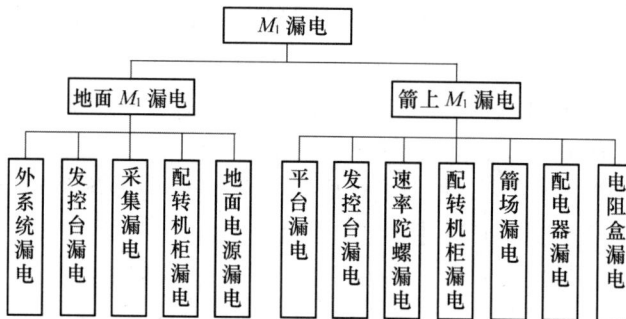

图 4 - 23 M_1 漏电查找故障的层次结构模型

定义 4.4 状态树。有向树 T 的节点的集合为 V,对于状态集合 $\{Q\} = \{Q_B\} + \{Q_S\}$,设存在 $V_1 \subset V$,且满足:

(1) V_1 的节点和 V_1 在有向树 T 中的内边构成 $\{Q_S\}$ 的一个层根树,且其中出度为 0 的节点在树 T 中出度也为 0。

(2) $V - V_1$ 与 $\{Q_B\}$ 一一对应,且 $\forall v - v_1, d^-(v) \neq 0$。

(3) $\forall v \in V$,如果存在边 $r(v_j, v_i)$,则 $P(v_j) \subset P(v_i)$;如果 $P(v_j) \subset P(v_i)$,则必有通路 $v_j \rightarrow v_i$。那么,称有向树 T 为 $\{Q\}$ 的状态树。

140

通俗说,状态树就是以系统状态根树为核心,将部件状态并联描述出来的一个树状结构。

2）条件故障图结构

定义 4.5 条件故障图。一个有向图 $G_K = <V_K, R_K>$ 及一个状态树 $T_u = <V_u, R_u>$,若 V_K 包括两类节点,即 $V_K = V_N + V_T$,且对于任意的 $v_i \in V_T$,存在唯一对应节点的 $v_u \in V_U$,使得 v_i 间满足 v_u 间的状态关系。同时满足:

（1）节点集 V_N 及其内边构成一个故障图 G_{KN}。

（2）$\forall v_T^{(i)} \in V_T, v_N^{(i)} \in V_N$,不存在 $(v_T^{(i)}, v_N^{(i)}) \in R$。

（3）如果 $(v_T^{(i)}, v_N^{(i)}) \in R$,则有如下两项条件连通规则:如果节点 $v_N^{(j)}$ 在节点集 V_N 没有入点,则节点 $v_T^{(i)}$ 是节点 $v_N^{(j)}$ 的条件节点,表示节点 $v_T^{(i)}$ 是节点 $v_N^{(j)}$ 的存在条件;如果节点 $v_N^{(j)}$ 在节点集 V_N 有入点 $v_N^{(g)}$,则节点 $v_T^{(i)}$ 是边 $v_N^{(g)}, v_N^{(j)}$ 的条件节点,表示节点 $v_N^{(j)}$ 是 $v_N^{(g)}$ 同 $v_N^{(j)}$ 间有直接连通的条件,则称此有向图 G_K 为建立条件树 T_u 上的条件故障图。

在故障图中融入了状态条件节点,使得故障传播成为了条件传播,在传播过程中,条件的交汇中重叠形成新的条件传播,在传播过程中,条件的交汇或重叠就形成新的条件。按照状态关系特点,状态条件的传递规则主要包括:

（1）一个条件故障图 G_K,其中 G_{KN} 内存在一个通路 $v_N^{(i)} \rightarrow v_N^{(j)}$,令 V_T 为通路 $v_N^{(i)} \rightarrow v_N^{(j)}$ 中经历的节点和边的条件节点集合,则 $\cap P(V_t) | v_t \in V_T$ 为通路 $v_N^{(i)} \rightarrow v_N^{(j)}$ 的条件。

（2）如果两个通路 $v_N^{(i)} \rightarrow v_N^{(j)}$ 和 $v_N^{(g)} \rightarrow v_N^{(j)}$ 在 $v_N^{(i)}$ 点相交,两个通路的条件量分别为 P_1、P_2,则定义节点 $v_N^{(i)}$ 在两个通路下的条件量:如果节点 $v_N^{(i)}$ 为"与关系"节点,则条件为 $P_1 \cap P_2$;如果节点 $v_N^{(i)}$ 为"或关系"节点,则条件为 $P_1 \cap P_2$。

4.4.2 基于蚁群算法的系统多故障状态的决策

1. 多故障状态及故障最优检测次序问题

当被诊断设备是一个复杂系统时,故障树不可避免地出现多故障状态现象。图 4 - 24 为一个典型多故障状态的逻辑关系图。

该故障树具有 n 个最小故障割集。一个故障现象 P 对应 n 条故障检测路径 $l_1, l_2, \cdots, l_n$ 和 n 个可能故障原因 $R_1, R_2, \cdots, R_n$。第 i 条检测路径具有 m_i 个检测点 $T_1, T_2, \cdots, T_n$。通过分别检测第 i 条路径 l_i 便可确定第 i 个故障原因 $R_i (i = 1, 2, \cdots, n)$。但是由此可以产生两个问题:

（1）实施故障诊断时 n 条检测路径 $l_1, l_2, \cdots, l_n$ 的先后次序如何选择?

（2）对于某一条选定的路径 l_k,它的 m_k 个检测点 $T_{kj} (j = 1, 2, \cdots, m_k)$ 检测的先后次序如何确定?

根据实践经验,显而易见这两种次序不是随意确定,原因如下:

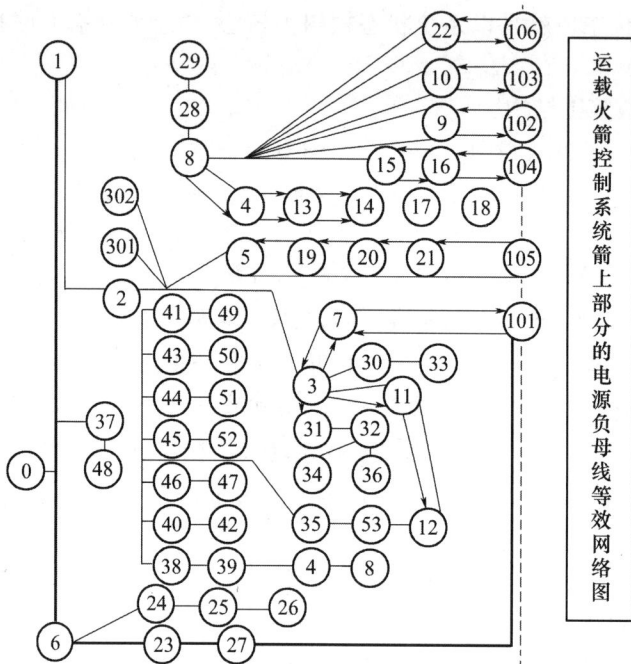

图 4-24 电源 I 负母线等效网络图

（1）不同的故障源（最小割集）的重要度一般是不一样的，重要度大的故障源应予以优先考虑；

（2）对不同检测点进行检测的难易度一般是不同，容易的检测点一般予以优先考虑。

因此，必须同时考虑故障的重要度和检测的难易度两个因素，实现故障的最优检测次序。对于某一选定的检测路径 l_k 的 m_k 个检测点，可按检测难易度由易至难的次序进行检测，如果检测到故障条件，即可确认故障源 R_k，立即中止检测；否则继续直至 m_k 个检测点全部检测完毕。如果 m_k 个检测点都不符合故障条件，则可以排除故障源 R_k 的可能性，转入其他的检测路径进行检测。这种优化根据专家知识或实践经验很容易实现。优化的关键问题是对 n 条检测路径 $l_1, l_2, \cdots, l_n$ 的最优次序的选择，为此本节引入蚁群算法进行实现。

2. 基于蚁群算法的动态最优路径选择

蚁群算法具有全局优化、并行分布式处理等诸多待性，这里特别强调的是随机自适应性。当蚂蚁巢穴与食物源之间出现障碍物时，蚂蚁不仅可绕过障碍物，而且通过蚁群信息素轨迹在不同路径上的变化，经过一段时间的正反馈，最终收敛到最短路径上。利用蚁群算法的特性，可以很好地实现 n 条检测路径次序的优化选择。

1）蚂蚁算法特性及模型

蚂蚁圈模型是全局优化较好的蚂蚁算法,假如路径 i、j 在 t 时刻的信息素轨迹强度为 $p(0 \leqslant p \leqslant 1)$,则轨迹强度的更新方程为

$$t_{ij}(t+1) = pt_{ij}(t) + \sum \Delta t_{ij}^{k}(t) \qquad (4-35)$$

设 Z_k 为第 k 只蚂蚁在本次循环中所走的路径长度,则 $\Delta t_{ij}^{k}(t) = Q/Z_k$,其中 Q 是一个常数。如果设 η_{ij} 为路径 (i,j) 的长度,路径可见度的相对重要性为 $\beta(\beta \geqslant 0)$,路径轨迹的相对重要性为 $a(a \geqslant 0)$,U 为可行顶点集,蚂蚁 k 在 t 时刻的转移概率为 P_{ij}^{k} 可定义为

$$P_{ij}^{k}(t) = \begin{cases} \dfrac{[t_{ij}(t)]^{\alpha}[\eta_{ij}]^{\beta}}{\sum_{l \in U}[t_{il}(t)]^{\alpha}[\eta_{il}]^{\beta}}, & j \in U \\ 0, & \text{其他} \end{cases} \qquad (4-36)$$

MMAS 模型（Max – Min Ant System）对基本蚂蚁算法（AS）进行了三点改进:为了更加充分地进行寻优,各路径信息素初值设为最大值 $t_{\max}$;一圈中只有最短路径的蚂蚁才进行信息素修改增加,这与 AS 蚂蚁圈模型调整方法相似;为避免算法过早收敛于非全局最优解,将各路经的信息素浓度限制在 $[t_{\min}, t_{\max}]$ 之间,超出这个范围的值被强制设为 $t_{\min}$ 或者 $t_{\max}$。从实验结果看,MMAS 算法在防止算法过早停滞及有效性方面对 AS 算法有较大的改进。

2）最优路径选择算法设计

设第 i 条路径 l_i 上第 j 个故障检测点 T_{ij} 的难易度为 $d(i,j)$（$i = 1, 2, \cdots, n$; $j = 1, 2, \cdots, m_i$）,因为若需要确定故障源 R_i,最多需要进行 m_i 次检测,最少只需要一次检测,故该路径检测的最大代价为

$$\text{Max}(i) = \sum_{j=1}^{m_i} d(i,j) \qquad (4-37)$$

最小代价为

$$\text{Min}(i) = \min\{d(i,1), d(i,2), \cdots, d(i,m_i)\} \qquad (4-38)$$

单位蚂蚁在该路径上释放的信息素浓度为

$$Q(i) = \frac{1}{\text{Max}(i) + \text{Min}(i)} \qquad (4-39)$$

显而易见,如果一条路径的检测难度越小,蚁群越倾向于选择该路径,在其上释放的信息素也就越多。

设 t 时刻第 i 条路径上信息素的浓度为 $\tau(t,i)$,该路径对应的故障源 R_i 的重要度为 $\eta(i)$,如果同时考虑路径的信息素浓度和故障源的重要度两个因素对路径选择的影响,则可以定义 t 时刻蚁群对第 i 条路径 l_i 选择的概率为式

(4-36)的形式。

设 $G(V,E)$ 为赋权连通简单图。其中 $V=\{v_1,v_2,\cdots,v_n\}$ 为顶点集，$E=\{e_1,e_2,\cdots,e_n\}$ 为边集合，n 为顶点总数。$\boldsymbol{A}=(a_{ij})_{n\times n}$，$\boldsymbol{B}=(b_{ij})_{n\times n}$，$\boldsymbol{C}=(c_{ij})_{n\times n}$ 分别为网络的连接矩阵、距离矩阵、检测难度限制矩阵。连接矩阵 $\boldsymbol{A}$ 其值取 0-1 矩阵，a_{ij} 为 1 表示 (i,j) 之间存在边。b_{ij} 和 c_{ij} 在 (i,j) 之间无边时取值为 0，反之取其给定值。m 为蚂蚁的数量，则目标函数为

$$MinZ = \sum_{i=1}^{n}\sum_{j=1}^{n} b_{ij}a_{ij} \qquad (4-40)$$

式中

$$\text{s. t.}\begin{cases} c_{ij}a_{ij} > 0 \\ c_{ij} > 0 \\ a_{ij} > 0 \\ (i,j) \in E_x \\ E_x \subset E \end{cases}$$

4.5 智能潜在通路分析

运载火箭从元器件→单机→分系统→系统集成，是一个结构复杂、包含多领域的高科技产品，为了在发射场顺利进行测试和发射，其测试和发射必须遵循特有的测试发射工艺流程。严格按照测试发射工艺流程进行测试发射的重要原因之一，是避免运载火箭中潜在通路对发射产生的影响。对近 10 年航天任务中的故障研究发现：有 10% 左右的故障，并不是设备元器件本身的故障，也不是环境原因或人为因素造成的，而是由于产品设计中存在的缺陷，这种缺陷就是潜在通路。运载火箭在测试发射中出现潜在通路故障时，故障隐蔽性强，给故障分析和排除带来较大困难。此类故障轻则影响测试计划，重则导致设备故障，甚至设备损坏、发射失利和人员伤亡。

目前，国内外潜在通路分析（Sneak Circuit Analysis，SCA）技术主要有两类：全面的 SCA 技术和简化的 SCA 技术。1967 年美国国家宇航局在"阿波罗"登月计划中为提高系统的安全性和可靠性而提出了潜在分析技术，该方法是波音公司的规范分析方法，它试图揭示系统中的所有功能和行为，因而称为"全面的 SCA 技术"。其缺点是必须拥有适应系统规模的网络树生成算法和拓扑识别算法，并且这种技术只能在设计完成后、产品生产之前进行，即使发现了潜在通路，对整个系统设计的修改代价也是十分巨大的。正是这些因素限制了潜在电路分析技术的大范围推广。

简化的 SCA 分为两种:潜在路径分析和设计缺陷分析。潜在路径分析是搜索出在"源点"和"目标点"之间的所有路径,并对其应用两类线索以识别潜在路径。设计缺陷分析则利用元件级线索识别设计缺陷,这种设计缺陷和源点/目标点关系没有直接的联系,设计缺陷分析是潜在路径分析的一个补充。二者在相关领域都得到了比较成功的应用。但是 SCA 在应用中也出现了问题,如电子系统输入工作量巨大,且容易出错;线索表获取困难;复杂元件建模困难;产生虚假潜在通路报告等。

针对传统潜在通路分析过程复杂、劳动量大的缺陷,基于神经网络的 SCA 利用系统的相关信息形成训练样本,然后对神经网络进行训练,最后利用训练过的神经网络预测所有开关组合下系统实现的功能,通过与设计功能比较找到潜在问题。

本节首先对潜在通路及其在航天测试发射中的具体问题进行详细阐述和分析,归纳了测试发射中潜在通路故障分析的一般方法,然后讨论基于 BP 网络和支持向量机的 SCA 方法及其在航天测试发射中的潜在通路故障分析的应用。

4.5.1 潜在通路判断规则和分析技术

对潜在通路故障进行分析时,首先要掌握其判断规则。对于最简单的单线网络,如图 4-25 所示,一般可按以下 3 条规则来判断:① 当需要负载 L 时,开关 S 是否处于断开状态;② 当不要负载 L 时,开关 S 是否处于闭合状态;③ 开关 S 的标识,是否反映负载 L 的真实功能,即负载 L 接入或脱离电路时,S 是否能正确指示断开或闭合。若上述任何一条符合,则系统存在潜在通路。

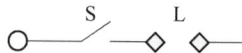

图 4-25 单线网络示意图

在潜在通路分析技术中,主要是将一个复杂无序的庞大系统图通过划分和简化转化为由节点和边(分支)组成的集;通过具有遍历性的路径推导和追踪,生成体现系统连通性的网络树;然后对网络树进行分析和判断,得出是否存在潜在通路问题。

潜在通路分析一般采用以下 3 个步骤来进行:① 构造网络树;② 确定拓扑图形;③ 潜在通路判断。

(1)构造网络树。构造网络树是潜在通路分析的第一步。对于简单的电路,可采用人工干预分析进行构成;对于复杂的电路,应采用计算机自动处理形成。

(2)确定拓扑图形。当网络树形成后,即开始确定、分类每个树出现的基本拓扑图形,任何电路的网络均可用以下 5 种基本拓扑图形(图 4-26)的某种

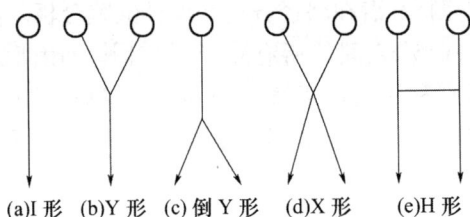

(a)I 形 (b)Y 形 (c) 倒 Y 形 (d)X 形 (e)H 形

图 4-26　5 种基本拓扑图形

组合来表示。根据网络树中开关 S 位置的组合及其他标识,即可判断是否存在潜在通路。

（3）潜在通路判断。根据拓扑图形列出与每个图形有关的线索表,再根据潜在通路规则,利用计算机辅助系统进行分析,结合人工进行综合判断,最后确定潜在电路状态,从而发现可能出现的所有设计缺陷。

4.5.2　潜在通路对航天测试发射的危害及分析

潜在通路的存在将会不同程度地影响航天测试和发射,运载火箭在发射场出现潜在通路问题时,需要快速分析和处理,并能采取有效措施。所以,在进行故障分析时,需进行快速初步定位以及对复杂电路的简化处理,以提高分析故障的速度。一般,潜在通路可分为潜在通道、潜在定时、潜在指示和潜在标识 4 类,下面主要从这 4 个方面对航天测试发射的危害进行分析。

1. 潜在通道

潜在通道是指使电流、能量或逻辑沿着意外的通道或意外的方向流动。在现行运载火箭上,潜在通道最多,主要存在系统内部单机接口与系统之间接口上。此类潜在通路对测试发射影响大,其分析比较复杂:对于简单电路,可以采取人工方法进行分析;对于复杂电路,一般需要结合计算机辅助系统进行分析。在进行潜在通道分析时,对系统接口电路之间的电路、工作流程、工作原理等要理清楚,这样才能将系统接口之间潜在的通道找出来。

事例分析:在某次任务中,某型号运载火箭的 A 系统和 B 系统在进行漏电检查时均不合格,而此前、后分别进行漏电检查,均合格。在排查时发现,只有两个系统同时进行漏电检查时均不合格,怀疑问题出在接口电路上。分析时,对两个系统漏电检查电路及接口进行简化(图 4-27),可以看出,两个系统的负母线是相连的。

由于两个系统检查漏电的方式相同,如果两个系统同时检查漏电,则存在通过对方负母线形成漏电回路(图 4-27 中的潜在通路),对两个系统的漏电检查均有影响,从而造成两个系统的漏电检查均不合格。

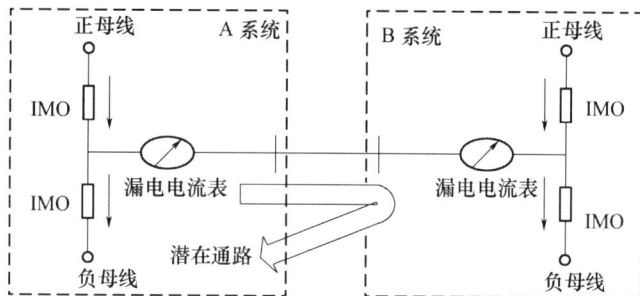

图 4 - 27 A 系统和 B 系统地面部分接口关系

2. 潜在定时

潜在定时是指使事件以意外的或相矛盾的顺序出现。在查找该类问题时，主要采取数据整理和数据比对的方法，对相同操作状态差异、操作时间差异、操作时序差异等进行分析，然后找出存在的问题。

事例分析：在某任务进行匹配检查时，发现 A 系统接收时串中有多余时串，且丢失一条时串，冗余监测以及其他系统的照相和记录均正常。经状态比对，发现该系统自动发控组合线路有所变更，对变更部分电路进行分析。故障原因是：线路变更后，时串接收门槛电压与被测信号电压不协调，导致潜在定时问题发生。解决措施是：将地面组合门槛电压进行调整，使其工作正常。

3. 潜在指示

潜在指示是指错误地或不明确地显示系统的工作状态，从而导致操作人员采取不需要的动作。该类问题错误比较明显，主要由于人为失误造成。一般通过严格的管理制度即能避免。而且运载火箭在出厂前均经过了严格的试验和测试。一般不会出现潜在指示问题，目前为止尚未发现该类问题。

4. 潜在标识

潜在标识是指错误地或含糊不清地标识系统功能。在运载火箭中，一般很少存在标识错误问题。但存在由于不同型号的运载火箭共用同一套地面设备或其他原因，有时会存在含糊不清的标识问题。由于存在错误地或含糊不清的标识，在特定情况下相互混淆，导致潜在标识故障发生。防止此类故障的措施有两种：一是在功能上增加容错措施；二是进行明确标识。

案例分析：在某任务中，推进剂加注准备阶段，A 系统进行吹除工作时，由于标识不清，地面 A 泵腔吹除管、B 泵腔吹除管与箭上 D1、D2 吹除管接嘴错误连接（正确连接为 A 管路连接到运载火箭 D1 管嘴上），将地面标记为"A 泵腔吹除"的管路连接到箭上 D2 管嘴上，地面标记为"B 泵腔吹除"的管路连接到箭上 D1 管嘴上。结果导致正常程序推迟两个小时，对于发射任务的顺利完成产生了极大影响。造成该故障的主要原因有两个：一是箭上 D1、D2 接管嘴规格型

147

号完全相同,从物理上两者完全可以交换连接,容易产生混淆;二是箭地标识不一致,含糊不清,地面吹除管路标识为"A 泵腔吹除"、"B 泵腔吹除",而箭上接嘴标识为"D1"、"D2",直观表现不一样,容易产生错误。处理措施:将两个管路的规格进行调整,保证不同吹除管路无法连接,同时进行箭地统一标识。

5. 航天潜在通路典型事例分析

采用潜在通路的一般分析技术,以某型号运载火箭 A 系统二级截断电路为例进行分析。

(1)收集数据。如图 4 - 28 所示,根据实际需求,当二级截断信号闭合时,需要断开转电继电器 J1、J2,且当二级截断信号断开时,继电器 J1、J2 保持断开状态。在总检查测试中。二级转电信号是其他系统给的常闭信号,从而使转电继电器 KJ、K2 吸合。对应的 K1、K2 开关由常开状态转为闭合状态。从而错误地造成箭上二级设备的转电功能;二级截断是该系统本身给 m 的脉冲信号,使 K3 继电器吸合,对应的常闭开关 K3 断开,从而实现箭上二级设备的截断功能。在总检查中,当二级飞行结束后,该系统正常发出二级断电信号给箭上二级仪器断电。

(2)构造网络树形图。根据图 4 - 28,按照拓扑图形的绘制方法,构造网络树形图(图 4 - 29),该网络树形图由一个 Y 形和一个 I 形基本拓扑图形构成。

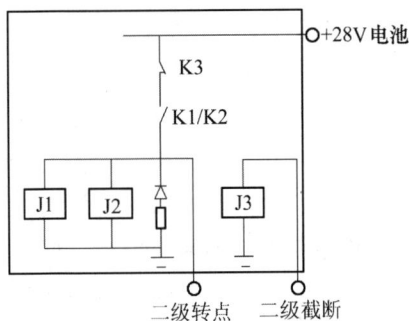

图 4 - 28 二级截断电路图

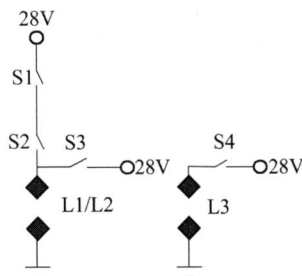

图 4 - 29 网络树形图

(3)潜在通路分析。如图 4 - 29 所示,根据设计要求,接入负载 L3 时,负载 Ll/L2 需要断开,随后撤销负载 L3,需要 L1/L2 保持断开状态,而这一状态的实现,需要开关 S3、S1 或 S2 保持断开状态。而实际情况分析发现,S3 处于错误的闭合状态,即 S3 不能保持断开,这样导致负载 L1/L2 不能断开,与设计矛盾。如采用计算机辅助分析,则需按相关要求绘制拓扑图,并根据拓扑图列出线索表,然后进行计算机辅助分析。

(4)处理措施。在某任务总检查中发现二级截断不能使箭上供电转为地面供电,后经多天的故障分析排查,发现是设计带来的问题,解决方法是取消统一转电,只利用该系统转电,从而解决图 4-29 中 S3 闭合状态错误问题,实现了二级截断功能。

运载火箭上存在的潜在通路问题严重影响运载火箭的测试流程和测试质量,制约了运载火箭测试流程优化和再造。由于运载火箭系统复杂,采用潜在通路分析技术对运载火箭进行分析,不可能采用人工的方法来进行,而需要采用计算机辅助分析方法,解决应用线索表知识自动分析问题;另外,还需要对非电气系统和测试飞行软件等进行潜在通路分析,解决设计上存在的问题。利用潜在通路分析技术,按分系统内部→分系统之间→系统整体的分析步骤来进行潜在通路分析,进一步完善运载火箭产品设计质量,达到提高运载火箭测试发射质量的目的。

4.5.3　基于神经网络的潜在通路分析

作为一种更简单、更有效的方法,将神经网络与潜在通路分析结合起来是一种新的尝试。神经网络潜在通路分析不需要详细的电路以及线索表,它利用系统的定性模型以及设计功能来分析系统的潜在通路。

1. 系统的定性模型与设计功能描述

元件模型可以由终端(元件的输入输出)、内部结构(表示元件终端之间的联系,这些联系包含可变电阻)、依赖关系(表示可变电阻在什么情况下发生变化)、外部状态(表示元件之间的信息)、故障模式组成。其中核心部分就是可变电阻。将可变电阻定义了 3 种阻值 $0 \setminus l \setminus \infty, 0 < l < \infty$。为了能将模型应用于神经网络,定义定性阻值为:$0 \setminus l \setminus 1, 0 < l < 1, 0$ 表示短路,l 表示负载,1 表示开路。电路设计功能为 $f_i \in F, 1 < i < m, m$ 表示功能数目。其中 F 为设计功能空间,f_i 取值为 0 或 1,0 表示功能没有实现,1 表示功能实现。假设系统由 n 个元件 $\{k_1, k_2, \cdots, k_n\}$ 组成,设计功能空间为 $\{f_1, f_2, \cdots, f_n\}$。对于给定的元件状态组合,系统应实现相应的功能组合。

2. BP 神经网络

神经网络结构如图 4-30 所示,采用三层 BP 神经网络。输入层神经元个数为系统元件的数目,输出层神经元个数为设计功能个数,中间层神经元个数可以根据经验确定。

中间层输出:

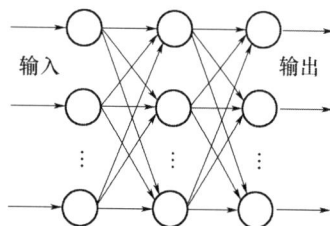

图 4-30　神经网络结构

$$Z_j = f(\mathrm{net}_j), j = 1, 2, \cdots, p$$

$$(4-41)$$

$$\text{net}_j = \sum_{i=1}^{M} \omega_{ij}^{(1)} x_i, j = 1, 2, \cdots, p$$

输出层输出：

$$y_k = f(\text{net}_k), k = 1, 2, \cdots, N+1 \qquad (4-42)$$

$$\text{net}_k = \sum_{j=1}^{p} Z_j \omega_{jk}^{(2)} x_i, j = 1, 2, \cdots, N$$

式中：$\omega_{ij}^{(1)}$ 表示输入层神经元 i 到中间层神经元 j 的连接权值；$\omega_{jk}^{(2)}$ 表示中间层神经元 j 到输出层神经元 k 的连接权值；x_i 表示第 i 个神经元输入；$f(\cdot)$ 表示激活函数。

学习算法如下：

$$\omega_{ij}^{(1)}(l+1) = \omega_{ij}^{(1)}(l) + \eta \Delta \omega_{ij}^{(1)}(l)$$

$$\omega_{jk}^{(2)}(l+1) = \omega_{jk}^{(2)}(l) + \eta \Delta \omega_{jk}^{(2)}(l)$$

$$\Delta \omega_{jk}^{(2)}(l) = \frac{\partial E}{\partial \omega_{jk}^{(2)}} = f'(\text{net}_k) \sum_{j=1}^{p} f(\sum_{i=1}^{M} \omega_{jk}^{(2)} x_i)$$

$$\Delta \omega_{ij}^{(1)}(l) = \frac{\partial E}{\partial \omega_{ij}^{(1)}} = f'(\text{net}_i) \sum_{j=1}^{p} \omega_{jk}^{(2)} f(\sum_{i=1}^{M} \omega_{ij}^{(1)} x_i) \sum_{i=1}^{M} x_i$$

$$(4-43)$$

3. 基于神经网络潜在通路分析原理

神经网络在潜在通路分析中应用的主要思想是：首先利用系统设计功能和开关组合之间的关系训练神经网络，神经网络输入为系统元件状态的组合，输出为实现功能。然后利用训练过的神经网络预测所有开关组合实现的功能。通过比较预测功能与设计功能之间的差别来识别潜在通路。

假设系统元件状态组合为 $\{k_1, k_2, \cdots, k_n\}$，$n$ 表示系统元件数目，则系统所有的组合数目应为 3^n。电路中的主要控制元件是开关类元件，其状态只有两个，所以一般情况下，我们所关心的状态组合数目是 2^m，m 表示系统元件数目。设计功能组合为 $\{f_1, f_2, \cdots, f_l\}$，$l$ 表示设计功能数目，f_l 用概率的形式表示，$f_l = \{0,1\}$，0 表示功能没有实现，1 表示功能实现。利用设计的元件状态组合与功能组合之间的关系训练神经网络。训练后，神经网络可以对设计元件状态与实现功能进行精确预测。但是对于没有训练的样本，神经网络可能出现实现功能为 $0 < f_l < 1$ 的情况，针对这种情况，利用阈值过滤预测结果。阈值 β 和预测功能之间有如下关系：

$$f_l = \begin{cases} f_l = 1, f_l > \beta \\ f_l = 0, f_l \leqslant \beta \end{cases}, 0 < \beta < 1 \qquad (4-44)$$

经过过滤后，利用神经网络过滤的预测结果与设计功能对比实现潜在通路分析。β 的取值与潜在通路的识别结果有密切关系，β 取值范围的不同可能会带来完全不同的结果。由于神经网络的输出为功能实现的概率，所以一般要求 $\beta \geq 0.5$。神经网络根据系统设计要求预测所有开关组合下的实现功能，然后与设计功能比较识别潜在通路。

4.5.4 基于支持向量机的潜在通路分析

基于 BP 神经网络的潜在通路的方法在应用过程中出现了一些具体的问题，如阈值选择问题、神经网络的泛化能力、解释问题等。支持向量机的泛化能力明显优于传统神经网络方法，可以在很大程度上提高潜在通路分析的效果。

支持向量机(Support Vector Machine，SVM)起源于统计学习理论的发展，是一种针对小样本学习问题的通用学习算法。SVM 的处理主要有两大类：分类和回归问题。虽然传统的支持向量机回归只适用于单变量的情况，但是通过构造一系列单变量支持向量机模型，可以处理复杂多变量系统。

1. 多变量支持向量机线性回归算法

设采样所得的样本为 (x^1,y^1)，(x^2,y^2)，$\cdots$，(x^r,y^r)，其中 $x^i \in R^d$，$y^i \in R^m$，d 为自变量个数，m 为输出个数。根据这些样本用支持向量机回归建立多变量输出模型。首先从简单的线性模型入手，来阐述支持向量机多变量回归的一些基本概念。

设 f_i，$i = 1,2,\cdots,m$ 为线性映射，即 $f_i(x) = <\omega_i,x> + b_i$，$\omega_i \in R^d$，$b_i \in R$，$i = 1,2,\cdots,m$（$<,>$ 为向量内积）。根据 Vapnik 的结构风险最小化准则，$f_i(\cdot)$ 应使得

$$\frac{1}{2} \sum_{i=1}^{m} \| \omega_i \|^2 + C \sum_{i=1}^{m} \sum_{j=1}^{r} L_i(f_i(x^j),y_i^j) = \min \qquad (4-45)$$

式中：C 是平衡因子；$L_i(\cdot)$ 是损失函数。损失函数 $L_i(\cdot)$ 通常采用 ε - 不灵敏区函数，其定义如下：

$$L_i(f_i(x^j),y_i^j) = \begin{cases} 0, & |f_i(x^j) - y_i^j| < \varepsilon_i, \varepsilon_i > 0 \\ |f_i(x^j) - y_i^j| - \varepsilon_i, & \text{其他} \end{cases}$$

则多变量支持向量机回归问题转化为下述优化问题：

$$\begin{cases} \min J = \frac{1}{2} \sum_{i=1}^{m} \| \omega_i \|^2 + C \sum_{i=1}^{m} \sum_{j=1}^{r} L_i(f_i(x^j),y_i^j) \\ \text{s.t.} \quad |f_i(x^j) - y_i^j| < \varepsilon_i \end{cases} \qquad (4-46)$$

然而，在此约束条件下，由于该优化问题并不一定有解存在，所以引入松弛变量 ξ_i、ξ_i^*，以保证解的存在性，则优化问题式(4-46)可以写为

$$\begin{cases} \min J = \dfrac{1}{2}\sum_{i=1}^{m} \| \omega_i \|^2 + C\sum_{i=1}^{m}\sum_{j=1}^{r}(\xi_i^j + \xi_i^{j*}) \\ \text{s. t.} \begin{cases} y_i^j - \langle \omega_i, x^i \rangle - b_i \leqslant \varepsilon_i + \xi_i^j \\ \langle \omega_i, x^i \rangle + b_i - y_i^j \leqslant \varepsilon_i + \xi_i^{j*} \\ \xi_i^j, \xi_i^{j*} \geqslant 0 \end{cases} \end{cases} \qquad (4-47)$$

引入 Lagrange 函数

$$\begin{aligned} L = &\frac{1}{2}\sum_{i=1}^{m} \| \omega_i \|^2 + C\sum_{i=1}^{m}\sum_{j=1}^{r}(\xi_i^j + \xi_i^{j*}) \\ &- \sum_{i=1}^{m}\sum_{j=1}^{r}\alpha_i^j(\varepsilon_i + \xi_i^j - y_i^{j*} + \langle \omega_i, x^i \rangle + b_i) \\ &- \sum_{i=1}^{m}\sum_{j=1}^{r}\alpha_i^{j*}(\varepsilon_i + \xi_i^{j*} + y_i^j - \langle \omega_i, x^i \rangle - b_i) \\ &- \sum_{i=1}^{m}\sum_{j=1}^{r}\gamma_i^{j*}(\xi_i^{j*} + \xi_i^j) \end{aligned} \qquad (4-48)$$

该 Lagrange 函数 L 的极值应该满足：

$$\frac{\partial L}{\partial \omega_i} = 0, \frac{\partial L}{\partial b_i} = 0,$$

$$\frac{\partial L}{\partial \xi_i^j} = 0, \frac{\partial L}{\partial \xi_i^{j*}} = 0,$$

$$i = 1, 2, \cdots, m; l = 1, 2, \cdots, r$$

由此推出

$$\begin{cases} \dfrac{\partial L}{\partial \omega_i} = \omega_i - \sum_{j=1}^{r}\alpha_i^j x^j + \sum_{j=1}^{r}\alpha_i^{j*} x^j = 0 \Rightarrow \\ \omega_i = \sum_{j=1}^{r}(\alpha_i^j - \alpha_i^{j*})x^j \\ \dfrac{\partial L}{\partial b_i} = -\sum_{j=1}^{r}\alpha_i^j + \sum_{j=1}^{r}\alpha_i^{j*} = 0 \Rightarrow \\ \sum_{j=1}^{r}(\alpha_i^j - \alpha_i^{j*}) = 0 \\ \dfrac{\partial L}{\partial \xi_i^j} = C - \alpha_i^j - \gamma_i^j = 0 \\ \dfrac{\partial L}{\partial \xi_i^{j*}} = C - \alpha_i^{j*} - \gamma_i^j = 0 \\ i = 1, 2\cdots, m; l = 1, 2, \cdots, r \end{cases} \qquad (4-49)$$

将式(4-49)代入到 Lagrange 函数式(4-48)中，得到优化问题的对偶形式：

$$\begin{cases} \max W(\alpha_i^j, \alpha_i^{j*}) = -\dfrac{1}{2} \sum\limits_{i=1}^{m} \sum\limits_{l,j=1}^{r} (\alpha_i^j - \alpha_i^{j*})(\alpha_i^j - \alpha_i^{l*}) \langle x^j, x^l \rangle \\ \qquad\qquad + \sum\limits_{i=1}^{m} \sum\limits_{l,j=1}^{r} (\alpha_i^j - \alpha_i^{j*}) y_i^j - \sum\limits_{i=1}^{m} \sum\limits_{l,j=1}^{r} (\alpha_i^j + \alpha_i^{j*}) \varepsilon_i \\ \text{s. t.} \quad \sum\limits_{l,j=1}^{r} (\alpha_i^j - \alpha_i^{j*}) = 0, 0 < \alpha_i^j, \alpha_i^{j*} < C \end{cases}$$

$$(4-50)$$

解出 α_i^j、α_i^{j*} 值后就可以得到回归函数 $f_i(x), i = 1,2,\cdots,m$ 的表达式:

$$f_i(x) = \langle \omega_i, x \rangle + b_i$$

式中

$$\omega_i = \sum_{j=1}^{r} (\alpha_i^j - \alpha_i^{j*}) x^j$$

根据 Karush – Kuhn – Tucker(KKT)条件,在最优解处满足

$$\begin{cases} \alpha_i^j [\varepsilon_i + \xi_i^j - y_i^{j*} + f_i(x_j)] = 0 \\ \alpha_i^{j*} [\varepsilon_i + \xi_i^{j*} + y_i^j - f_i(x_j)] = 0 \\ i = 1,2,\cdots,m; l = 1,2,\cdots,r \end{cases} \tag{4-51}$$

$$\begin{cases} \gamma_i^j \xi_i^j = 0 \\ \gamma_i^{j*} \xi_i^{j*} = 0 \\ i = 1,2,\cdots,m; l = 1,2,\cdots,r \end{cases} \tag{4-52}$$

由式(4-51)可知 $\alpha_i^j \alpha_i^{j*} = 0$,即 α_i^j、α_i^{j*} 能同时为非零。

由式(4-52)和式(4-49)得出

$$\begin{cases} (C - \alpha_i^j) \xi_i^j = 0 \\ (C - \alpha_i^{j*}) \xi_i^{j*} = 0 \\ i = 1,2,\cdots,m; l = 1,2,\cdots,r \end{cases} \tag{4-53}$$

对式(4-53)分析可知,只有当 $\alpha_i^j = C, \alpha_i^{j*} = C$ 时, $f_i(x)$ 与 y_i 的误差可能大于 ε_i,因此有

$$\begin{cases} \delta_i - y_i^{j*} + f_i(x_j) = 0, 0 < \alpha_i^j < C \\ \delta_i + \xi_i^{j*} - f_i(x_j) = 0, 0 < \alpha_i^{j*} < C \\ i = 1,2,\cdots,m; l = 1,2,\cdots,r \end{cases} \tag{4-54}$$

根据式(4-54)可以求解阈值变量:

$$\begin{cases} b_i = y_i^j - \langle \omega_i, x^j \rangle - \delta_i = 0, \alpha_i^j \in (0,C) \\ b_i = y_i^j - \langle \omega_i, x^j \rangle + \delta_i = 0, \alpha_i^{j*} \in (0,C) \\ i = 1,2,\cdots,m; l = 1,2,\cdots,r \end{cases} \tag{4-55}$$

用任意一个支持向量机就可以求出阈值变量,也可以采用取平均值的方法。

2. 多变量支持向量机非线性回归算法

对于一个非线性回归问题,可以利用一个非线性映射 $\Phi(\cdot)$ 把训练数据映射到一个高维特征空间,然后在这个高维特征空间中建立一个线性回归函数。由于在优化过程中只考虑高维空间的内积运算,因此用一个核函数 $K(x,y)$ 代表高维空间中的内积运算 $\langle \Phi(x),\Phi(y) \rangle$,就可以实现非线性回归。与上面的线性回归问题推导过程几乎一样,可以得到和式(4-50)相似、约束条件一致的最优化问题。

$$
\begin{aligned}
\max W(\alpha_i^j, \alpha_i^{j*}) = & -\frac{1}{2}\sum_{i=1}^{m}\sum_{l,j=1}^{r}(\alpha_i^j - \alpha_i^{j*})(\alpha_i^j - \alpha_i^{l*})K(x^j, x^l) \\
& + \sum_{i=1}^{m}\sum_{l,j=1}^{r}(\alpha_i^j - \alpha_i^{j*})y_i^j - \sum_{i=1}^{m}\sum_{l,j=1}^{r}(\alpha_i^j + \alpha_i^{j*})\grave{o}_i
\end{aligned}
$$

$$(4-56)$$

其约束条件与优化问题式(4-51)中的约束条件相同。其中,采用核函数来计算特征空间的内积:

$$K(x^j, x^l) = \langle \Phi(x), \Phi(y) \rangle = \Phi(x)\Phi(y) \qquad (4-57)$$

多变量非线性回归函数可以表示为

$$f_i(x) = \sum_{j=1}^{r}(\alpha_i^j - \alpha_i^{j*})K(x_i, x) + b_i, i = 1,2,\cdots,m \qquad (4-58)$$

和线性回归问题一样,α_i^j 和 α_i^{j*} 由优化问题式(4-56)解出,阈值变量 b_i 由 KKT 条件求出:

$$
\begin{cases}
b_i = y_i^j - \sum_{l=1}^{r}(\alpha_i^l - \alpha_i^{*})K(x_i, x) - \grave{o}_i = 0, \alpha_i^j \in (0, C) \\
b_i = y_i^j - \sum_{l=1}^{r}(\alpha_i^l - \alpha_i^{l*})K(x_i, x) + \grave{o}_i = 0, \alpha_i^{j*} \in (0, C) \\
\qquad i = 1,2,\cdots,m; j = 1,2,\cdots,r
\end{cases}
$$

$$(4-59)$$

3. 应用实例分析

图4-31 是美国红石火箭的发射电路,这是一个典型的潜在问题案例,从图4-31 可以看出,当点火开关闭合后,如果出现尾部接地插头早于尾部脱落插头拔出,就会导致图中虚线所示的潜在问题,即导弹点火后引起非期望的关机。

系统包括4个可控元件:点火开关、紧急关机开关、尾部脱落插头以及尾部接地插头。系统预期实现的功能有两个:点火和关机,对应的功能元件就是关

154

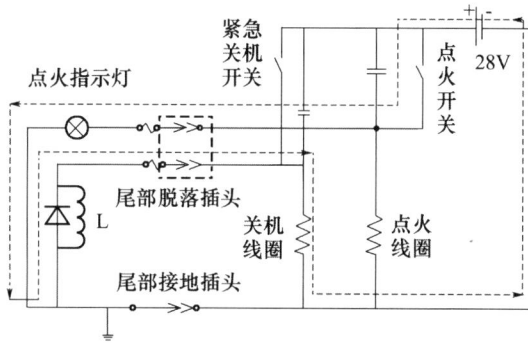

图 4 – 31 红石火箭发射电路简图

机线圈和点火线圈。电路中的电源,点火指示灯是常态元件,电感线圈 L 以及电容是中间元件。点火开关和紧急关机开关与电源直接相连,关机线圈和点火线圈与地直接相连。转换后的网络模型如图 4 – 32 所示。

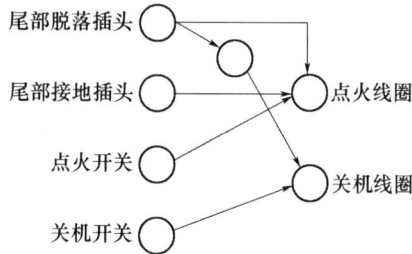

图 4 – 32 红石火箭发射的网络模型

设计需求:当点火开关关闭时,点火线圈工作,尾部脱落插头和尾部接地插头同时打开;关机开关闭合时,关机线圈工作。根据设计需求,由此可以得出系统的设计矩阵见表 4 – 5。表中 1 表示开关闭合或元件工作,0 表示开关打开或元件不工作。

表 4 – 5   红石火箭发射电路设计矩阵

序号	点火开关	关机开关	尾部脱落插头	尾部接地插头	点火线圈	关机线圈
1	1	0	1	1	1	0
2	0	1	0	0	0	1
3	0	0	0	0	0	0

由于此电路中的功能元件状态单一,所以用(0,1)描述。由电路可以看出关机开关闭合时,关机线圈工作;点火开关闭合时,点火线圈工作,而且尾部脱落插头和尾部接地插头同时断开。但是,在实际操作时,由于工艺误差可能引

155

起尾部脱落插头和尾部接地插头不是同时断开。由运行数据可知,在尾部脱落插头早于尾部接地插头断开时,系统仍然正常运行。另外,虽然关机开关和点火开关实际中禁止同时闭合,但是我们可以将此状态形成虚拟样本用于训练支持向量机。通过上述分析,可以得到表4-6所列的训练样本。

表4-6 训练样本

序号	输入1	输入2	输入3	输入4	输出1	输出2
1	0	0	0	0	0	0
2	0	0	0	1	0	0
3	0	0	1	0	0	0
4	0	0	1	1	0	0
5	0	1	0	0	0	1
6	0	1	0	1	0	1
7	0	1	1	0	0	1
8	0	1	1	1	0	1
9	1	0	0	0	1	1
10	1	0	0	1	1	1
11	0	0	0	1	0	0
12	1	1	0	0	1	1
13	1	1	0	1	1	1
14	1	1	1	0	1	1
15	1	1	1	1	1	1

实验中首先针对3个不同的BP网络,其结构分别为4—10—2、4—5—2、4—15—2。为了提高网络的泛化能力,在样本中加入白噪声形成150组新的样本,利用其中120组样本对网络进行训练,然后用其余30组作为测试样本。3个BP网络的泛化误差分别为0.22、0.41、0.64。由于开关电路只有两个状态,所以仅用两个状态值0、1表示。取阈值$\beta = 0.5$。因为4个开关状态一共有16种组合方式,表4-6给出了15种组合,还有一种开关组合状态$\{1,0,0,0\}$的预测功能是未知的。利用训练过的3个BP神经网络预测这种组合状态的实现功能分别为$\{1, 0.80\}$,$\{0.51, 0.45\}$,$\{0.42, 0.43\}$,所以确定实现的功能为$\{1, 1\}$,$\{1,0\}$,$\{0,0\}$。通过分析可以确定,后两个BP网络的输出结果是错误的,所以在利用BP网络的时候需要保证网络的泛化能力才能保证输出结果的正确性。

156

然后针对支持向量机,利用样本进行训练。在核函数的选择中,采用径向基函数

$$k(x,x_i) = \exp(-\parallel x_i - x_i \parallel_2^2 / \sigma^2)$$

其中,$\sigma = 10$。支持向量机参数 $\delta = 0.01$,$C = 500$。

实验结果表明,利用支持向量机能够准确地确定开关组合状态$\{1,0,0,0\}$实现的功能,其泛化能力比单个 BP 网络要高,提高了分析的可靠性。

4.6 基于递归神经网络的故障诊断方法

航天产品在测试发射过程中的数据集是一个小样本数据集,由于电磁干扰等存在,致使所获取的数据有时并不完整,加之许多干扰是在特定环境中产生的,出现一次后往往不再复现或较难复现,这些情况给航天测试发射的故障诊断带来了难度。在动态递归神经网络中,Hopfield 神经网络因其独特的自联想记忆功能,使得其对于小样本、不完整且存在噪声的数据具有很好的处理功能,因此本节将讨论一种采用 Hopfield 神经网络的故障诊断方法,并在此基础之上给出一种基于量子 Hopfield 神经网络的多故障方法。需要说明的是,本节处理的对象是航天器上的模拟电路,当然这两种方法也可用于其他对象。

4.6.1 联想记忆与 Hopfield 神经网络

在 Hopfield 的经典论文中讲述到大量简单元素(神经元)构成的物理系统能够展示出集体涌现的特性。简单地说,系统的集体特性不能从单一的元素显现,但是能从系统局部单元的相互作用中显现。

1. 联想记忆

联想是人类记忆的本质特征,大多数认知模型都以某种形式运用着联想,任何运用联想的记忆系统都可被称为联想记忆。联想记忆方式要求当向系统输入一个模式时,该系统能联想输出一个完整的期望模式。神经网络的联想记忆只需存储输入/输出模式间的转换机制,而不必像传统计算机那样存储各个输入/输出模式的本身。为说明联想记忆,这里先解释一些基本概念。

吸引子:处于稳定时的网络状态。在状态空间中,吸引子有可能是单点,称为固定(稳定)点;也有可能是有规律地在某些状态之间作周期性演变,称为极限环,如图 4-33 所示。

吸引域:使网络最后稳定在同一吸引子的所有初态的集合,称为该吸引子的吸引域。

原型状态(原型记忆)ϕ_h 可以由动态系统的固定(稳定)点 σ_h 表示。因此,ϕ_h 可以映射到网络的稳定点 σ_h 上。该映射可表示 $\phi_h \rightleftarrows \sigma_h$,其中向前的方向(由

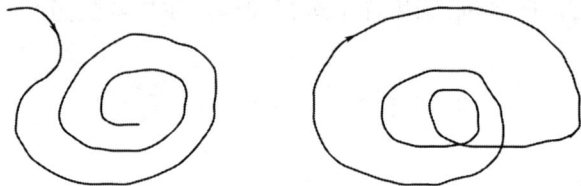

图 4 - 33　网络的吸引子

(a) 定点吸引子；(b) 极限环吸引子。

左到右)代表编码过程,向后的方向(由右到左)代表解码过程。图 4 - 34 解释了 Hopfield 神经网络联想记忆完成的状态空间编码/解码过程。在回忆过程中,将某一关键模式提交给网络,这个网络输入对应于状态空间中的初始点。假定该输入模式包含了原型记忆状态空间中某一稳定点全部信息(或者部分信息),当初始点"接近"记忆检索的稳定点时,则动态系统随时间演化到该记忆状态(即系统的相空间流收敛于该记忆状态),从而使系统产生适当记忆。

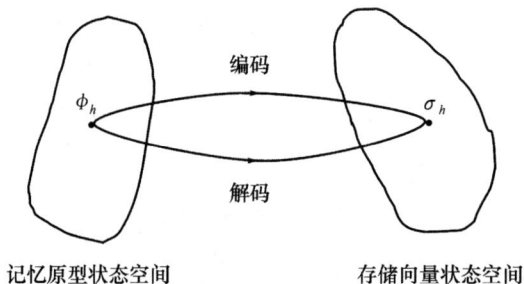

图 4 - 34　用 Hopfield 神经网络执行编码/解码的过程

在 Hopfield 神经网络中有一些不随时间变化的定点吸引子(或者说稳定平衡点),如果把欲记忆的某模式设置为网络的一个稳定平衡点,那么当网络从距该平衡点较近的某个初始态(相当于该模式被污染)出发,便能联想出该模式。这就是 Hopfield 神经网络能由部分信息或被污染了的信息,联想出全部信息的原理。

以一个具有联想记忆的单层神经网络为例,假定网络有一个输入向量:

$$\boldsymbol{u}(k) = [u_1(k), u_2(k), \cdots, u_n(k)]^T \qquad (4-60)$$

该向量称为关键输入模式。对应地,网络有一个输出向量:

$$\boldsymbol{y}(k) = [y_1(k), y_2(k), \cdots, y_n(k)]^T \qquad (4-61)$$

该向量称为记忆模式。$\boldsymbol{u}(k)$ 和 $\boldsymbol{y}(k)$ 的元素可以是正值也可以是负值,这在生物学上不一定合理。对于一个特定的维数 n,该神经网络能联想 h 个模式,且满足 $h \leqslant n$(n 表示网络的最大存储能力)。实际上,网络的工作能力为 $h < n$。关键向量 $\boldsymbol{u}(k)$ 和记忆向量 $\boldsymbol{y}(k)$ 之间的线性联想映射可用矩阵形式表示为

158

$$y(k) = W(k)u(k) \qquad\qquad (4-62)$$

式中:权值矩阵 $W(k) \in R^{n \times n}$ 由输入/输出对 $\{u(k),y(k)\}$ 共同决定,$k=1$,$2,\cdots,h$。对于每一个输入/输出对,有相应的权值矩阵 $W(1),W(2),\cdots,W$ (h)。由这组权值矩阵可构造记忆矩阵 $M \in R^{n \times n}$。M 描述了每个输入/输出对(或者联想模式整个集合)的权值矩阵总和。由此,记忆矩阵 M 可写为

$$M = \sum_{k=1}^{h} W(k) \qquad\qquad (4-63)$$

这个记忆矩阵能定义任意输入模式(关键模式)和相关输出模式(记忆模式)之间的整体连接。而且,记忆矩阵可认为是通过提交 h 个输入/输出模式给网络而获得的集体经验的表示。式(4-63)的递归形式可表示为

$$M_{k+1} = M_k + W(k), \quad k = 1,2,\cdots,h \qquad\qquad (4-64)$$

式中:$M_0 = 0$。从式(4-63)得到的最终结果与式(4-64)所示的结果一致。当记忆矩阵由第 k 个输入/输出对 $\{u(k),y(k)\}$ 产生的矩阵增量 $W(k)$ 构建时,当前的权值矩阵 $W(k)$ 在与前 $(k-1)$ 个权值矩阵的混合中失去其独特性质。然而,当前联想的信息在混合中并没有完全失去,它可以在给定关键模式和相应记忆模式的前提下,通过对记忆矩阵进行估计求得。

2. 离散 Hopfield 神经网络

离散时间 Hopfield 神经网络的神经元在架构上采用了 McCulloch-Pitts 模型,其激活函数采用硬限幅函数。因此,网络在任意时刻的状态只能是 -1 或 $+1$。网络的拓扑结构如图 4-35 所示。

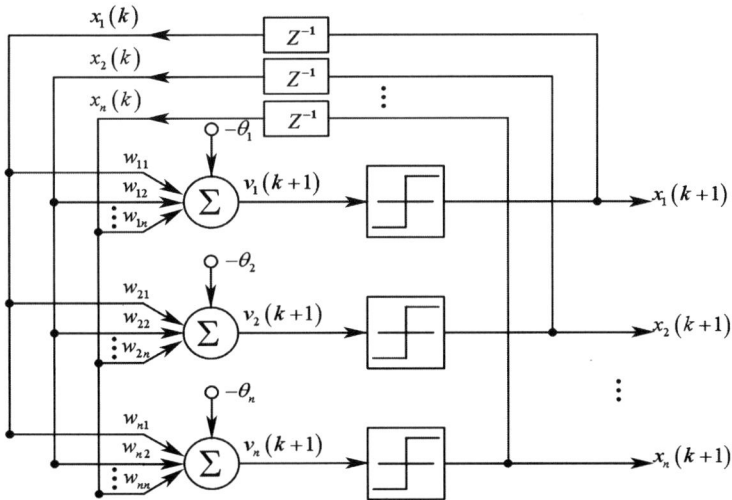

图 4-35　离散 Hopfield 神经网络模型

对于图 4 – 35 中的每一神经元,线性组合器的输出可表示为

$$v_j(k) = \sum_{i=1}^{n} w_{ji} x_i(k) - \theta_j(k), j = 1, 2, \cdots, n \qquad (4-65)$$

式中:$x(k) = [x_1(k), x_2(k), \cdots, x_n(k)]^T$ 代表网络的状态;$\theta_j(k)$ 代表第 j 个神经元的外部阈值。对于 $j = 1, 2, \cdots, n$,每一线性组合器的输出传送给对称硬限幅激活函数和单元延迟元素。单元延迟输出 $x_j(k)$ 是反馈给除自身之外的其他神经元的输入。这个过程通过令 $i = j$ 时,$w_{ji} = 0$ 实现。因此,每个神经元的状态可表示为

$$x_j(k+1) = \mathrm{sgn}(v_j(k)) = \begin{cases} +1, & v_j(k) > 0 \\ -1, & v_j(k) < 0 \end{cases} \qquad (4-66)$$

若 $v_j(k) = 0$,则 $x_j(k)$ 的值定义为其前一时刻的值。若将外部阈值写为向量形式,即 $\theta(k) = [\theta_1(k), \theta_2(k), \cdots, \theta_n(k)]^T$,那么网络的矩阵形式输出为

$$x(k+1) = \mathrm{sgn}(Wx(k) - \theta(k)) \qquad (4-67)$$

式中:W 是记忆矩阵 M,见式(4 – 64)。为与神经网络描述习惯一致,记为 W:

$$W = \begin{bmatrix} 0 & w_{12} & \cdots & w_{1n-1} & w_{1n} \\ w_{21} & 0 & \cdots & w_{2n-1} & w_{2n} \\ \vdots & \vdots & \ddots & \vdots & \vdots \\ w_{n-11} & w_{n-12} & \cdots & 0 & w_{n-1n} \\ w_{n1} & w_{n2} & \cdots & w_{nn-1} & 0 \end{bmatrix} \qquad (4-68)$$

离散时间 Hopfield 神经网络的联想记忆可分为两个阶段:存储阶段和回忆阶段。在存储阶段,假定网络有 r 个记忆原型,即 $\{\phi_1, \phi_2, \cdots, \phi_r\}$。网络的权值可根据下式计算:

$$W = \frac{1}{n} \sum_{i=1}^{r} \phi_h \phi_h^T - \frac{r}{n} I \qquad (4-69)$$

在回忆阶段,将测试输入向量 $x' \in R^{n \times 1}$ 提交给网络。初始化具有未知输入值的网络状态 $x(k)$,即 $x(k)|_{k=0} = x(0) = x'$。运用式(4 – 67)将网络状态异步更新,直到网络状态没有明显变化为止。当满足这个条件时,这个稳定(平衡)状态 x_e 就是网络的输出。

3. 量子 Hopfield 神经网络

本节在联想记忆机制的基础上,结合量子计算中的线性叠加原理及量子测量原理,提出一种带有时间延迟的量子 Hopfield 神经网络模型。

假定存在一个由量子态表示的关键输入模式 $|\Psi_k\rangle = [|\Psi_{k1}\rangle, |\Psi_{k2}\rangle, \cdots, |\Psi_{kn}\rangle]^T$。相应地,存在一个量子态表示的输出记忆模式 $|\Phi_k\rangle = [|\Phi_{k1}\rangle,$

$|\Phi_{k2}\rangle, \cdots, |\Phi_{kn}\rangle]^{\mathrm{T}}$。那么,对于某个特定输入/输出对$\{|\Psi_k\rangle, |\Phi_k\rangle\}$,存在如下关系:

$$|\Phi_k\rangle = W_k|\Psi_k\rangle \qquad (4-70)$$

式中:W_k代表一个量子态演化矩阵。由量子态的演化矩阵,就能构造出量子态的记忆矩阵,即

$$J_k = J_{k-1} + W_k \qquad (4-71)$$

根据上述原理,在基于 Feynman 路径积分的类量子 Hopfield 网络的基础上,出现了如下量子 Hopfield 神经网络模型:

$$\Psi_m^{\mathrm{out}} = \sum_{n=1}^{N} J_{mn}\Psi_n^{\mathrm{in}} \qquad (4-72)$$

式中:$J_{mn} = \sum_{k=1}^{P_s} \varphi_m^k(\varphi_m^k)^*$,$P_s$表示网络记忆模式的总数,$(\varphi_m^k)^*$表示$\varphi_m^k$的复共轭,$m$和$n$分别表示演化矩阵$J_{mn}$的行与列。

在上述量子 Hopfield 神经网络模型中,有以下问题值得考虑:

(1)量子态的演化应该是伴随时间发生的过程,这里就有可能存在时间迟滞的影响。另外,Hopfield 神经网络的运行过程中,反馈给网络输入的向量本身就是由其经过时间延迟得到的,因此,考虑时间延迟的量子 Hopfield 神经网络模型是有必要的。

(2)当对量子态进行测量时,得到的量子态是以一定概率出现的。那么在量子 Hopfield 神经网络的运行过程中,某个量子态所对应的演化矩阵也应该以一定概率出现的。也就是说,在构造量子 Hopfield 神经网络的过程中,演化矩阵应该加上概率因子的影响,以量测矩阵的形式出现。

由此,本节提出了一种带时间延迟的量子 Hopfield 神经网络模型,其网络拓扑结构如图 4-36 所示。其中,$\hat{O}$是一个叠加算子,表示量子态的叠加。

图 4-36 中的量子 Hopfield 神经网络模型可描述为

$$|x(t)\rangle = \sum_{k=0}^{d} \sum_{j=1}^{n} \langle w_{ij}^k | x_j(t-k)\rangle$$

$$= \sum_{k=0}^{d} W^k | x(t-k)\rangle \qquad (4-73)$$

式中:d为时间延迟的步长数。为使模型具有通用性,带有时间延迟的量子 Hopfield 神经网络模型中,任意神经元的输入应由前面$k=1,2,\cdots,d$个时间步长的延迟输出构成。$W^k = (|w_{ij}^k\rangle)_{n \times n}$表示在第$k$个时间延迟步长下的量子态量测矩阵。量测矩阵中的元素以量子态形式表示的原因在于:量子态实际是一个复数(2 维向量),要使量子态的每个基态都能相互作用,与每个量子态相连的权值也应是一个复数。

正如连接权值矩阵是构造 Hopfield 神经网络模型的关键因素,量测矩阵的

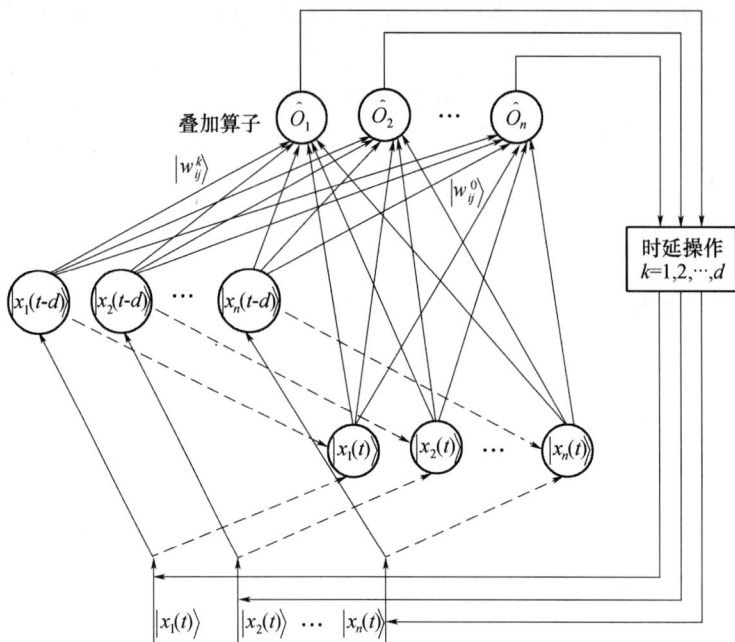

图 4 – 36　量子 Hopfield 神经网络模型

构造也是量子 Hopfield 神经网络模型中的重要环节。根据联想记忆机制,量测矩阵 $\boldsymbol{W}^k$ 与记忆矩阵 $\boldsymbol{W}$ 之间应满足

$$\boldsymbol{W} = \sum_{k=0}^{d} \boldsymbol{W}^k \qquad (4-74)$$

值得指出的是,记忆矩阵 $\boldsymbol{W}$ 应当由网络中所有记忆模式(假定有 h 个)求和而得。一般来讲,网络的记忆模式总数 h 与网络的时间延迟没有特定关系,然而在量子 Hopfield 神经网络中,每个延迟状态下的量测矩阵也反映了量子态演化的模式。为简单起见,本章所提的量子 Hopfield 网络模型中做了两个假设:假设时间延迟总步长代表了网络的记忆模式总数,及 $h = d$(因此,式(4 – 74)中的求和因子为 d);假设 $d = 1$,即仅考虑一个时间延迟步长的网络模型。那么在考虑网络有 r 个记忆原型 $\{|\boldsymbol{x}_1\rangle, |\boldsymbol{x}_2\rangle, \cdots, |\boldsymbol{x}_r\rangle\}$ 的前提下,量测矩阵与记忆的关系可采用如下算式加以描述:

$$\boldsymbol{W} = \frac{1}{n} \sum_{i=1}^{r} |\boldsymbol{x}_1\rangle\langle\boldsymbol{x}_i| - \frac{r}{n}\boldsymbol{I} \qquad (4-75)$$

$$\boldsymbol{W} = \boldsymbol{W}^0 + \boldsymbol{W}^1 \qquad (4-76)$$

$$w_{ij}^0 = \begin{cases} \rho_i w_{ij} + \rho_j w_{ji} & , i \neq j \\ 0 & , i = j \end{cases} \qquad (4-77)$$

162

$$\rho_i = \frac{\langle x_i(t) \mid x_i(t) \rangle}{\sum_{i=1}^{n} \langle x_i(t) \mid x_i(t) \rangle} \qquad (4-78)$$

式中:ρ_i 表示量测因子。

事实上,除了得到量测矩阵之外,更为关心的是究竟以多大的概率得到相应的量测矩阵。我们定义这个概率为 P,它满足

$$P^k = \sum_{i=1}^{n} \sum_{j=1}^{n} \mid p_{ij}^k \mid \qquad (4-79)$$

$$p_{ij}^k = \frac{w_{ij}^k - w_{ij}^{k-1}}{w_{ij}^{k-1}} \qquad (4-80)$$

4.6.2 基于 Hopfield 神经网络的故障诊断方法

1. Hopfield 神经网络的故障诊断方法

采用 Hopfield 网络的模拟电路故障诊断方法体系如图 4-37 所示。该方法的体系结构分为数据预处理与故障分类两部分。

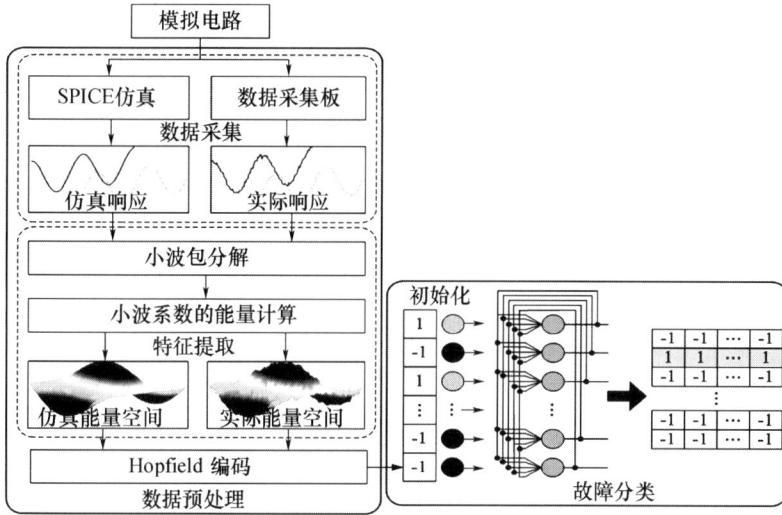

图 4-37 故障诊断方法的体系结构

在数据预处理模块中,包含了数据采集、特征提取和 Hopfield 编码三个子模块。在数据采集模块中,模拟电路的输出响应分别通过 MULTISIM 仿真与连接在实际电路终端的数据采集板进行数据采样,以获得理想输出响应数据集和实测输出响应数据集;在特征提取子模块中,理想与实测的电路输出响应分别作为训练与测试数据集进行小波包分解,这些分解的小波系数通过能量计算而得到的能量值构成相应故障的特征向量;在 Hopfield 编码子模块中,各样本的

特征向量按照特定的规则进行编码。在故障分类模块中,经 Hopfield 编码后的故障特征被提交给 Hopfield 网络以实现准确、迅速的故障分类。下面将具体介绍其中的关键技术。

1) 小波包分解及能量计算

小波包分析由前面章节中的小波分析延伸而来。小波分析通过近似系数与细节系数将电路输出响应分别分解为低频和高频成分。该过程可由母小波的尺度变换与平移变换得到,即

$$\psi_{a,b}(x) = \frac{1}{\sqrt{a}}\psi\left(\frac{x-b}{a}\right) \tag{4-81}$$

式中:$\psi_{a,b}(x)$ 代表母小波函数,a 与 b 分别表示小波变换的尺度和平移因子。电路响应 $I(x)$ 的小波系数可用下式表示:

$$C(a,b) = \langle \psi_{a,b}(x), I(x) \rangle$$
$$= \frac{1}{\sqrt{a}}\int I(x)\ \psi\left(\frac{x-b}{a}\right)\mathrm{d}x \tag{4-82}$$

为便于在计算机上高效运算,工程中一般采用离散二进制小波变换。这只需令上式中的尺度因子与平移因子分别为 $a = 2^j$ 和 $b = k2^j = ka, (j,k) \in Z^2$ 就可得到。受多分辨思想的启发,小波包分析将电路响应 $I(x)$ 在各个尺度上均分解为低频的近似部分和高频的细节部分,如图 4-38 所示。

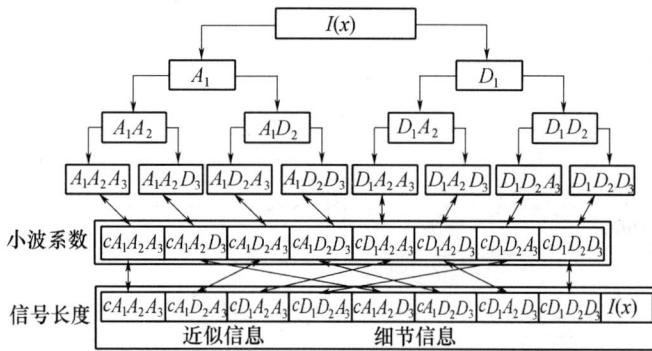

图 4-38　小波包分析

通过对信号的小波系数进行分析,可获得大量的统计信息用以刻画信号的特征,例如均方差、直方图、协方差矩阵、能量值等。在这些特征中,从高频/低频小波系数计算出的能量值提供了一种有效的特征描述方式。借助这种描述方式,我们可在能量空间中对具有不同频率的信号分量进行更加细致的区分。

Morchen 在关于采用 DWT 和 DFT 对时间序列进行特征提取的技术报告中,对小波系数的能量值进行了定义,即

164

$$E_{m,n}(x) = \sum_{i=1}^{N} \mid C_i^{m,n}(x) \mid^2$$

$$= \parallel C_i^{m,n}(x) \parallel_2^2 \qquad (4-83)$$

式中:m 表示小波分解的深度;n 表示在 m 深度下小波树的节点个数;N 表示节点 (m,n) 的小波系数长度。事实上,现有的大多数方法均采用这个定义进行能量计算。

Ekici 等人对上述定义进行了推广,即

$$E_{m,n}(x) = \sum_{i=1}^{N} \mid C_i^{m,n}(x) \mid^p$$

$$= \parallel C_i^{m,n}(x) \parallel_p^p \qquad (4-84)$$

式中:$1 \leqslant p \leqslant \infty$。

实际上,按照式(4-83)所描述的能量定义对某些信号的特征进行提取时,其区分能力较弱,尤其对弱信号而言。例如,通过式(4-83)计算得到的能量值的绝对值很小(或者都很大),在相同小波节点下,各能量值彼此之间相隔很近(能量值之间的差值不足以进行有效区分)。而在式(4-84)所定义的能量计算中,p 值需要根据研究者的经验进行选择才能得到较好的效果,而且当研究对象改变时,以前选择的 p 值有可能不再适用于当前信号的特征提取。为此,本节定义了一种新的能量函数对信号特征进行刻画:

$$E_{m,n}(x) = \parallel C^{m,n}(x) \parallel_2^2 N^{-1} \sum_{i=1}^{N} \exp\left(-\frac{C_i^{m,n}(x)^2}{2}\right) \qquad (4-85)$$

在具体的特征提取过程中,小波分解的尺度为 3 层,采用的小波基为 Haar 小波(db1 小波)。得到输出响应的高频和低频小波系数后,按照式(4-85)对各小波系数进行能量计算。

2) Hopfield 编码

在采用 Hopfield 神经网络进行故障诊断时,为了迅速准确地得到诊断结果,还需要对按式(4-85)得到的能量值进行编码。编码的规则可以图 4-39 所示的流程图来描述。

图 4-39 中,$A \in R^{m \times 1}$ 表示某一种实测故障响应的能量值向量,$B \in R^{m \times n}$ 表示由所有理想故障响应的能量值所构成的矩阵(m 为高频/低频的小波系数能量值共同构成的向量维数,n 为故障种类),$C \in R^{m \times n}$ 表示某一种实测故障所对应的 Hopfield 编码矩阵。当对某一特定信号的能量值进行编码时,编码过程搜索了能量空间中,所有与该信号能量值具有相同小波节点位置的故障响应能量值。因此,编码规则可以较为精细地反映能量值的编码状态。

2. 量子 Hopfield 神经网络的故障诊断方法

在上述采用 Hopfield 神经网络的故障诊断方法中,有以下几个问题值得

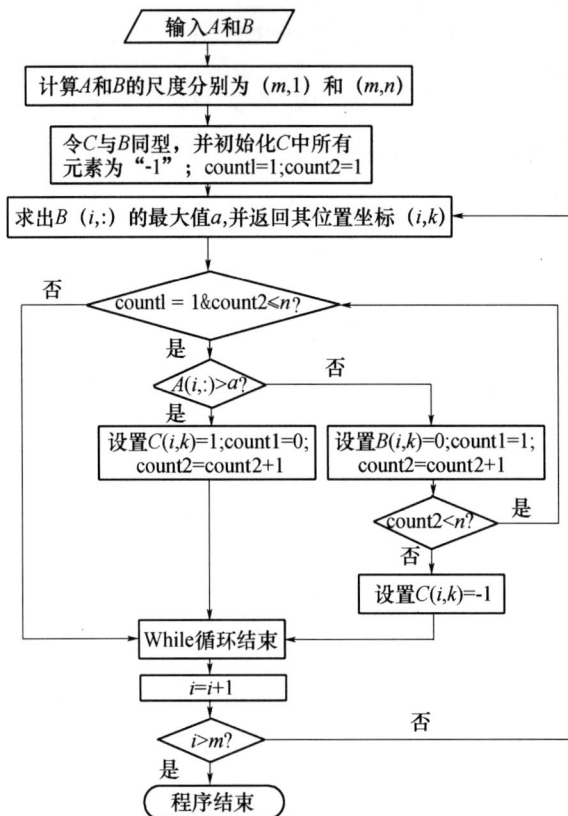

图 4 - 39　Hopfield 编码流程图

思考：

（1）采用 Hopfield 神经网络的故障诊断过程类似于"查字典"。换言之，当发生某个具体故障时，该故障模式被提交到 Hopfield 网络中，在联想记忆的驱动下，与某个特定记忆原型"匹配"（特征空间的初始点收敛到稳定点），从而判断出故障发生的种类。然而，当记忆原型中没有与该故障相对应的模式时，就会导致故障诊断失败。在此情况下，就需要增加相应的记忆原型，使得这种方法的"灵活性"欠佳。

（2）在实际工程中的故障诊断，通常是工作人员根据已获取的故障信息进行判断与评估，这是一个带有概率的决策过程。由多元统计、神经网络、支持向量机等方法得到的故障诊断结果虽然是一个确定值（超过控制限的信号特征值，或是某个确定分类数），但这并不意味着诊断的这个结果就绝对发生。在某些情况下，这些确定的诊断结果背后常常是伴随着"虚警"的发生。因此，对故障诊断结果比较合理的解释应该是故障以某种概率发生，而不是一个绝对发生的确定值。

为此，本节提出一种具有概率解释机制的量子 Hopfield 神经网络进行故障

166

诊断。需要说明的是,这种采用量子 Hopfield 神经网络的故障诊断方法中,故障能量特征的提取与采用 Hopfield 神经网络的故障诊断方法中的能量特征提取方法是一样的,不同的地方有以下三点:

(1)采用量子 Hopfield 神经网络的故障诊断方法的思想是,根据量子演化规律将单故障视为量子基态,多故障视为量子激发态,耦合的多故障可表示为单故障以特定的概率叠加而来,从而实现多故障的成因的概率解释;

(2)采用量子 Hopfield 神经网络的故障诊断方法中不再需要对已获取的能量特征进行 Hopfield 编码,取而代之的是对该能量特征进行量子化;

(3)采用量子 Hopfield 神经网络的故障诊断方法中所使用的神经网络不再是传统的 Hopfield 神经网络,取而代之的是量子 Hopfield 神经网络。

采用量子 Hopfield 神经网络进行的故障诊断流程:

(1)将理想的单故障能量特征和实测的多故障实测能量特征量子化,并标准正交化;

(2)将预处理的标准单故障能量特征作为量子记忆原型,并根据式(4-75)计算出相应的记忆矩阵;

(3)根据式(4-77)与式(4-78)计算出各个记忆原型的量测矩阵;

(4)将预处理的实测多故障能量特征作为量子联想记忆的关键输入模式,并根据式(4-77)与式(4-78)计算出各个关键输入模式的量测矩阵;

(5)依次计算各个关键输入模式相对各个记忆原型的量测矩阵;

(6)根据式(4-80)计算出各个关键输入模式以每个记忆原型出现的概率矩阵;

(7)通过步骤(6)求得的概率矩阵计算出各个关键输入模式以每个记忆原型出现的概率;

(8)根据由步骤(7)计算得到的概率值判断多故障以多少概率由相应单故障叠加而来。

4.6.3 故障诊断案例

1. 模拟电路的单故障诊断

本节的故障电路为如图 4-40 所示的 Sallen-Key 带通滤波器。若电路各元件都在其正常值范围内,该电路的中心频率为 25kHz。假定该滤波器中电阻和电容的容差分别为 5% 与 10%。当 R2、R3、C1、C2 中的任一元件超过或低于其正常值的 50%,而电路其他元件都在其允许的容差范围内变化时,Sallen-Key 滤波器输出一种故障响应。由此,可获得 R2⇑、R3⇑、C1⇑、C2⇑、R2⇓、R3⇓、C1⇓、C2⇓ 8 种故障,其中 ⇑ 和 ⇓ 分别表示超过正常值的 50% 与低于正常值的 50%。

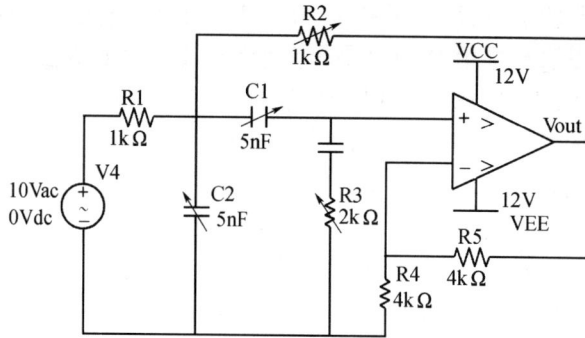

图 4 - 40　Sallen-Key 带通滤波器

在 Sallen-Key 滤波器中,施加的激励响应为幅值为 10V、脉宽为 10μs、周期为 0.5ms 的方波信号。该电路在不同故障模式下的理想输出响应通过 MULTI-SIM 仿真得到,实际输出响应在电路终端以 500kS/s 的采样率采集得到。图 4 - 41 描述了 Sallen-Key 滤波器在不同故障模式下的理想与实测电路数据。

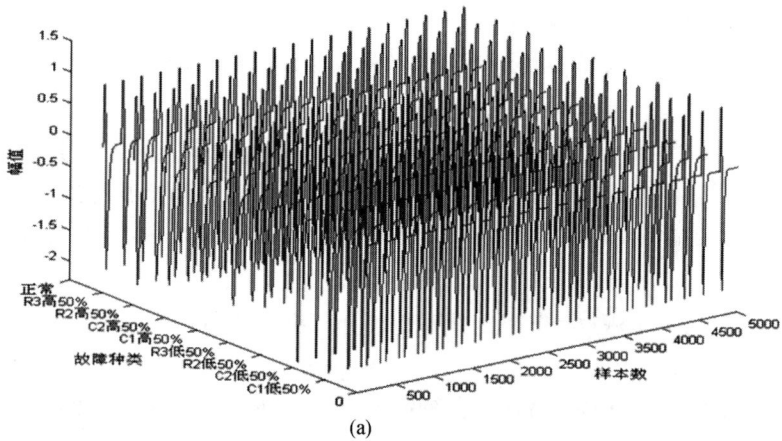

(a)

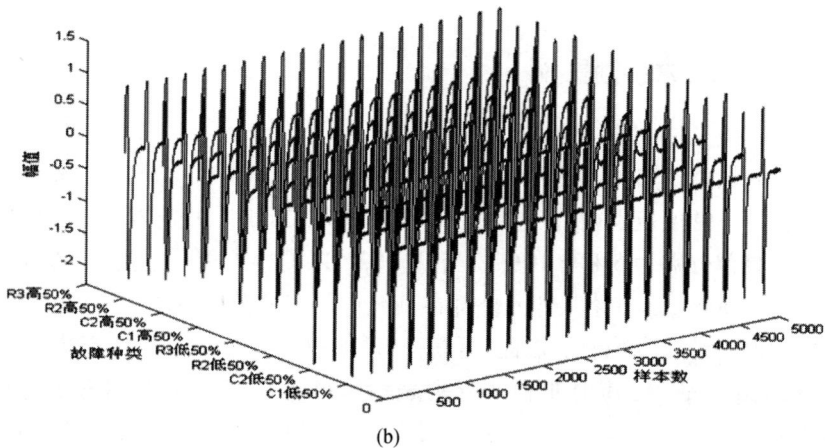

(b)

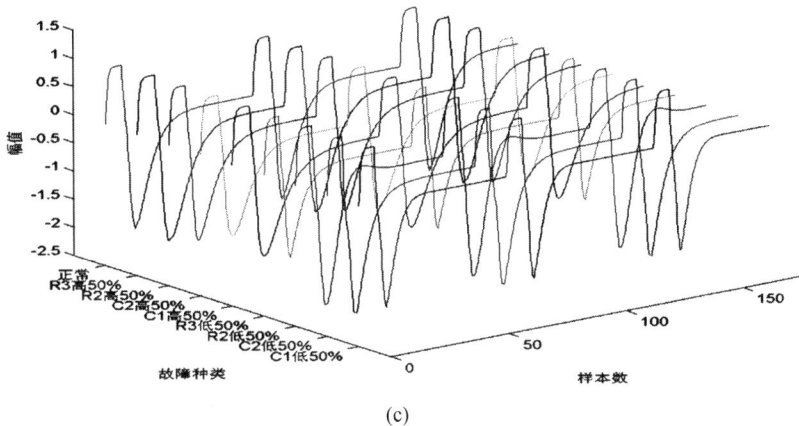

(c)

图 4 - 41 Sallen - Key 带通滤波器的输出响应

(a) MULTISIM 仿真的输出响应；(b) 实测的输出响应；(c) 图(a)的局部放大。

从图 4 - 41(c)中可以看出,正常的输出响应与故障输出响应之间的信号趋势相差并不大,所以仅仅依靠信号差异并不能有效地诊断出各类故障。这就需要借助一定的分析工具对信号进行预处理,从而提取出相关的故障特征以实现有效的故障诊断。

在获取电路响应之后,通过小波包分解,并按照式(4 - 85)进行能量计算,便可得到我们需要的故障能量特征。Sallen - Key 滤波器在 3 个尺度下的近似小波系数与细节小波系数的能量计算值显示在表 4 - 7 中。其中,E 的第一个下标代表分解的尺度,第二个下标代表分解的小波节点数。

表 4 - 7　Sallen - Key 带通滤波器数据的能量值

故障种类	$E_{3,0}$	$E_{3,1}$	$E_{3,2}$	$E_{3,3}$	$E_{3,4}$	$E_{3,5}$	$E_{3,6}$	$E_{3,7}$
理想 C1 ⇓	29.6775	6.7007	3.3069	1.5585	1.6904	0.7651	0.4295	0.5090
理想 C2 ⇓	33.5858	7.1649	3.5352	1.8253	1.7930	0.8604	0.4535	0.5452
理想 R2 ⇓	36.2734	7.0677	3.5495	1.3374	1.7789	0.6458	0.3358	0.4294
理想 R3 ⇓	26.1819	6.0872	2.9817	1.4669	1.5008	0.7203	0.4121	0.5073
理想 C1 ⇑	29.3510	6.1503	3.0444	1.2170	1.5336	0.5935	0.3237	0.3948
理想 C2 ⇑	28.4127	5.8698	2.9036	1.1380	1.4661	0.5631	0.2874	0.3512
理想 R2 ⇑	29.8841	6.3127	3.1270	1.3044	1.5476	0.6166	0.2949	0.3861
理想 R3 ⇑	32.7519	6.4958	3.2338	1.2398	1.6323	0.6093	0.3107	0.4070
正常	31.7179	6.4925	3.2256	1.3083	1.6149	0.6253	0.3069	0.4019
实际 C1 ⇓	29.7287	6.9382	3.5391	1.6745	1.7850	0.6187	0.4458	0.5369
实际 C2 ⇓	35.3749	6.3082	3.5357	1.3215	2.0384	1.2781	0.5193	0.5078

故障种类	$E_{3,0}$	$E_{3,1}$	$E_{3,2}$	$E_{3,3}$	$E_{3,4}$	$E_{3,5}$	$E_{3,6}$	$E_{3,7}$
实际 R2⇓	33.2558	7.1137	3.5400	1.3972	1.7847	0.6104	0.4051	0.4835
实际 R3⇓	27.5793	9.6395	3.0168	1.4085	1.5307	0.7255	0.3286	0.5082
实际 C1⇑	29.4064	6.2147	3.0682	1.3045	1.5348	0.7116	0.3301	0.3693
实际 C2⇑	28.5044	6.5728	2.9037	1.1429	1.5340	0.5689	0.3043	0.3601
实际 R2⇑	27.7924	6.3519	3.5497	1.3243	1.6200	0.6098	0.3055	0.3904
实际 R3⇑	33.0582	7.0688	3.2745	1.2177	1.6359	0.6094	0.4125	0.4162

　　这些能量值在单独情况下所包含的故障信息有限,并不能作为区别不同故障模式的特征。受"集体涌现"思想的启发,将相关小波系数在各个尺度下的能量值组合成一个向量,通过该向量各元素的相互作用就能完整地体现不同模式故障之间的本质区别。而这些特征向量张成的空间,我们称之为故障特征空间。在该空间中,由理想数据集得到的标准故障特征向量(记忆原型)是唯一的,而由实测数据得到的个例故障特征向量(记忆起始点)会在联想记忆的帮助下演化到记忆原型。Sallen – Key 滤波器的故障特征子空间如图 4 – 42 所示。其中,F1,…,F8 分别表示 C1⇓、C2⇓、R2⇓、R3⇓、C1⇑、C2⇑、R2⇑、R3⇑,NF 表示无故障。

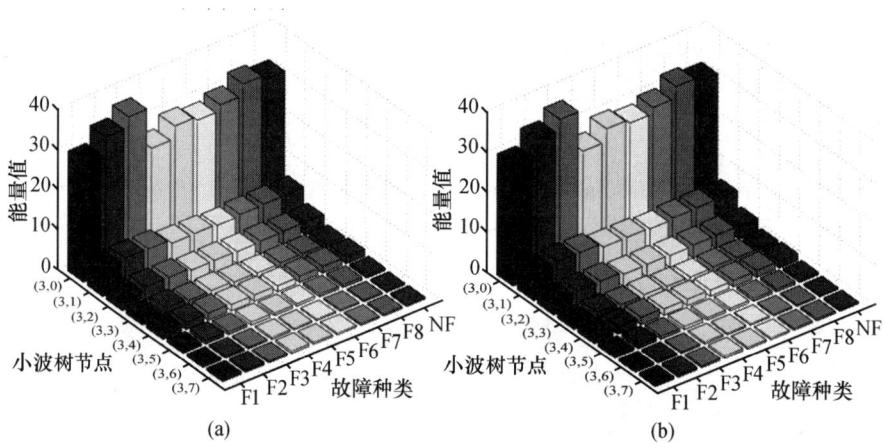

图 4 – 42　Sallen – Key 带通滤波器的故障特征子空间
（a）标准的故障特征子空间；（b）实测的故障特征子空间。

　　在完成故障能量特征子空间的求解之后,根据图 4 – 39 所示的编码规则,可得到关于 Sallen – Key 带通滤波器在不同故障模式下的编码,如图 4 – 43 所示。其中,(3,0) ~ (3,7)分别表示 C1⇓、C2⇓、R2⇓、R3⇓、C1⇑、C2⇑、R2⇑、R3⇑等 8 种故障在相应小波节点的编码状态。

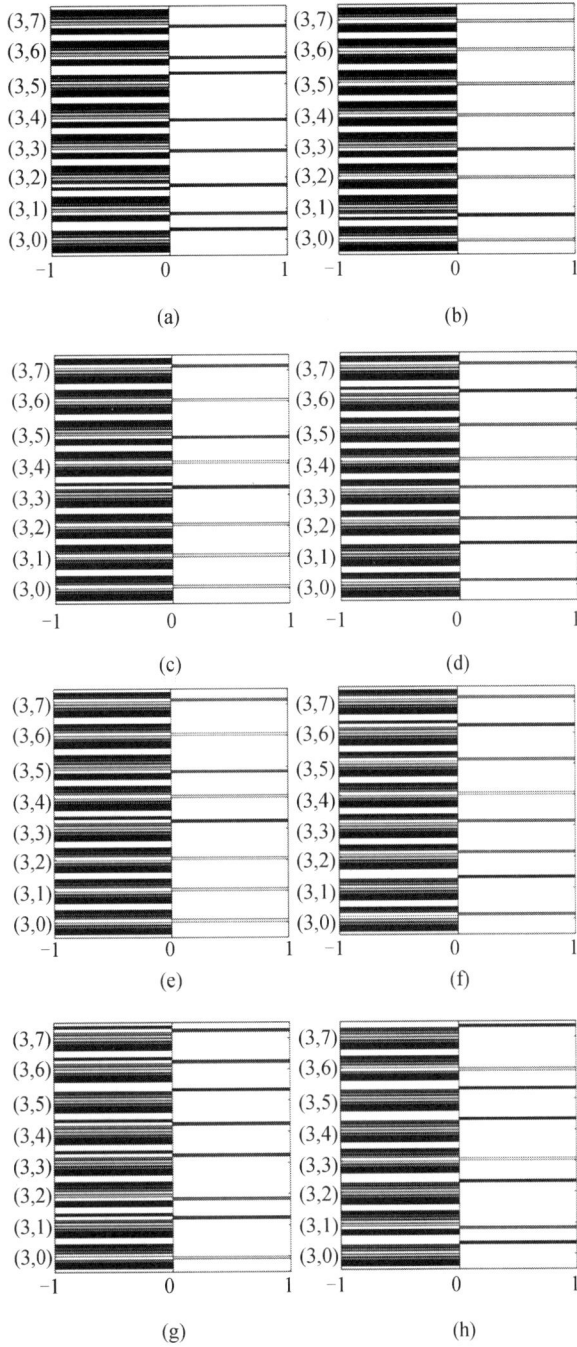

图 4 - 43 Sallen - Key 带通滤波器的实测故障特征编码

(a) C1 $\Downarrow$; (b) C2 $\Downarrow$; (c) R2 $\Downarrow$; (d) R3 $\Downarrow$;

(e) C1 $\Uparrow$; (f) C2 $\Uparrow$; (g) R2 $\Uparrow$; (h) R3 $\Uparrow$ 。

图 4 - 43 中实测情形下的故障特征编码被当作"记忆初始点"(网络输入)提交给 Hopfield 神经网络,而 Sallen - Key 滤波器在 MULTISIM 仿真下(理想情形)的故障特征编码则被当作"记忆稳态"(网络目标向量)提交给 Hopfield 网络。在设置好合适的时间步长后(本节的时间步长仅为 5 步),实测的故障特征在 Hopfield 网络自联想记忆驱动下,朝预定的记忆稳态(故障记忆原型)演化,进而实现快速准确的故障分类。图 4 - 44 描述了采用本节所提方法对具有软

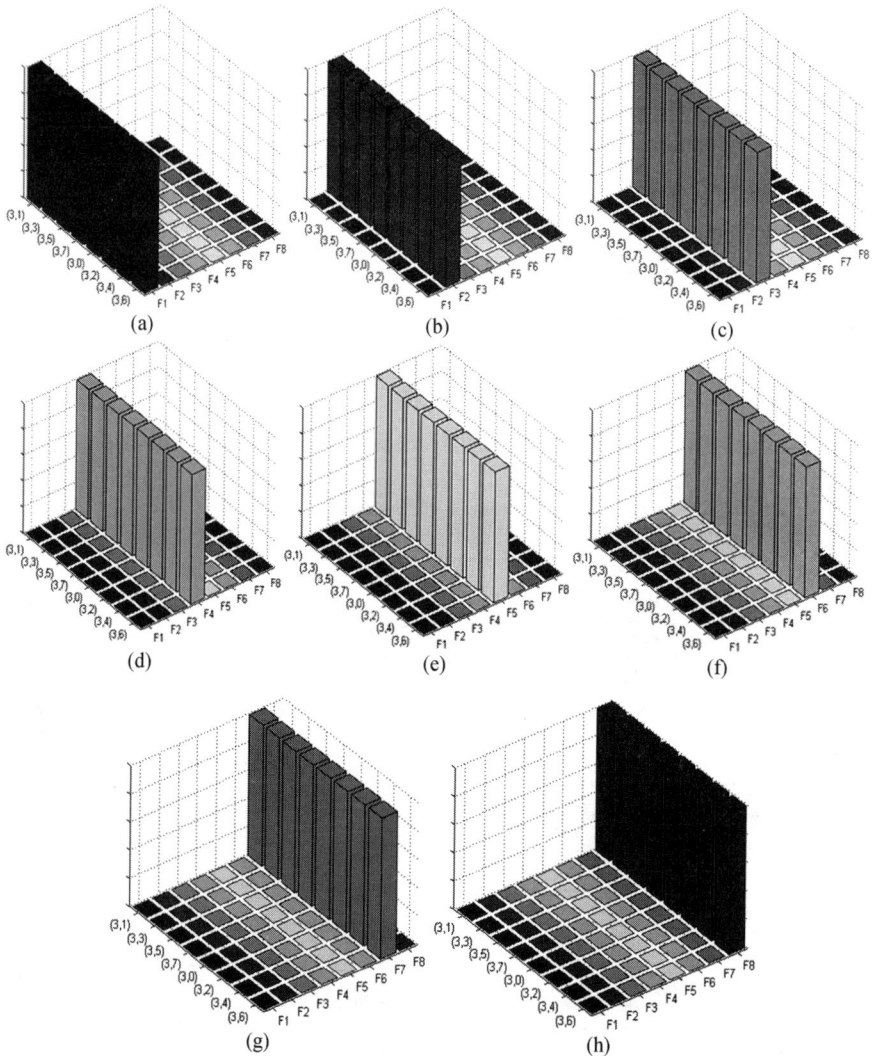

图 4 - 44 Sallen - Key 带通滤波器的故障分类

(a) C1⇓; (b) C2⇓; (c) R2⇓; (d) R3⇓;

(e) C1⇑; (f) C2⇑ (g) R2⇑; (h) R3⇑。

故障的 Sallen - Key 滤波器的诊断结果。其中,F1,…,F8 分别表示 C1⇓、C2⇓、R2⇓、R3⇓、C1⇑、C2⇑、R2⇑、R3⇑,(3,0) ~ (3,7) 分别表示相应小波节点的状态。

2. 模拟电路的多故障诊断

本节仍以 Sallen - Key 滤波器为例,针对多故障耦合发生的情形,利用量子 Hopfield 网络进行故障诊断。分别考虑以下 4 种多故障:C1 和 C2 同时低于容限 50%, 即 C1⇓C2⇓(MF1);R2 和 R3 同时高于容限 50%, 即 R2⇑R3⇑(MF2);R2 和 R3 同时高于容限 50% 并且 C1 于容限 50%, 即 R2⇑R3⇑C1⇓(MF3);R2 和 R3 同时高于容限 50% 并且 C1 和 C2 同时低于容限 50%, 即 R2⇑R3⇑C1⇓C2⇓(MF4)。四种故障的 MULTISIM 仿真和实测输出响应分别由图 4 - 45(a) 与(b) 给出(数值实验中,每种多故障响应的样本数依然为 5000。为便于观察,本节直接给出故障信号的局部放大图)。经过 4.6.2 节谈到的小波包分解和能量计算后,四种故障的标准和实测能量空间分别由图 4 - 45(c) 与(d) 给出。

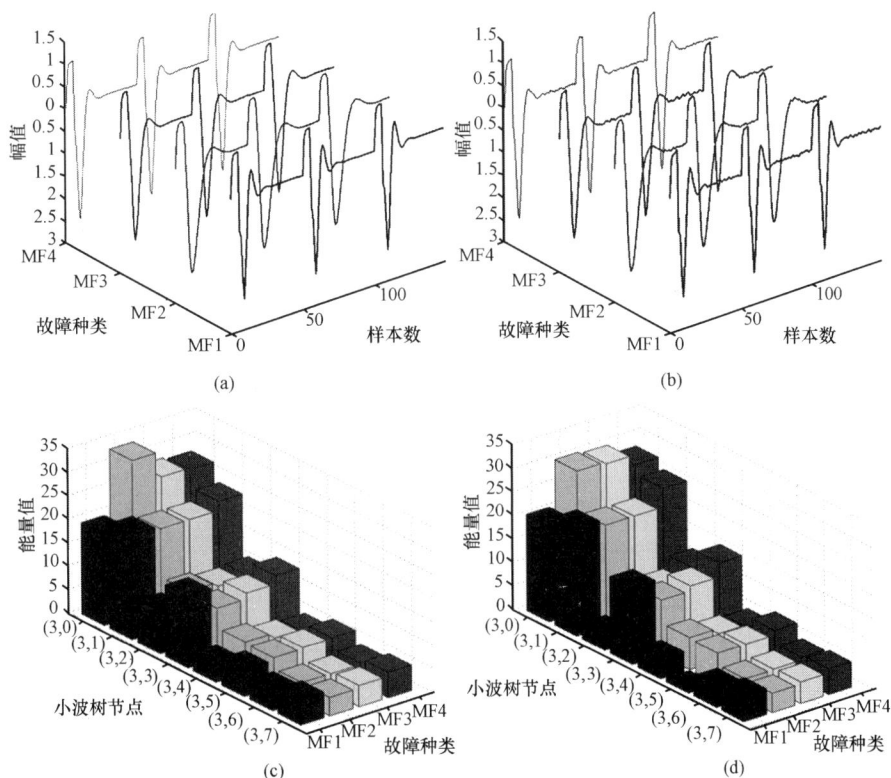

图 4 - 45　Sallen - Key 带通滤波器的多故障输出响应与故障特征

(a) 多故障 MULTISIM 仿真的输出响应;(b) 多故障实测的输出响应;

(c) 多故障标准的故障特征子空间;(d) 多故障实测的故障特征子空间。

按照上述步骤求得的多故障相对单故障出现的概率显示在表4－8中。从表中可以看出,多故障 MF1 以单故障 C1⇓发生的概率为76.56%,以单故障 C2⇓发生的概率为68.36%,而以其他单故障发生的概率比较小。因此,可以认为多故障 MF1 是由单故障 C1⇓和 C2⇓叠加而来。这与实际发生的多故障耦合模式是一致的。类似地,可以得到多故障 MF2 分别以概率66.02% 和73.05%由单故障 R2⇑和 R3⇑耦合形成;多故障 MF3 分别以概率75.39%、67.97%、62.50%由单故障 C2⇓、R2⇑、R3⇑耦合形成;多故障 MF4 分别以概率63.67%、61.72%、69.92%、62.50%由单故障 C1⇓、C2⇓、R2⇑、R3⇑耦合形成。

表4－8　Sallen－Key 滤波器多故障的诊断结果

多故障种类	单故障种类							
	C1⇓	C2⇓	R2⇓	R3⇓	C1⇑	C2⇑	R2⇑	R3⇑
MF1	76.56%	68.36%	5.86%	10.16%	16.41%	14.84%	18.36%	22.66%
MF2	13.67%	5.08%	13.28%	18.75%	20.70%	4.30%	66.02%	73.05%
MF3	17.19%	75.39%	10.55%	8.59%	10.55%	24.61%	67.97%	62.50%
MF4	63.67%	61.72%	14.84%	6.25%	11.33%	16.02%	69.92%	75.39%

图4－46 给出了多故障诊断结果的概率分布示意图,其中 MF1～MF4 中每行的8个色块分别表示8种单故障,MF1～MF4 中每种色块的长短代表对应单故障发生的概率大小。

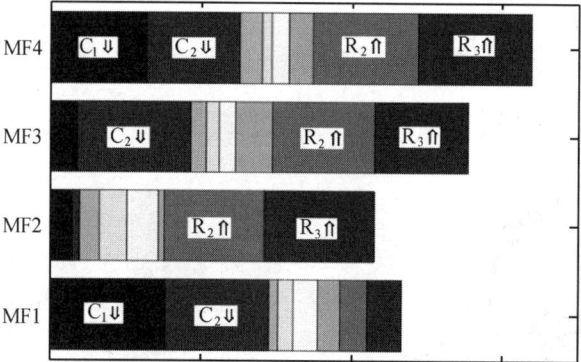

图4－46　Sallen－Key 带通滤波器的
多故障诊断结果的概率分布示意图

第五章 航天发射飞行安全控制建模与智能决策

安全控制是航天发射飞行中的另一个重要技术。对航天发射飞行进行安全控制的目的是,在航天发射过程中运载火箭飞行非常重要的初始段,也是最不安全的时段,有效地监控飞行过程中安全管道、星下点和飞行参数,对发射飞行安全进行保障和实时安全控制决策。因此,需要建立安全控制参数计算模型并实时计算飞行过程中的相关参数,判断运载火箭实时飞行状态,当飞行参数达到或超出告警线范围时,作出准确可靠的安全控制决策。

本章主要阐述航天器发射过程中实时飞行弹道、安全管道、落点等安全控制参数的计算,以及安全判决方法和安全控制策略,讨论了通过多源数据融合计算飞行轨迹的一般方法;阐明故障状态下液体推进剂运载火箭爆炸模式、弹片散布模型、毒气泄漏扩散模型和 GIS 计算分析模型,计算爆炸的威胁范围;讨论了基于空间信息处理和损失估计的智能安全控制决策,以及故障等已经发生的智能应急决策。

5.1 航天发射飞行安全控制概述

航天发射技术复杂、风险性高,从发射起飞到级间分离的飞行过程中,一旦发生故障时,火箭携带的数百吨燃料将危及落点附近重要设施和周边城市,造成非常严重的安全威胁。若处理不当,必将会给人民生命财产和地面重要设施造成巨大损失。因此,安全控制作为保障航天发射安全的一个主要措施,一直是航天发射任务中关注的重要方面。

在航天发射中,需要实时计算飞行过程中安全管道、星下点和飞行轨迹等参数,准确可靠地判断运载火箭当前状态,当实时数据达到或超出告警线范围,安全控制系统作出相应处理和响应。安全控制作为保障航天发射安全,应对发射飞行故障的一个主要措施,要求正确判断和反映当前的飞行态势。因此,需要准确可靠地获取、处理和分析运载火箭当前飞行轨迹和飞行状态,精确计算飞行弹道参数、安全管道,对发射飞行安全进行保障和实时安全控制决策。

5.1.1 航天发射飞行安全控制基本概念

在航天发射飞行过程中,安全控制包括安全控制决策和安全控制指令的产生与发送,它是通过对各种测量设备提供的实时弹道数据进行实时处理,将得出的计算值与理论数据和安全管道进行比较,并对运载火箭飞行状态进行判断,当实时参数值达到或超出故障线范围时,表示火箭已处于故障状态;当实际参数值达到允许炸毁线,且落点将超出允许落点范围而危及地面安全时,将作出安全控制决策对运载火箭采取措施加以控制,终止火箭动力飞行并将其炸毁。

安全控制对于航天发射过程中意义重大,及时有效的安全控制措施是确保在火箭发射故障时将损失降到最小程度的有效手段。由此可以看出,安全控制决策的过程与结果是否可靠、准确,是地面安全控制系统圆满完成航天发射任务的基础。

航天发射飞行安全控制决策具有以下3个特点:

(1)综合性。在安全控制中不仅要综合考虑火箭当前飞行的各个参数,以正确可靠地判断火箭当前状态,还要考虑飞行航区尤其是落点周围的相关地理环境等信息,其信息类型复杂,数据量巨大。

(2)高可靠性。由于安全控制系统对保护人民生命财产所起的重要作用,不仅要求其能够在航天发射飞行过程中无故障地持续运行,而且还要求其能正确地完成相关信息数据的获取、处理和分析过程,其结果具有较高精度,能够如实地判断和反映当前安全控制的态势(如火箭当前飞行状态、地面情况等信息)。

(3)强实时性。由于航天发射过程中火箭处于高速飞行状态,一旦出现故障,留给安控指挥员的时间极其有限,因此安全控制系统能够在极短的时间内完成相关信息数据的获取、处理和分析过程,并作出决策。

5.1.2 航天发射飞行地面安全控制系统信息处理流程

运载火箭飞行安全控制系统包括箭载安全控制系统和地面安全控制系统,本章主要针对地面安全控制系统的特点进行讨论,提出关于航天发射飞行安全控制建模与智能决策的方法。运载火箭飞行地面安全控制系统包括了运载火箭飞行信息采集、处理到飞行状态判断、安全控制指令形成与发送的全过程,其中飞行状态的实时判断是整个系统的核心部分,如何获得准确的判断结果,避免出现错误安控指令和漏判安控指令的情况,是飞行安全控制建模和智能决策的关键所在,地面安全控制系统的信息处理流程如图 5-1 所示。

运载火箭飞行地面安全控制系统的主要功能是对运载火箭的各类飞行参

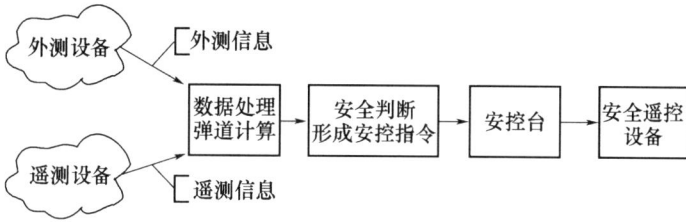

图 5 - 1 安全控制系统的信息处理流程

数进行实时处理和监控,正确判断运载火箭的飞行状态,及时发出相应的安控指令等。由图 5 - 1 中安全控制系统信息处理流程可以看出,通过外测和遥测设备获取的测量数据是系统的基础数据,正确的数据处理和精确的弹道计算方法能进一步保证形成各类判据的可靠性,而合理的安全判断规则、安全控制模型则能保证系统得出正确的判决结果和安控指令。

5.1.3 安全判决方法及安全控制策略

安全判决方法和安全控制策略是对航天发射飞行进行安全管理和控制的依据。在运载火箭飞行过程中,主要是依据实时接收到的反映运载火箭各系统工作状态的遥测数据,以及运载火箭的飞行轨迹来判断其是否正常。反映运载火箭工作状态的参数和飞行轨迹将用于运载火箭飞行的安全控制。安全管道用于超界判断,告警线为运载火箭正常动力飞行的边界线;炸毁线是允许立即终止故障箭动力飞行的边界线。不同的边界线用于形成不同的安全控制决策。在运载火箭需由地面安全控制系统实施炸毁时,也需要选用适当的落点控制策略(落点选择)。

1. 安全判断方法

在设计安全判断方法时,遵循以下原则:

(1)外测与遥测,以外测为主,并充分发挥遥测的作用。

(2)弹道落点参数与遥测参数,以前者为主,兼顾后者。

(3)落点参数与弹道参数,以落点参数为主,弹道参数为辅。

(4)当没有遥测信号时,通过提高"外测告警"的标准和外测"告警指令",让外测单独判断;当弹道与落点出现矛盾的现象,以落点为主进行安判。

以落点与速度参数联合告警为例说明算法,下面给出几个符号:

W 为外测值,J 为告警线,S_i 为计算机内部产生的信号,它的值为 0 或 1,V_k 为发射系速度值,β_c 为某一时刻的落点参数。

$$S_1(W, \beta_c, 10, J) = \begin{cases} 1, & \text{当外测落点连续 10 点超越告警线时} \\ 0, & \text{其他} \end{cases} \quad (5 - 1)$$

$$S_2(W, V_k, 10, J) = \begin{cases} 1, \text{当外测速度连续 10 点超越告警线时} \\ 0, \text{其他} \end{cases} \quad (5-2)$$

当 S_1 和 S_2 均等于 1 时,外测落点与速度参数联合告警成立,即

$$S_W = S_1(W, \beta_c, 10, J) \wedge S_2(W, V_k, 10, J) = 1$$

在航天发射飞行过程中进行安全判断的依据是安全判别表,见表 5-1。

表 5-1　安全判别表

类	序	曲线坐标	告警线	炸毁线
外测 弹道 落点	1	落点	√	√
	2	射程	√	√
	3	速度	√	√
	4	倾角	√	
	5	偏角	√	
遥测 弹道 落点	6	落点	√	√
	7	射程	√	√
	8	速度	√	√
	9	倾角	√	
	10	偏角	√	
遥测 姿态 参数	11	俯仰角偏差	√	
	12	滚动角偏差	√	
	13	偏航角偏差	√	
遥测 压力 参数	14	一级压力 1	√	
	15	一级压力 2	√	
	16	一级压力 3	√	
	17	一级压力 4	√	
	18	二级压力	√	
…	…	…	…	…
注:符号" √ "表示对此参数在这方面进行判决				

2. 超界判断

超界判断是判断飞行参数(状态参数和落点参数)是否超越了告警线或炸毁线。在两线之间为未超界,在两线之外为超界。这里以落点告警线为例,说明如下:

对于某一时刻的落点经纬度参数 λ_c、β_c 可以找出 $\lambda_{i-1} < \lambda_i < \lambda_c < \lambda_{i+1}$,对应于 $\lambda_i, i = 1, 2, \cdots, n$(理论落点经度),利用 β_{i-1}、β_i、β_{i+1}(理论落点纬度),采用

178

拉格朗日三点内插方法,得到 λ_c 所对应的理论落点纬度 β'_c,利用安全属性数据库中的落点纬度告警上、下管道数据,采用同样的插值方法,计算出对应于 λ_c 的落点纬度告警上、下管道数据 $\beta_{c告警上}$、$\beta_{c告警下}$。当 $\beta_c \in [\beta_{c告警下}, \beta_{c告警下}]$ 成立时,认为飞行器处于告警线之内,否则为超越告警线,此时可以找出参数 β_c 与告警线之差:

$$\begin{cases} \Delta\beta_{c上} = \beta_{c告警上} - \beta_c \\ \Delta\beta_{c下} = \beta_c - \beta_{c告警下} \end{cases} \qquad (5-3)$$

超越炸毁线的方法与此相同,其他曲线的判断亦同。

3. 落点选择

进行落点选择时,首先由瞬时落点参数可以外推出三组落点参数:X_{ci}、Z_{ci}、$\sin\delta_c$、$\cos\delta_c$($i=1,2,3$),X_{ci}、Z_{ci} 为发射系坐标,δ_c 为速度向量在地面上投影的大地方位角;若三组落点经纬度参数 λ_c、β_c 皆符合落点选择要求,则认为此瞬时落点符合落点选择要求,否则不选取。

落点选择步骤是:先进行一次落点选择,成功则不进行第二次选择;否则进行第二次选择,若第二次选择仍不成功,则说明此瞬时落点不符合落点选择要求。通过一次落点选择的计算,如果确定所有保护城市的保护圆均与运载火箭残片散布椭圆相离,则不进行二次落点选择,二次落点选择是对不满足一次落点选择条件的保护城市的保护圆再次确定其是否与残片散布椭圆有相交或相含的情况。

5.2 航天发射飞行安全控制参数计算模型

在航天发射中,运载火箭残骸分离坠落或故障箭坠落弹道模型和落点落区分析是安全控制中必须解决的问题。正常飞行时根据助推器、一级箭体、整流罩分离时参数,利用落点计算模型,计算出坠落弹道和落点。一旦运载火箭飞行中发生故障时,为保护重点目标,就需要实时计算出实时落点、故障箭爆炸碎片散布范围和毒气浓度扩散区域,并确定在气象地理环境等条件下的分布范围,计算出威胁面积和人口等,从而描述危害程度和态势,选择最佳的安全控制时机,对地面实施保护,达到减少损失的目的。安全控制参数的计算主要包括飞行实时弹道计算、落点计算、安全管道计算、爆炸碎片散布范围和毒气浓度扩散区域等。

5.2.1 安全管道计算

运载火箭动力飞行弹道参数偏离设计值的容许变化范围,又称安全管道。安全管道根据运载火箭飞行安全的落点边界、故障运载火箭的运动特性、保护区分布和影响安全控制的各种误差制定。安全管道按照运载火箭飞行安全控制选用的弹道参数不同,分为位置、速度和落点三种安全管道。在实际使用中,这三种安全管道都用平面曲线图的形式标绘,并分别称为运载火箭实时位置、实时速度和实时落点安全管道标绘图。它可在图上连续绘制出来,或在显示屏上显示出来。安全管道是判断运载火箭飞行正常与否的基本依据。计算步骤如下:

(1)理论弹道插值。利用多项式三点内插方法,对安全控制时段内的理论弹道数据,得到相应时间点的数值。

(2)管道偏差计算。管道偏差是指各安控参数告警和炸毁管道相对于理论数据的误差,对某一时刻的管道偏差按下式计算:

$$\delta = \sqrt{(k_1\delta_{gr})^2 + (k_2\delta_{cl})^2 + (\delta_{xs})^2 + (\delta_{sy})^2 + (\delta_{sm})^2}$$

$$(5-4)$$

式中:δ_{gr} 为运载火箭飞行干扰偏差数据;δ_{cl} 为测量偏差数据,计算告警管道时取高精度测量偏差,计算炸毁管道时取低精度测量偏差;δ_{xs} 为显示误差;δ_{sy} 为传输系统时延误差;δ_{sm} 为数学模型误差;k_1、k_2 分别为计算告警和炸毁管道系数;$(\delta_{xs})^2 + (\delta_{sy})^2 + (\delta_{sm})^2$ 在计算各类管道偏差时取值为常数,落点和位置参数的偏差管道 C_1,速度参数偏差管道 C_2,角度参数的偏差管道 C_3。

(3)炸毁、告警管道确定。用多项式三点内插公式,对计算出的炸毁线偏差 δ_{bz} 和告警线 δ_{gj},间隔插值与插出的理论弹道对齐,可得炸毁和告警管道 $GD_{\chi炸/告}$:

$$GD_{\chi炸/告} = X \pm \delta_{\chi炸/告}$$

$$(5-5)$$

式中:取"+"时,为上管道,否则为下管道;X 为理论弹道值。横向偏差 Z 安全管道如图 5-2 所示,安全管道计算流程如图 5-3 所示。

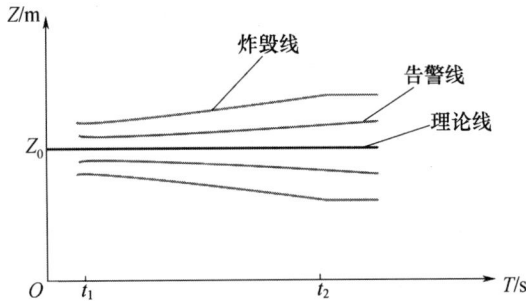

图 5-2 横向偏差 Z 安全管道

180

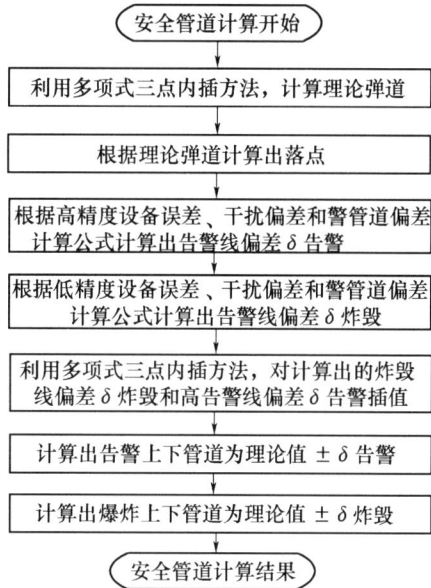

图 5 – 3　安全管道计算流程

5.2.2　运载火箭飞行弹道参数多源数据融合

数据融合主要是针对使用多个或多类传感器的系统这一特定问题而开展的一种信息处理方法,又称为多源关联、多源合成、传感器混合等,但是更为广泛的说法是多源传感器数据融合,简称数据融合。数据融合的一般定义可概括为:利用计算机技术对按时序获得的若干传感器的测量信息在一定准则下加以自动分析、优化综合,完成所需的决策和估计任务而进行的信息处理过程。根据这一定义可知,各种传感器是数据融合的基础,多源信息是数据融合的加工对象,协调优化和综合处理则是数据融合核心所在。

对运载火箭飞行弹道测量系统而言,数据融合主要是实时对数据进行判优,再对全部或部分测量设备的数据按一定规则进行处理,最终产生目标的准确飞行数据,由发射指挥中心进行控制和显示。弹道测量系统的数据融合属于位置级数据融合。本节主要针对弹道测量系统的特性,通过数据融合方法,提高数据可靠性、准确性,降低不确定性,从而提高弹道测量系统的实时飞行数据处理能力和测量的有效性。

运载火箭飞行弹道测量数据,包括遥测系统测量数据和外测系统测量数据,如各种雷达、红外传感器、光电经纬仪、遥测接收数据(平台式制导数据和捷联式制导数据)、GPS 测量等,分别从不同的信息方面和层次客观地反映了测量目标系统的特性,遥测系统的测量数据相对稳定,外测系统的测量数据易受干

181

扰。外测系统的有效数据能够更真实地反映跟踪目标的实际运动状态。由于外测数据受干扰较大,将遥测和外测数据同时融合处理,将会影响外测数据的利用。

1. 遥测外测数据预处理

在运载火箭飞行测控中,实测信号往往会出现奇异项和趋势项,并混杂有周期性干扰和噪声干扰,另外传感器、变换器也可能出现零位漂移。为了改善数据质量,需要对测量数据进行预处理。预处理包括数据检验、数据加工、数据检择和数据平滑等部分的内容。

1) 数据检验

数据检验首先对测量数据的真伪及平稳性进行检验,以确定信号是否被噪声淹没,并确定信号的性质。这一步内容包括信号真伪的判别及信号的平稳性、周期性、正态性检验。

2) 数据加工

这个步骤完成对采集的数据进行合理性加工,包括消除趋势项、抑制周期性干扰信号及剔除野值等工作。

(1) 消除趋势项。周期大于选段记录长度的频率成分称为趋势项。趋势项产生的原因,一是畸变引起的基线漂移,二是相对于所研究的主频率段较低的甚低频扰动。可采用最小二乘法消除。

(2) 抑制周期性干扰。在运载火箭飞行遥测速变参数处理中,由于工频、帧码、采样频率的干扰,和箭上记录的校准信号的影响,许多参数的频谱和功率谱存在某些频率及其谐波的干扰周期分量,尤其对低频参数的影响更为严重,因此必须抑制这种干扰。抑制周期性干扰可以采用滤波方法。这种方法实际上是使信号的幅度在需要消除的干扰频率点上为零,在其他点处则没有影响。在实际操作中,应该使干扰频率点邻近的小邻域内信号幅度接近零。

(3) 剔除野值。野值又称跳点,指的是并非由于被测对象本身正常跳变的记录点,而是由于传感器、变换器、传输中的干扰造成的异常跳变点。野值的存在会产生虚伪的谐波成分,降低了信噪比,影响测量数据的总能量估计。

3) 数据检择

在运载火箭的外弹道测量中,观测数据往往带有误差偏大的异常值。产生异常值的原因有多种,有设备故障或数据记录、判读等过程异常,周围环境的突发性变化和干扰,以及操作人员的过失等。同一测量设备观测数据异常值的表现形式、大小各不相同,不同设备观测数据的异常值变化更是各不相同。我们称这部分异常数据为野值。观测数据中的这些野值对数据处理结果的精确性是非常有害的,它们可能导致处理结果严重失真甚至完全失真。常规的单测元数据检择方法是利用单测元时间序列中真实信号的时间相关性,因此,它对于孤立野值是非常有效的,但对于长时间具有相关特性(如鼓包状)的成片野值是无能为力的。同时慢变化的系统误差也不可能识别。

基于弹道参数的数据检择方法是以滤波后的弹道参数$(x,\dot{x},y,\dot{y},z,\dot{z})$为真实量,反算到各测元与测量元作差可以进行数据系统误差估算和数据检择。以数据检择为例,当前时间的弹道参数$X(t)$,由预测算法可以得到$X(t+1)$,结合测站和测元性质,可以很快得到$\tilde{R}(t+1),\tilde{A}(t+1),\tilde{E}(t+1),\tilde{\dot{R}}(t+1)$,与实际观测量$R(t+1),A(t+1),E(t+1),\dot{R}(t+1)$作差,得$\Delta R(t+1),\Delta A(t+1)$,$\Delta E(t+1),\Delta \dot{R}(t+1)$,设定门限值$Mx$,判定是否满足

$$|\Delta x(t+1)| \leqslant Mx$$

这里门限可以取为固定值,也可以取为自适应门限。

基于弹道参数的数据检择方法不仅考虑了测元的时序相关性,还考虑了信号的真实性。如果所有测元只有随机误差,显然这种方式对于野值的识别要大大优于单测元数据检择方法。如果某测元存在较大的系统误差,若该测元参加了弹道参数的解算,则将拉偏弹道,同时为了使得其他测元通过数据检择,势必增大其他测元的门限值;若该测元未参加弹道参数的解算,则其残差历史数据会体现出强烈的趋势项,可以利用该信息实时地扣除该测元上较大的系统误差。

4)时空对准

在多传感器数据融合中,由于测量设备不同和测量设备的地理位置不同,各组测量数据可能具有不同的采样间隔,不同的测量坐标系,即使是来自于同一测量站的内部传感器的测量数据,它们的采样间隔和所采用的测量坐标系也是不完全相同的,因此在数据融合前必须将这些测量数据对准到统一的时间和空间坐标系下。坐标对准的过程可以分为坐标转换和系统偏差修正两步进行。在很多文献中把系统偏差的修正也称为系统误差配准。研究表明,如果没有经过对系统偏差的估计与修正,那么在融合时,即使将各个传感器对同一目标的测量数据转换至统一的坐标系下,也会由于系统偏差的存在而对同一目标呈现出多条航迹。这将导致无法完成数据的融合任务,即使能融合为同一批目标,也会导致融合后精度变差。

(1)时间对准。运载火箭飞行时间的零点一般取火箭起飞时刻,并用绝对时刻形式记录,遥测数据按运载火箭上的遥测系统时钟控制每隔一定采样时间将数据输出。地面外测系统测量数据的采样点时间以地面时统提供的绝对时间形式记录,但采样点间隔都不同于遥测系统的采样周期。因此,需要将不同步的外测弹道数据和遥测数据进行时间上的对准,配准到相同的融合时刻。这一步是在数据融合前首先要解决的问题。目前,通常采用的算法有最小二乘法、泰勒展开修正法、拉格朗日插值法、神经网络拟合法等。

(2) 空间对准。空间对准即通过坐标变换,将不同坐标系下的测量数据变换到同一坐标系下进行融合。以发射坐标系作为统一的基准坐标系为例,假设某测量设备的测量值为

$$V_i = \begin{pmatrix} A_i \\ E_i \\ R_i \end{pmatrix}, i = 1, 2, \cdots, n$$

式中:A_i、E_i、R_i分别为测量设备i在其测量系(极坐标系)下所测得的方位角、俯仰角和距离。将其转换到直角坐标系下:

$$\begin{cases} x_i^c = R_i\cos(E_i)\cos(A_i) \\ y_i^c = R_i\sin(E_i) \\ z_i^c = R_i\cos(E_i)\sin(A_i) \end{cases} \quad (5-6)$$

然后将测量坐标系变换到发射坐标系。设第i台测量设备转换到发射系坐标为(x_i^f, y_i^f, z_i^f),测量系坐标为(x_i^c, y_i^c, z_i^c),其转换关系为

$$\begin{pmatrix} x_i^f \\ y_i^f \\ z_i^f \end{pmatrix} = \boldsymbol{M} \cdot \begin{pmatrix} x_i^c \\ y_i^c \\ z_i^c \end{pmatrix} + \boldsymbol{G}_i^0 \quad (5-7)$$

式中:$\boldsymbol{M}_i$为该设备坐标系到发射系旋转变换矩阵;$\boldsymbol{G}_i^0$为平移变换矩阵。

2. 遥测外测多源数据融合模型

1) 动态多级数据融合的结构模型

分布式多传感器数据融合系统可以降低对整个系统中传感器性能和通信带宽的要求,从而降低系统的造价成本;此外,分布式融合系统由于自身的结构优势,还具有较高的可靠性、较强的生存能力和短的决策时间等优点,在工程技术中得到了广泛的应用。具体针对分布式多传感器目标跟踪系统,在每个传感器的测量数据进入融合中心以前,先由它自己的数据处理器产生局部的轨道估计,然后再把处理过的估计值送至融合中心,并在融合中心完成坐标转化、时间校正或对准,最后中心根据各节点的轨道估计值形成较好的全局估计。如何有效地融合局部轨道估计,充分利用其中包含的冗余和互补信息就成为分布式航迹融合的关键问题。动态分布式多级数据融合主要思想是:通过计算各单测站传来的轨道量测估计值之间的支持程度,让支持度高的两组估计值先进行数据融合,将融合结果与剩余估计值再次计算支持度,支持度高的估计值再进行融合,如此反复。通过这种方法动态选择各传感器的融合顺序,从而实现来自多个传感器的量测数据进行多级融合。其结构如图5-4所示。

184

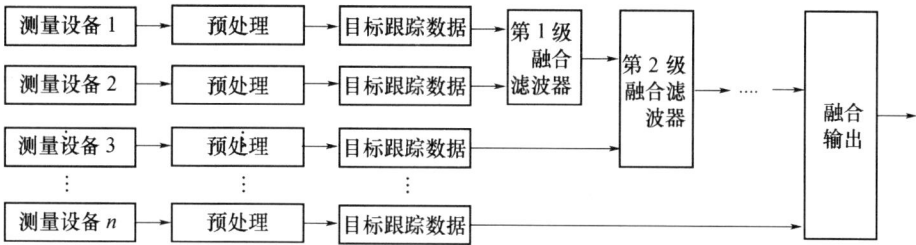

图 5 - 4　动态分布式多级数据融合结构模型

2）数据差异动态检验

从信息融合的角度上看,如果传感器之间测量数据的距离越小,则表明传感器的测量之间的支持程度越高。如果对支持程度高的两传感器进行融合就更能一致地反映被测参数,两者融合必能使测量过程中的不确定性减小;否则当两者之间的支持程度本来就小,而且两者中有一个含有疏失误差,那么两者融合只能使结果变得更差,达不到融合的目的。因此在进行数据融合时,需要对多个测源的测量数据进行一致性检验,一致性检验的结果作为动态融合顺序选择的依据。

对于轨道数据之间支持度的问题,在这里以某一采样间隔内两轨道区间的积分差别作为判别依据,其定义如下:

$$d_{ij} = \int_t^{t+\Delta t} \sqrt{(x_i + \dot{x}_i t - x_j - \dot{x}_j t)^2 + (y_i + \dot{y}_i t - y_j - \dot{y}_j t)^2 + (z_i + \dot{z}_i t - z_j - \dot{z}_j t)^2} \, \mathrm{d}t$$

$$(5 - 8)$$

式中: x_i, y_i, z_i 表示传感器 i 在直角坐标系下目标的位置; $\dot{x}_i, \dot{y}_i, \dot{z}_i$ 表示传感器 i 在直角坐标系下目标的速度; d_{ij} 为传感器 i 和传感器 j 弹道区间的积分。

式(5 - 8)展开,可得

$$d_{ij} = \int_t^{t+\Delta t} \sqrt{at^2 + bt + c} \, \mathrm{d}t \qquad (5 - 9)$$

其中

$$a = (\dot{x}_i - \dot{x}_j)^2 + (\dot{y}_i - \dot{y}_j)^2 + (\dot{z}_i - \dot{z}_j)^2$$
$$b = 2[(x_i - x_j)(\dot{x}_i - \dot{x}_j) + (y_i - y_j)(\dot{y}_i - \dot{y}_j) + (z_i - z_j)(\dot{z}_i - \dot{z}_j)]$$
$$c = (x_i - x_j)^2 + (y_i - y_j)^2 + (z_i - z_j)^2$$

这里 $at^2 + bt + c$ 一定大于零,有

$$d_{ij} = \int_t^{t+\Delta t} \sqrt{at^2 + bt + c} \, \mathrm{d}t$$

$$= \frac{2at+b}{4a}\sqrt{a\Delta t^2 + b\Delta t + c} + \frac{4ac-b^3}{8a^{3/2}}\ln\left|2at+b+2\sqrt{a}\sqrt{a\Delta t^2 + b\Delta t + c}\right|$$

$$- \frac{b}{4a}\sqrt{c} - \frac{4ac-b^3}{8a^{3/2}}\ln\left|b+2\sqrt{ac}\right| \qquad (5-10)$$

上式的计算过于复杂,为此提出如下简化计算方法,先积分然后再开方,可以证明两者之间有很大的相似性。简化计算方法如下:

$$d_{ij} = \sqrt{\int_t^{t+\Delta t}(at^2+bt+c)\mathrm{d}t} = \sqrt{a(t^2\Delta t + t\Delta t^2) + \frac{1}{2}b(2t\Delta t + \Delta t^2) + c\Delta t}$$

$$(5-11)$$

可以得出,d_{ij}越小,则传感器 i 和传感器 j 之间的支持程度越高,两者就越一致地反映了被测的状态变量,两者融合必能使测量过程中的不确定性减小;否则两者之间的支持程度就越小,两者的融合只能使结果变得更差,所以 d_{ij} 完全可以作为传感器 i 和传感器 j 之间一致性的测度。

对于 N 个传感器的情况,以 $d_{ij}(i,j=1,2,\cdots,N)$ 为元素,距离矩阵定义为

$$\boldsymbol{D} = \begin{bmatrix} d_{11} & d_{12} & \cdots & d_{1N} \\ d_{21} & d_{22} & \cdots & d_{2N} \\ \vdots & \vdots & \ddots & \vdots \\ d_{N1} & d_{N2} & \cdots & d_{NN} \end{bmatrix} \qquad (5-12)$$

则整个算法中对弹道距离最近的测元的搜索过程如下:

(1) 根据经验设定相应的门限 ε。

(2) 按照式(5-11)计算 N 个传感器两两之间的统计距离 $d_{ij}(i,j=1,2,\cdots,N)$,并按照式(5-12)构造距离矩阵 $\boldsymbol{D}$。

(3) 在距离矩阵 $\boldsymbol{D}$ 的下三角阵中去除掉对角线上的元素,并在余下的元素中搜索距离最近且不超过 ε 的一对传感器 p 和 q,即

$$d_{pq} = \min_{\substack{i,j=1,2,\cdots,N \\ i>j}}\{d_{ij}\},\text{且 } d_{pq} \leqslant \varepsilon \qquad (5-13)$$

(4) 对传感器 p 和传感器 q 的测量值按融合算法进行融合,融合结果作为传感器 p 新的测量值,同时,在当前参与数据融合的传感器组中,删除传感器 q,编号大于 q 的传感器的编号都减1,测量值维持不变,于是得到传感器数目减小1 的新的参与数据融合的传感器组,重新计算各传感器之间的统计距离,并构造新的距离矩阵 $\boldsymbol{D}$。

(5) 重复步骤(3)和步骤(4),直至搜索不到距离最近且不超过 ε 的一对传感器,此时,参与当前数据融合的传感器组,其融合结果即为最终的多传感器测量数据一致性融合结果。

由式(5-8)的统计距离定义可知,无论传感器的测量值中是否含有疏失误

186

差,传感器测量值到自身的统计距离都为零,即传感器对自身的支持程度永远最高,所以利用传感器测量值到自身的统计距离无法衡量传感器测量值的一致性,要检验传感器测量值的一致性,只能利用不同传感器测量值之间的统计距离来判断,因而在步骤(3)中要除掉下三角阵对角线上的元素。

通过以上 5 个步骤,就可以确定各单测站轨道估计值融合的先后顺序,从而实现了动态多级数据融合的过程。

3. 遥测外测多源数据融合算法

对于多传感器测量系统,在实时跟踪中位置级数据融合的目的是对取得的一组测量数据判断其有效性,然后按一定的法则得到融合数据,再把该数据送回到控制系统参与控制。要使送回的数据最有效,就要确定合理的融合法则。而通过加权系数调整融合结果中测量数据的比例,是一种行之有效的方法。对加权因子的确定,则是该方法的关键。

动态多级融合的步骤是先找到支持度高的两组测量数据进行融合,融合的结果再与其他值计算支持度,然后再次两两融合,由此,本节主要针对两传感器的融合算法先进行研究,然后再给出多传感器时的递推算法。

1) 两传感器按矩阵加权最优融合估计算法

加权数据融合是多个传感器对某一个环境中的同一特征参数的数据进行量测,兼顾每个传感器的局部估计,按某一原则给每个传感器制定权重,最后通过加权综合所有的局部估计得到一个全局的最佳估计值。多传感器数据融合的目的是使对目标的估计精度达到更高,在进行融合时要考虑传感器的方差对融合权重的影响。

设状态向量 $X \in R^n$,基于两子系统的观测给出它的两个无偏估计分别为 $\hat{X}_1$ 和 $\hat{X}_2$,即

$$E\hat{X}_1 = EX, E\hat{X}_2 = EX \tag{5-14}$$

式中:E 为均值号。记估计误差分别为

$$\tilde{X}_1 = X_1 - \hat{X}_1, \tilde{X}_2 = X_2 - \hat{X}_2$$

记估计误差方差阵和协方差阵分别为

$$P_1 = E[\tilde{X}_1 \tilde{X}_1^T], P_2 = E[\tilde{X}_2 \tilde{X}_2^T], P_{12} = E[\tilde{X}_1 \tilde{X}_2^T], P_{21} = E[\tilde{X}_2 \tilde{X}_1^T] = P_{12}^T$$

设基于估值 $\hat{X}_1$ 和 $\hat{X}_2$ 对 X 的无偏的融合估计为

$$\hat{X}_0 = A_1 \hat{X}_1 + A_2 \hat{X}_2 \tag{5-15}$$

式中:A_1 和 A_2 为 $n \times n$ 维加权矩阵。

此时的问题就是,如何选择加权阵 A_1 和 A_2 来极小化分量均方误差和

$$J = \text{tr} P_0, P_0 = E[\tilde{X}_0 \tilde{X}_0^T], \tilde{X}_0 = X - \hat{X}_0 \tag{5-16}$$

式中:符号 tr 表示矩阵的迹。

由式(5-15)和估值 $\hat{X}_1$、$\hat{X}_2$、$\hat{X}_0$ 的无偏性可得如下关系：

$$EX = E\hat{X}_0 = A_1 E\hat{X}_1 + A_2 E\hat{X}_2 = (A_1 + A_2)EX$$

由上式可得

$$A_1 + A_2 = I_n \qquad (5-17)$$

有

$$\tilde{X}_0 = A_1 \tilde{X}_1 + A_2 \tilde{X}_2 \qquad (5-18)$$

由式(5-17)有 $A_2 = I_n - A_1$，将它代入式(5-18)，有

$$\tilde{X}_0 = A_1 \tilde{X}_1 + (I_n - A_1)\tilde{X}_2$$

于是有

$$
\begin{aligned}
P_0 &= E[\tilde{X}_0 \tilde{X}_0^{\mathrm{T}}] = A_1 P_1 A_1^{\mathrm{T}} + (I_n - A_1)P_2(I_n - A_1)^{\mathrm{T}} \\
&\quad + (I_n - A_1)P_{21}A_1^{\mathrm{T}} + A_1 P_{12}(I_n - A_1)^{\mathrm{T}} \\
&= A_1(P_1 + P_2 - P_{12} - P_{21})A_1^{\mathrm{T}} + P_2 + A_1(P_{12} - P_2) + (P_{21} - P_2)A_1^{\mathrm{T}}
\end{aligned}
$$

应用求导公式

$$\frac{\partial}{\partial Y}\mathrm{tr}(YB) = B^{\mathrm{T}}, \frac{\partial}{\partial Y}\mathrm{tr}(BY)^{\mathrm{T}} = B, \frac{\partial}{\partial Y}\mathrm{tr}(YBY^{\mathrm{T}}) = Y(B^{\mathrm{T}} + B)$$

置 $\partial \mathrm{tr} P_0 / \partial A_1 = 0$，有

$$2A_1(P_1 + P_2 - P_{12} - P_{21}) + 2(P_{21} - P_2) = 0$$

这里引出

$$
\begin{cases}
A_1 = (P_2 - P_{21})(P_1 + P_2 - P_{12} - P_{21})^{-1} \\
A_2 = I_n - A_1 = [(P_1 + P_2 - P_{12} - P_{21}) - (P_2 - P_{21})] \\
\quad (P_1 + P_2 - P_{12} - P_{21})^{-1} \\
\quad = (P_1 - P_{12})(P_1 + P_2 - P_{12} - P_{21})^{-1}
\end{cases} \qquad (5-19)
$$

将式(5-19)代入式(5-15)可得最小方差最优融合估计为

$$
\begin{aligned}
\hat{X}_0 &= (P_2 - P_{21})(P_1 + P_2 - P_{12} - P_{21})^{-1}\hat{X}_1 \\
&\quad + (P_1 - P_{12})(P_1 + P_2 - P_{12} - P_{21})^{-1}\hat{X}_2
\end{aligned} \qquad (5-20)
$$

将 A_1 的表达式代入式(5-16)可得最小误差方差阵为

$$P_0 = P_2 - (P_2 - P_{21})(P_1 + P_2 - P_{12} - P_{21})^{-1}(P_2 - P_{21})^{\mathrm{T}}$$

$$(5-21)$$

且有

$$\mathrm{tr} P_0 \leqslant \mathrm{tr} P_1, \mathrm{tr} P_0 \leqslant \mathrm{tr} P_2$$

2）两传感器按标量加权最优融合估计算法

以上两传感器按矩阵加权最优融合估计算法，实现最优数据融合估计式

188

（5-20）要求计算加权矩阵，因而要求计算 $n \times n$ 维矩阵 $(\boldsymbol{P}_1 + \boldsymbol{P}_2 - \boldsymbol{P}_{12} - \boldsymbol{P}_{21})$ 的逆矩阵。这对实时应用有一定的影响，为了减少在线计算负担，便于实时应用，下面考虑简单标量加权最小方差最优融合估计问题

$$\hat{\boldsymbol{X}}_0 = a_1 \hat{\boldsymbol{X}}_1 + a_2 \hat{\boldsymbol{X}}_2$$

式中：$\hat{\boldsymbol{X}}_0$、$\hat{\boldsymbol{X}}_1$、$\hat{\boldsymbol{X}}_2$ 和 $\boldsymbol{X} \in R^n$；a_1 和 a_2 为标量加权系数。问题是如何选择 a_1 和 a_2 来极小化分量估计误差均方误差和

$$J = \mathrm{tr}\boldsymbol{P}_0, \boldsymbol{P}_0 = E[\tilde{\boldsymbol{X}}_0 \tilde{\boldsymbol{X}}_0^{\mathrm{T}}], \tilde{\boldsymbol{X}}_0 = \boldsymbol{X} - \hat{\boldsymbol{X}}_0 \qquad (5-22)$$

由估值 $\hat{\boldsymbol{X}}_1$、$\hat{\boldsymbol{X}}_2$、$\hat{\boldsymbol{X}}_0$ 的无偏性引出关系

$$a_1 + a_2 = 1$$

于是有

$$\tilde{\boldsymbol{X}}_0 = a_1 \tilde{\boldsymbol{X}}_1 + a_2 \tilde{\boldsymbol{X}}_2 \qquad (5-23)$$

将 $a_1 = 1 - a_2$ 代入上式后可得

$$\boldsymbol{P}_0 = E[\tilde{\boldsymbol{X}}_0 \tilde{\boldsymbol{X}}_0^{\mathrm{T}}] = (1 - a_2)^2 \boldsymbol{P}_1 + a_2^2 \boldsymbol{P}_2 + (1 - a_2)a_2 \boldsymbol{P}_{12} + a_2(1 - a_2)\boldsymbol{P}_{21}$$

$$(5-24)$$

这引出

$$\mathrm{tr}\boldsymbol{P}_0 = (1 - a_2)^2 \mathrm{tr}\boldsymbol{P}_1 + a_2^2 \mathrm{tr}\boldsymbol{P}_2 + 2(1 - a_2)a_2 \mathrm{tr}\boldsymbol{P}_{12}$$

置 $\partial \mathrm{tr}\boldsymbol{P}_0 / \partial a_2 = 0$，有

$$-2(1 - a_2)\mathrm{tr}\boldsymbol{P}_1 + 2a_2 \mathrm{tr}\boldsymbol{P}_2 + 2(1 - 2a_2)\mathrm{tr}\boldsymbol{P}_{12} = 0$$

于是可解出

$$a_2 = \frac{\mathrm{tr}\boldsymbol{P}_1 - \mathrm{tr}\boldsymbol{P}_{12}}{\mathrm{tr}\boldsymbol{P}_1 + \mathrm{tr}\boldsymbol{P}_2 - 2\mathrm{tr}\boldsymbol{P}_{12}} \qquad (5-25)$$

由关系式 $a_1 = 1 - a_2$ 可得

$$a_1 = \frac{\mathrm{tr}\boldsymbol{P}_2 - \mathrm{tr}\boldsymbol{P}_{12}}{\mathrm{tr}\boldsymbol{P}_1 + \mathrm{tr}\boldsymbol{P}_2 - 2\mathrm{tr}\boldsymbol{P}_{12}} \qquad (5-26)$$

将式（5-25）、式（5-26）代入式（5-24），可得最小误差方差阵为

$$\boldsymbol{P}_0 = a_1^2 \boldsymbol{P}_1 + a_2^2 \boldsymbol{P}_2 + 2a_1 a_2 \boldsymbol{P}_{12} \qquad (5-27)$$

最小分量估值误差均方和为

$$\mathrm{tr}\boldsymbol{P}_0 = \mathrm{tr}[a_1^2 \boldsymbol{P}_1 + a_2^2 \boldsymbol{P}_2 + 2a_1 a_2 \boldsymbol{P}_{12}]$$

在式（5-16）中分别取 $a_1 = 1$、$a_2 = 0$，$a_1 = 0$、$a_2 = 1$，可得

$$\mathrm{tr}\boldsymbol{P}_0 \leqslant \mathrm{tr}\boldsymbol{P}_1, \mathrm{tr}\boldsymbol{P}_0 \leqslant \mathrm{tr}\boldsymbol{P}_2$$

针对多传感器观测同一状态的系统，本节采用一种标量加权线性最小方差意义下的最优信息融合准则，可处理局部子系统估计误差相关时的标量加权最

优信息融合估计问题。基于该信息融合准则,给出了标量加权最优信息融合稳态 Kalman 滤波器,在各单传感器子系统达到稳态时,只通过一次融合便可求得加权系数,从而避免了每时刻计算加权系数,减小了计算负担。

3）基于按对角阵加权的信息融合算法

以上研究了按矩阵加权信息融合的算法,该算法由于要求在线计算 Riccati 方程、最优加权阵和最优滤波增益阵,当状态维数较高时,计算负担大,不便于实时应用。为克服这个缺点,在第二小段提出了按标量加权信息融合算法,便于实时应用,但却损失了一定的融合精度。

由于按对角阵加权融合估计等价于状态分量按标量加权融合估计,因而实现了解耦信息融合 Kalman 滤波器,即融合状态估计的第 i 个分量是各局部估计的第 i 个分量按标量加权的融合估计,即系相同物理量按标量加权的融合估计,故具有较大应用价值。

按前面“两传感器按矩阵加权最优融合估计算法”的条件,以分量的形式记状态变量 X 及其无偏估计 $\hat{X}_1$ 和 $\hat{X}_2$、融合估计 $\hat{X}_0$ 为

$$X = \begin{bmatrix} x_1 \\ \vdots \\ x_n \end{bmatrix}, \hat{X}_1 = \begin{bmatrix} \hat{x}_{11} \\ \vdots \\ \hat{x}_{1n} \end{bmatrix}, \hat{X}_2 = \begin{bmatrix} \hat{x}_{21} \\ \vdots \\ \hat{x}_{2n} \end{bmatrix}, \hat{X}_0 = \begin{bmatrix} \hat{x}_{01} \\ \vdots \\ \hat{x}_{0n} \end{bmatrix} \qquad (5-28)$$

为了减少按矩阵加权融合算法的计算负担,且提高按标量加权融合算法的精度,现在考虑按对角阵加权的线性最小方差最优融合估计问题。设融合估值为

$$\begin{bmatrix} \hat{x}_{01} \\ \hat{x}_{02} \\ \vdots \\ \hat{x}_{0n} \end{bmatrix} = \begin{bmatrix} a_{11} & 0 & \cdots & 0 \\ 0 & a_{12} & \cdots & 0 \\ \vdots & \vdots & \ddots & \vdots \\ 0 & 0 & \cdots & a_{1n} \end{bmatrix} \begin{bmatrix} \hat{x}_{11} \\ \hat{x}_{12} \\ \vdots \\ \hat{x}_{1n} \end{bmatrix} + \begin{bmatrix} a_{21} & 0 & \cdots & 0 \\ 0 & a_{22} & \cdots & 0 \\ \vdots & \vdots & \ddots & \vdots \\ 0 & 0 & \cdots & a_{2n} \end{bmatrix} \begin{bmatrix} \hat{x}_{21} \\ \hat{x}_{22} \\ \vdots \\ \hat{x}_{2n} \end{bmatrix}$$

$$(5-29)$$

此时的问题就变为,如何选择对角阵

$$A_1 = \text{diag}(a_{11}, a_{12}, \cdots, a_{1n}), A_2 = \text{diag}(a_{21}, a_{22}, \cdots, a_{2n}) \qquad (5-30)$$

$$J = \text{tr}P_0, P_0 = E[\tilde{X}_0 \tilde{X}_0^T], \tilde{X}_0 = X - \hat{X}_0 \qquad (5-31)$$

记分量估值误差

$$\tilde{x}_{0i} = x_i - \hat{x}_{0i}, \tilde{x}_{1i} = x_i - \hat{x}_{1i}, \tilde{x}_{2i} = x_i - \hat{x}_{2i} \qquad (5-32)$$

则由式(5-29)有

$$\hat{x}_{0i} = a_{1i}\hat{x}_{1i} + a_{2i}\hat{x}_{2i}, i = 1,2,\cdots,n \qquad (5-33)$$

由估值无偏性引出关系

190

$$a_{1i} + a_{2i} = 1, i = 1, 2, \cdots, n \qquad (5-34)$$

于是有 $x_i = a_{1i}x_{1i} + a_{2i}x_{2i}$，它减去式(5-27)引出

$$\tilde{x}_{0i} = a_{1i}\tilde{x}_{1i} + a_{2i}\tilde{x}_{2i}, i = 1, 2, \cdots, n$$

故性能指标 J 成为

$$J = \sum_{i=1}^{n} E(\tilde{x}_{0i}^2) = \sum_{i=1}^{n} E(a_{1i}\tilde{x}_{1i} + a_{2i}\tilde{x}_{2i})^2 \qquad (5-35)$$

记 $\boldsymbol{P}_1$、$\boldsymbol{P}_2$ 和 $\boldsymbol{P}_{12}$ 的第 i 行、第 j 列元素分别为 P_1^{ij}、P_2^{ij} 和 P_{12}^{ij}，即

$$\boldsymbol{P}_1 = (P_1^{ij}), \boldsymbol{P}_2 = (P_2^{ij}), \boldsymbol{P}_{12} = (P_{12}^{ij})$$

则 J 化为

$$J = \sum_{i=1}^{n} (a_{1i}^2 P_1^{ij} + a_{2i}^2 P_2^{ij} + 2a_{1i}a_{2i}P_{12}^{ij}) \qquad (5-36)$$

在约束条件式(5-34)下极小化 J 等价于如下 n 段简单的按标量加权最优融合估计问题，即

$$\begin{cases} \min\limits_{a_{1i},a_{2i}} J_i = a_{1i}^2 P_1^{ij} + a_{2i}^2 P_2^{ij} + 2a_{1i}a_{2i}P_{12}^{ij} \\ a_{1i} + a_{2i} = 1 \end{cases}, i = 1, 2, \cdots, n$$

$$(5-37)$$

则按对角加权最优融合算法可描述如下：

已知随机向量 $\boldsymbol{X} \in R^n$ 的两个无偏估计分别为 $\hat{\boldsymbol{X}}_1$ 和 $\hat{\boldsymbol{X}}_2$ 及其估计误差方差阵 $\boldsymbol{P}_1$、$\boldsymbol{P}_2$ 和估计误差协方差阵 $\boldsymbol{P}_{12}$，有按对角阵加权线性最小方差最优融合估计

$$\hat{x}_{0i} = a_{1i}\hat{x}_{1i} + a_{2i}\hat{x}_{2i}, i = 1, 2, \cdots, n \qquad (5-38)$$

$$a_{1i} = \frac{P_2^{ij} - P_{12}^{ij}}{P_1^{ij} + P_2^{ij} - 2P_{12}^{ij}}, a_{2i} = \frac{P_1^{ij} - P_{12}^{ij}}{P_1^{ij} + P_2^{ij} - 2P_{12}^{ij}} \qquad (5-39)$$

或等价地有

$$\hat{\boldsymbol{X}}_0 = \boldsymbol{A}_1\hat{\boldsymbol{X}}_1 + \boldsymbol{A}_2\hat{\boldsymbol{X}}_2 \qquad (5-40)$$

其中 $\hat{\boldsymbol{X}}_0 = [\hat{x}_{01}, \cdots, \hat{x}_{0n}]^T$，且

$$\boldsymbol{A}_1 = \mathrm{diag}(a_{11}, a_{12}, \cdots, a_{1n}), \boldsymbol{A}_2 = \mathrm{diag}(a_{21}, a_{22}, \cdots, a_{2n})$$

分量最小估值误差方差

$$P_{0i} = \frac{P_1^{ij}P_2^{ij} - (P_{12}^{ij})^2}{P_1^{ij} + P_2^{ij} - 2P_{12}^{ij}}, i = 1, 2, \cdots, n \qquad (5-41)$$

分量最小估值误差方差和为

$$J = \mathrm{tr}\boldsymbol{P}_0 = P_{01} + P_{02} + \cdots + P_{0n}$$

且有

$$\text{tr}\boldsymbol{P}_0 \leqslant \text{tr}\boldsymbol{P}_1, \text{tr}\boldsymbol{P}_0 \leqslant \text{tr}\boldsymbol{P}_2$$

特别 $\text{tr}\boldsymbol{P}_0$ 小于或等于由式(5-40)给出的 $\text{tr}\boldsymbol{P}_0$,即本节按对角阵加权最优融合估计算法的精度高于按标量加权最优融合估计算法的精度。

在线性最小方差意义下的两传感器的以上三种最优融合估计算法的估值精度比较如下:按矩阵加权融合算法精度最高,按对角阵加权融合算法精度次之,按标量加权融合算法精度最差。这是因为按对角阵加权是按矩阵加权的特例,而按标量加权又是按对角阵加权的特例。按标量加权数据融合计算量比较小,便于实时应用,但却损失了一定的融合精度。而按对角阵加权数据融合滤波器同按矩阵加权数据融合滤波器相比,明显减少了计算负担,并且其精度介于按矩阵加权和按标量加权数据融合算法之间,是一种快速数据融合滤波的算法,有利于实时应用。

4) 多传感器按对角阵加权融合的递推算法

设随机变量 $X \in R^n$,基于 l 个传感器观测给出它的 l 个无偏估计为 $\hat{\boldsymbol{X}}_1$,$\hat{\boldsymbol{X}}_2, \cdots, \hat{\boldsymbol{X}}_l$,即

$$E\hat{\boldsymbol{X}}_i = EX, i = 1, 2, \cdots, l \tag{5-42}$$

问题是寻求 X 的融合估计

$$\hat{\boldsymbol{X}}_0 = \boldsymbol{A}_1\hat{\boldsymbol{X}}_1 + \boldsymbol{A}_2\hat{\boldsymbol{X}}_2 + \cdots + \boldsymbol{A}_l\hat{\boldsymbol{X}}_l \tag{5-43}$$

它是无偏的,即 $E\hat{\boldsymbol{X}}_0 = EX$,且 $\boldsymbol{A}_i$ 为加权阵。要求在某种线性最小方差意义下,$\hat{\boldsymbol{X}}_0$ 具有最优性。特别当取 $\boldsymbol{A}_i = a_i\boldsymbol{I}_n$ 时即为按标量加权融合问题,当取 $\boldsymbol{A}_i$ 为对角阵时,即为按对角阵加权融合问题。

l 个传感器最优递推融合估计问题可归结为若干个两传感器最优数据融合问题。为简单起见,以下以三个传感器最优递推融合算法为例来说明 l 个传感器按对角阵加权的递推融合估计方法。

在前述的条件下,按对角阵加权三传感器最优数据融合估计由如下两个传感器融合估计组合:

第 1 步:由估值 $\hat{\boldsymbol{X}}_1$ 和 $\hat{\boldsymbol{X}}_2$ 得融合估值

$$\hat{\boldsymbol{X}}_4 = \boldsymbol{A}_1\hat{\boldsymbol{X}}_1 + \boldsymbol{A}_2\hat{\boldsymbol{X}}_2 \tag{5-44}$$

$$\boldsymbol{A}_i = \text{diag}(a_{i1}, a_{i2}, \cdots, a_{in}), i = 1, 2$$

$$a_{1i} = \frac{P_2^{ij} - P_{12}^{ij}}{P_1^{ij} + P_2^{ij} - 2P_{12}^{ij}}, a_{2i} = \frac{P_1^{ij} - P_{12}^{ij}}{P_1^{ij} + P_2^{ij} - 2P_{12}^{ij}} \tag{5-45}$$

$$\boldsymbol{P}_4 = \boldsymbol{A}_1\boldsymbol{P}_1\boldsymbol{A}_1^{\text{T}} + \boldsymbol{A}_2\boldsymbol{P}_2\boldsymbol{A}_2^{\text{T}} + \boldsymbol{A}_1\boldsymbol{P}_{12}\boldsymbol{A}_2^{\text{T}} + \boldsymbol{A}_2\boldsymbol{P}_{21}\boldsymbol{A}_1^{\text{T}} \tag{5-46}$$

第 2 步:由估值 $\hat{\boldsymbol{X}}_4$ 和 $\hat{\boldsymbol{X}}_3$ 得融合估值

$$\hat{\boldsymbol{X}}_0 = \boldsymbol{A}_3\hat{\boldsymbol{X}}_3 + \boldsymbol{A}_4\hat{\boldsymbol{X}}_4 \tag{5-47}$$

$$\boldsymbol{A}_i = \text{diag}(a_{i1}, a_{i2}, \cdots, a_{in}), i = 3, 4 \tag{5-48}$$

$$a_{3i} = \frac{P_4^{ij} - P_{34}^{ij}}{P_3^{ij} + P_4^{ij} - 2P_{34}^{ij}}, a_{4i} = \frac{P_3^{ij} - P_{34}^{ij}}{P_3^{ij} + P_4^{ij} - 2P_{34}^{ij}} \qquad (5-49)$$

$$\boldsymbol{P}_0 = \boldsymbol{A}_3\boldsymbol{P}_3\boldsymbol{A}_3^{\mathrm{T}} + \boldsymbol{A}_4\boldsymbol{P}_4\boldsymbol{A}_4^{\mathrm{T}} + \boldsymbol{A}_3\boldsymbol{P}_{34}\boldsymbol{A}_4^{\mathrm{T}} + \boldsymbol{A}_4\boldsymbol{P}_{43}\boldsymbol{A}_3^{\mathrm{T}} \qquad (5-50)$$

其中,$\boldsymbol{P}_{34} = E[\widetilde{\boldsymbol{X}}_3\widetilde{\boldsymbol{X}}_4^{\mathrm{T}}] = E[\widetilde{\boldsymbol{X}}_3(\boldsymbol{A}_1\widetilde{\boldsymbol{X}}_1 + \boldsymbol{A}_2\widetilde{\boldsymbol{X}}_2)^{\mathrm{T}}]$ 为

$$\boldsymbol{P}_{34} = \boldsymbol{P}_{31}\boldsymbol{A}_1^{\mathrm{T}} + \boldsymbol{P}_{32}\boldsymbol{A}_2^{\mathrm{T}} \qquad (5-51)$$

且有

$$\mathrm{tr}\boldsymbol{P}_0 \leqslant \mathrm{tr}\boldsymbol{P}_i, i = 1,2,3 \qquad (5-52)$$

4. 运载火箭飞行遥测外测数据多信息源融合仿真

数据融合最终仿真结果如图 5-5 和图 5-6 所示,为某时段的遥测、外测及最终融合结果。从图中可以看出,外测弹道受设备自身和环境影响,存在着干扰,经遥外测融合后,获得了较好的效果。从 x、y、z 变化率(航天发射飞行的速度分量)的融合结果可以看出,融合后的弹道参数具有较好的平滑性。将最终融合弹道和外测融合弹道分别与 GPS 弹道作差对比,并作出累计误差平方和比较图,如图 5-7 和图 5-8 所示。

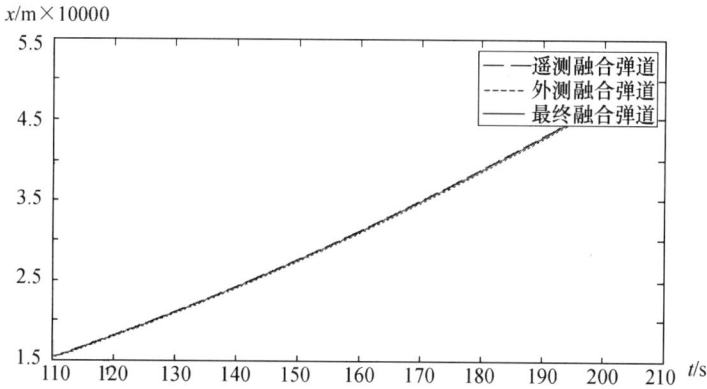

(a)

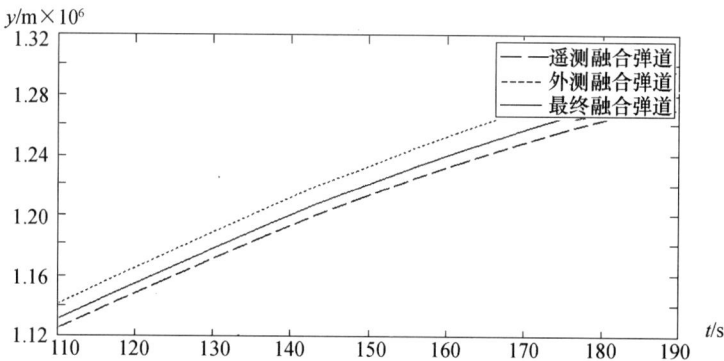

(b)

193

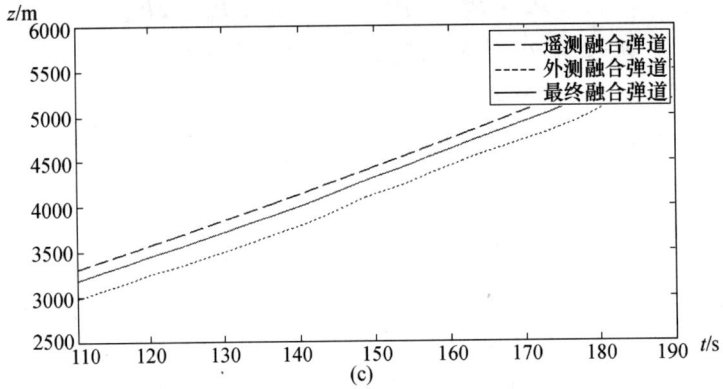

图 5 - 5　外测、遥测 x、y、z 值及最终融合结果

(a) 外测和遥测融合的 x 值；(b) 外测和遥测融合的 y 值；

(c) 外测和遥测融合的 z 值。

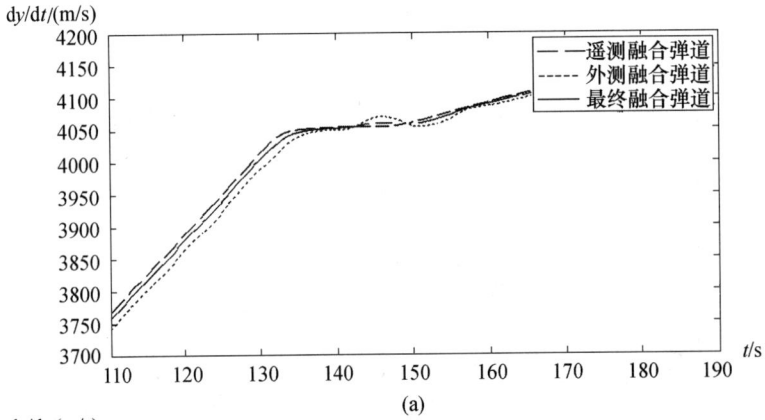

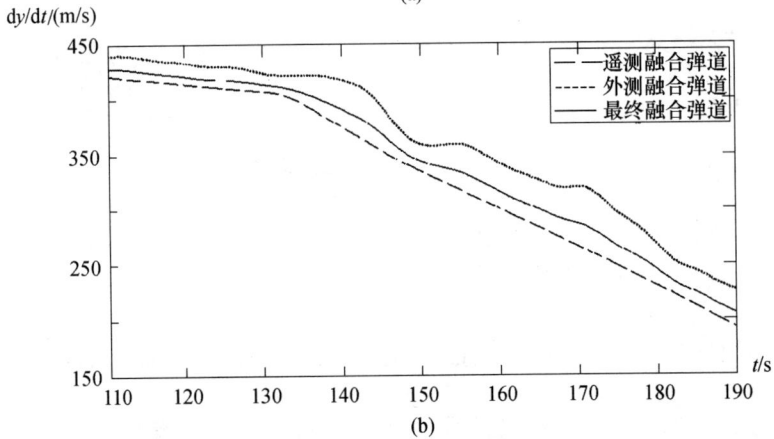

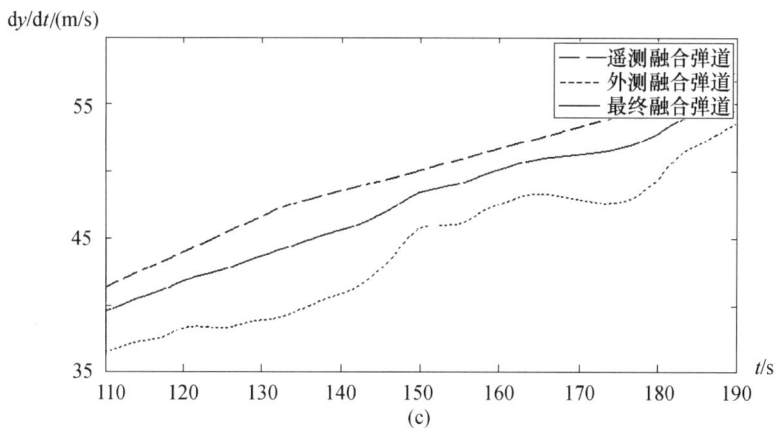

图 5-6 外测、遥测 x、y、z 变化率及最终融合结果

(a) 外测和遥测 x 变化率的融合值；(b) 外测和遥测 y 变化率的融合值；

(c) 外测和遥测 z 变化率的融合值。

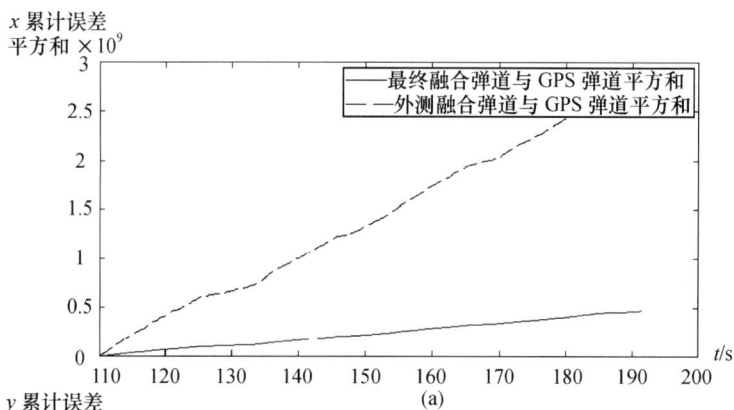

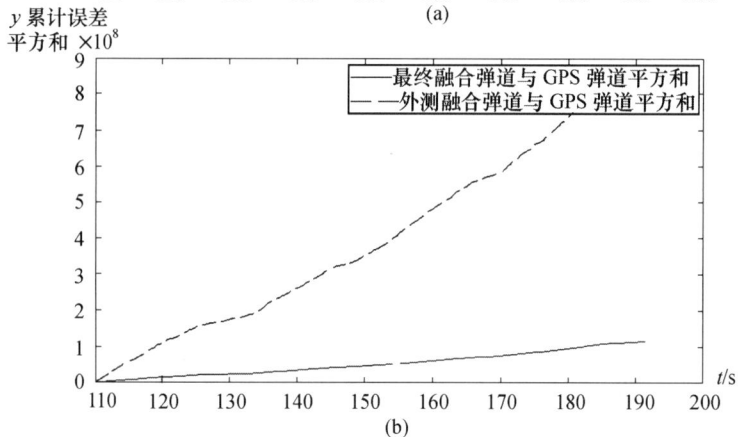

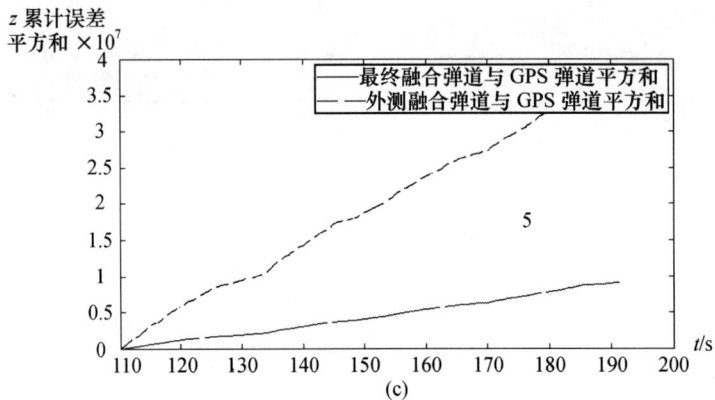

图 5 - 7 x、y、z 累计误差平方和比较

（a）x 累计误差平方和；（b）y 累计误差平方和；

（c）z 累计误差平方和。

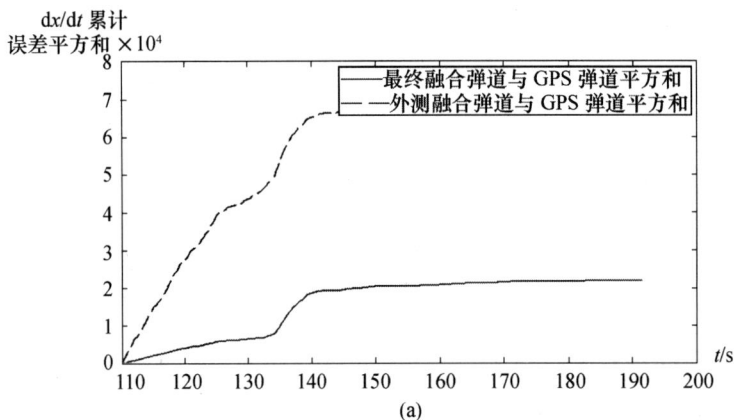

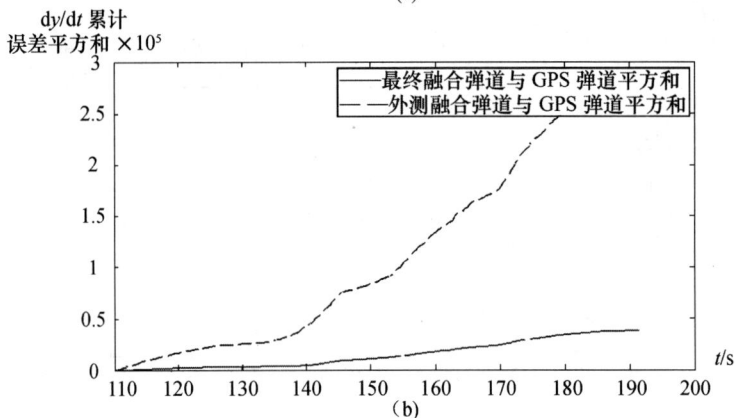

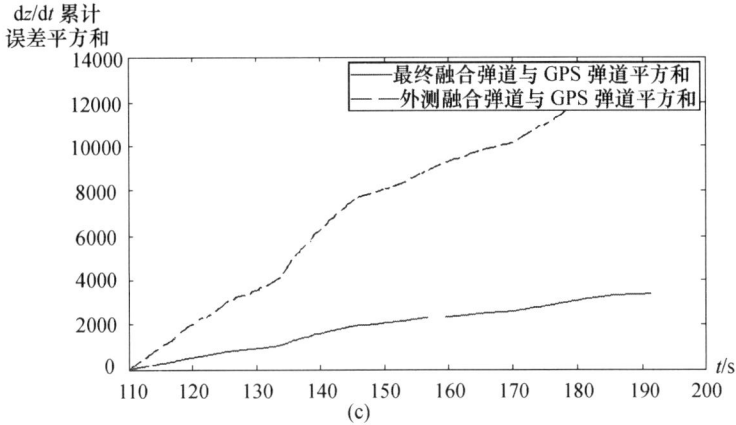

图 5 - 8　x、y、z 变化率累计误差平方和比较

(a) x 变化率累计误差平方和；(b) y 变化率累计误差平方和；
(c) z 变化率累计误差平方和。

从图 5 - 8 中可以看出,经过融合处理后,最终融合弹道精度比只进行外测融合的弹道具有更高的精度。这为航天器的安全控制提供了有效可靠的判断信息源,从而为智能化的安全控制辅助决策系统的实现奠定了良好的基础。

5. 2. 3　落点计算

落点计算是在航天器发射任务实施中,实时计算运载火箭在一、二级飞行中的任何一个时刻在发生故障时落在地面上的位置,为安全控制提供依据。落点计算和安全控制策略密切相关,是运载火箭安全控制系统设计的主要任务。

1. 落点计算模型

1）输入量

测量设备测得的数据经中心计算机处理后,得到用于落点计算的飞行弹道位置和速度参数(发射系):X_k,Y_k,Z_k,v_{xk},v_{yk},v_{zk}。

2）实时计算的输出量

速度值为 V_k(发射系);速度倾角为 θ_k(发射系);偏航角为 σ_k(发射系);当地高度为 H_k;星下点经纬度为 λ_k、β_k(地理系);落点经纬度为 λ_c、β_c(地理系);落点射程为 L_c;沿射向的射程为 L_x;射程偏航量为 L_z;近地点高度为 H_p。

3）计算中常用参数

地球赤道半径为 $a = 6378140\mathrm{m}$,地球偏率为 $e = 1/296.257$,地球平均半径为 $R = 6371110\mathrm{m}$,地球引力常数为 $f_M = 3.98600 \times 10^{14}\mathrm{m^3/s^2}$,地球自转角速率为 $\Omega = 7.292115 \times 10^{-5}\mathrm{rad/s}$。

4）弹道参数计算公式

从地面坐标系到中间坐标系的变换公式为

$$U = M_a X + U_a = (u_k, v_k, w_k)^T \qquad (5-53)$$

式中：M_a 为发射坐标系到中间坐标系的变换矩阵，有

$$M_a = \begin{bmatrix} 1 & 0 & 0 \\ 0 & \cos\lambda_a & -\sin\lambda_a \\ 0 & \sin\lambda_a & \cos\lambda_a \end{bmatrix} \times \begin{bmatrix} \cos\beta_a & \sin\beta_a & 0 \\ -\sin\beta_a & \cos\beta_a & 0 \\ 0 & 0 & 1 \end{bmatrix} \times \begin{bmatrix} \cos A_a & 0 & -\sin A_a \\ 0 & 1 & 0 \\ \sin A_a & 0 & \cos A_a \end{bmatrix}$$

式中：λ_a、β_a 为发射点经纬度（地理系）；A_a 为发射射向，$U_a = (u_a, v_a, w_a)^T$，$u_a = [N_a(1-e^2) + h_a]\sin\beta_a$，$v_a = (N_a + h_a)\cos\beta_a\cos\lambda_a$，$w_a = (N_a + h_a)\cos\beta_a\sin\lambda_a$，$N_a = a/(1 - e^2\sin^2\beta_a)^{0.5}$，$U_a$ 为发射点在中间坐标系的坐标，h_a 为发射点的高度。

5）抛物模型

在上升段当地点高度小于 30km 时采用此模型。发射系中：

$$L_x = x_k + v_{xk} \times t$$
$$L_z = z_k + v_{zk} \times t$$
$$L_c = (L_x^2 + L_z^2)^{0.5}$$
$$t = (v_{yik} + (v_{yik}^2 + 2g \cdot y_{ik})^{0.5})/g \qquad (5-54)$$

式中：$g = 3.986005 \times 10^{14}/(R_k(R_k + y_{ik}))$；$R_k$ 为落点的地球半径，取地球半径。y_{ik}、v_{yik} 可由

$$\begin{cases} \varepsilon = \dfrac{L_x + L_z}{R_k}, \beta = \arcsin\left(\dfrac{y}{R_k}\sin(\varepsilon)\right) \\ y_{ik} = \dfrac{R_k}{\sin(\varepsilon)}\sin(\varepsilon + \beta) - R_k, V_{yik} = V_{yk}\cos(\varepsilon) \end{cases} \qquad (5-55)$$

计算得到，y_{ik}、v_{yik} 为落点始点的地面坐标系的 y 向坐标、v 向速度；其他坐标均为发射系坐标。

落点在中间坐标系的坐标：

$$U_c = M_0 X_c + U_a = (u_c \quad v_c \quad w_c)^T, X_c = (L_x \quad 0 \quad L_z) \qquad (5-56)$$

由落点中间坐标系可得大地经纬度 λ_c、β_c。

6）椭圆模型

当地点高度大于 30km 时采用椭圆模型计算落点参数，以下为惯性坐标系状态参数的计算。

正向地面坐标系：X 轴的大地方位角 $\Phi = 90°$ 的地面坐标系。通过正向地面坐标系可求得惯性系中的状态参数。发射坐标中的 V_a 向正向转换：

$$\begin{cases} \boldsymbol{V}_k = \boldsymbol{M}_k{}^T \boldsymbol{M}_a \boldsymbol{V}_a = (v_{xk} \quad v_{yk} \quad v_{zk})^T \\ |\boldsymbol{V}_k| = [v_{xk}{}^2 + v_{yk}{}^2 + (v_{zk} + r_k \Omega \cos\Phi_k)^2]^{0.5} \\ \sin\theta_k = v_{yk}/|\boldsymbol{V}_k| \\ \cos\theta_k = [v_{xk}{}^2 + (v_{zk} + r_k \Omega \cos\Phi_k)^2]^{0.5}/|\boldsymbol{V}_k| \\ \sin\delta_k = (v_{zk} + r_k \Omega \cos\Phi_k)/[v_{xk}{}^2 + (v_{zk} + r_k \Omega \cos\Phi_k)^2]^{0.5} \\ \cos\delta_k = (1 - \sin\delta_k{}^2)^{0.5} \\ \boldsymbol{M}_k{}^T = \begin{bmatrix} \cos\beta_k & -\cos\lambda_k \sin\beta_k & -\sin\lambda_k \sin\beta_k \\ -\sin\beta_k & \cos\lambda_k \cos\beta_k & \sin\lambda_k \cos\beta_k \\ 0 & -\sin\lambda_k & \cos\lambda_k \end{bmatrix} \\ \sin\lambda_k = W_k/(r_k \cos\Phi_k), \cos\lambda_k = v_k/(r_k \cos\Phi_k) \end{cases}$$

$$(5-57)$$

式中：θ_k 为速度向量与星下点大地切面的夹角；δ_k 为速度向量在地面上投影的大地方位角；$\boldsymbol{V}_k$ 为惯性系下的速度值。进而，由球面三角公式可计算落点经纬度 λ_c、β_c 和射程 L_c 参数。为了计算的准确性，需要进行相关参数的修正。

2. 落点计算流程

落点计算的流程如图 5-9 所示。其输入量是由测量设备测得的数据，经计算机处理后提供给落点计算的，弹体在发射坐标系中的参数，具体地说包括位置参数：X_k、Y_k、Z_k 和速度参数 v_{xk}、v_{yk}、v_{zk}。输出量则是运载火箭在轨道上瞬时任一实测点的速度值、速度倾角、偏航角、当地高度、星下点经纬度、落点经纬度、落点射程、沿射向的射程、射程偏航量等。通过落点计算，可以得到运载火箭的具体飞行状况参数，把这些参数和安全管道数据项比较，是否超越安全管道规定的告警界限和炸毁界限，就可以得到安全判决所需的参数。

落点计算结果将用于实时落点监视，安全判断和飞行器故障情况下的落点选择，为了保证落点计算的实用性，采用椭圆理论加干扰修正的方法。落点计算使用国家公布的标准地球物理参数。

5.2.4　弹片散布区域计算模型

运载火箭发生爆炸时，其弹片将产生巨大的破坏力，产生各种形状、尺寸、以不同速度飞行的碎片，碎片的特性取决于运载火箭的结构和爆炸模式。利用测控网获取的运载火箭遥、外测数据，结合地理信息系统提供的地形数据，可以判断故障箭的爆炸模式，确定其爆炸威力。根据故障箭的爆炸威力和爆炸发生前的遥、外测数据，可以求解不同特性爆炸碎片的速度、加速度等初始状态。通过对碎片进行受力分析，得到碎片飞行的微分方程组，结合碎片的初始状态和地形数据，求解微分方程组，便得到各种爆炸碎片的落点，确定其散布区域。运

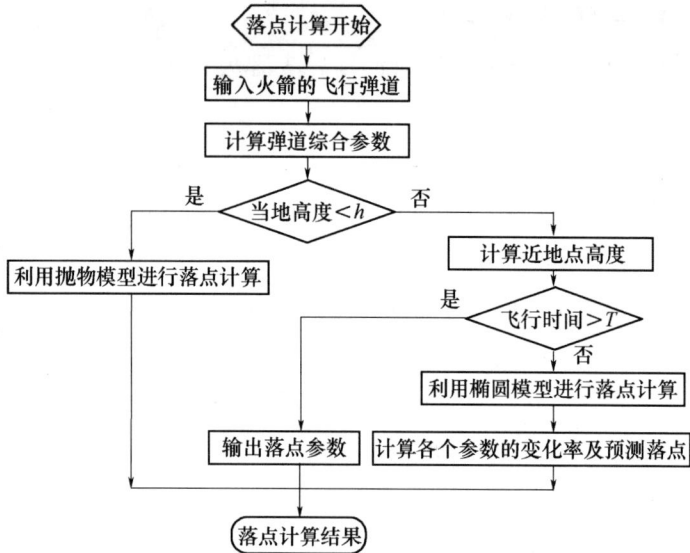

图 5 - 9　落点计算流程

载火箭爆炸碎片散布区域的计算、显示流程如图 5 - 10 所示。将运载火箭爆炸碎片散布区域的计算结果应用于 GIS 系统,实现碎片散布的可视化及对散布区的影响。

1. 确定运载火箭发生爆炸的状态和模式

1)发生爆炸时的状态

根据接收到的外弹道测量数据和遥测数据,确定运载火箭发生爆炸的时刻、所处的位置、飞行的速度和剩余的推进剂质量,这些参数均作为计算运载火箭爆炸碎片的初始条件。

2)运载火箭爆炸模式

依据接收到的外弹道测量数据和遥测数据,结合地理信息系统中的地形数据,确定运载火箭发生爆炸的模式,按照确定运载火箭爆炸威力的需要,分为地面爆炸和空中爆炸两种。

2. 计算运载火箭爆炸威力

发生空中爆炸时爆炸威力的计算公式为

$$M_{TNT} = M_{ln} \times 0.05 + M_{ll} \times 0.6 \tag{5 - 58}$$

发生地面爆炸时爆炸威力的计算公式为

$$M_{TNT} = M_{ln} \times 0.1 + M_{ll} \times 0.6 \tag{5 - 59}$$

式中:M_{TNT} 为爆炸等效的 TNT 当量,是待求解的量;M_{ln} 为爆炸发生时运载火箭上剩余的常规推进剂质量;M_{ll} 为爆炸发生时运载火箭上剩余的低温推进剂质

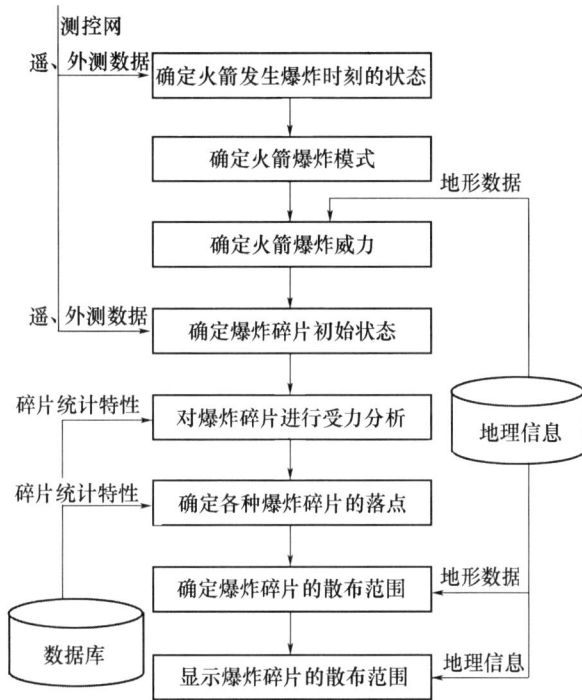

图 5 - 10 运载火箭爆炸碎片散布区域计算流程

量。确定爆炸威力后,可以获得爆炸冲击波的各项参数,如比冲量 i_s、侧向压力 p_s,用于确定冲击波对碎片的加速作用。

3. 确定爆炸碎片初始状态

爆炸碎片在爆炸中获得的速度来源有两个,第一是推进剂储箱爆裂时碎片受高压气体作用而加速,第二是爆炸冲击波对碎片的加速作用。

碎片受高压气体作用而获得的初始速度计算公式如下:

$$\begin{cases} u = \overline{U}ka_q \\ \lg\overline{U} = 1.2\lg\overline{P} + 0.91 \\ \overline{P} = \dfrac{(p - p_0)V_0}{m_c a_q^2} \\ k = 1.25m_p/m_c + 0.375 \end{cases} \tag{5-60}$$

式中:u 为碎片受高压气体作用而获得的速度,是需要求解的量;$\overline{U}$、$\overline{P}$、k 为中间变量;a_q 为爆炸产生的气体中的声速;p 为推进剂储箱的耐压;p_0 为爆炸发生位置的大气压力;V_0 为推进剂储箱的容积;m_c 为推进剂储箱的质量;m_p 为所计算碎片的质量。利用已知条件及常数解上述方程组即可求得碎片受高压气体作用而获得的速度 u。

碎片受爆炸冲击波作用而获得的速度计算公式如下：

$$v = \frac{p_0 i_s C_D A}{m_p p_s} \qquad (5-61)$$

式中：v 为碎片受冲击波作用而获得的速度，是需要求解的量；p_0 为爆炸发生位置的大气压力；i_s 为爆炸冲击波的比冲量；C_D 为碎片的阻力系数；A 为碎片的受力面积；m_p 为碎片的质量；p_s 为爆炸冲击波的侧向压力。利用已知条件代入上述方程即可求解碎片受冲击波作用而获得的速度 v。

确定了碎片受高压气体作用而获得的速度 u 和碎片受冲击波作用而获得的速度 v，以及爆炸发生时刻运载火箭的飞行速度 V，即可按向量合成向不同方向投射出去的碎片速度 V_p，按向量合成速度的公式如下：

$$\boldsymbol{V}_p = \boldsymbol{V} + \boldsymbol{u} + \boldsymbol{v} \qquad (5-62)$$

4. 爆炸碎片受力分析及落点计算

对爆炸碎片进行受力分析，考虑碎片速度方向在 oxy 平面的情况，可列出碎片飞行的微分方程组如下：

$$\begin{cases} \ddot{X} = -\dfrac{AC_D\rho(\dot{X}^2 + \dot{Y}^2)}{2m_p}\cos\alpha + \dfrac{AC_L\rho(\dot{X}^2 + \dot{Y}^2)}{2m_p}\sin\alpha \\[3mm] \ddot{Y} = -g - \dfrac{AC_D\rho(\dot{X}^2 + \dot{Y}^2)}{2m_p}\sin\alpha + \dfrac{AC_L\rho(\dot{X}^2 + \dot{Y}^2)}{2m_p}\cos\alpha \end{cases}$$

$$(5-63)$$

式中：$\ddot{X}$ 为碎片飞行时在 x 方向的加速度；$\dot{X}$ 为碎片飞行时在 x 方向的速度；$\ddot{Y}$ 为碎片飞行时在 y 方向的加速度；$\dot{Y}$ 为碎片飞行时在 y 方向的速度；A 为碎片的受力面积；C_D 为碎片的阻力系数；C_L 为碎片的升力系数；ρ 为碎片的密度；m_p 为碎片的质量；α 为碎片飞行时的攻角。由于爆炸发生后碎片的初始位置、初始速度已知，因此可以用迭代法求解碎片飞行中各个时刻的位置 $(x_t, y_t, 0)$，并与地理信息系统中的地形数据 $(x_1, y_1, 0)$ 进行比较，当迭代计算出 $y_t = y_1$ 时停止迭代计算，碎片已落到地面，碎片的落点坐标为 $(x_t, y_t, 0)$。

5. 计算、显示爆炸碎片的散布范围

分别确定各种碎片在爆炸发生后的初始速度，并按不同的方向进行速度合成，反复进行迭代计算求解并记录其落点，最后对记录的落点进行统计，确定爆炸碎片的散布范围，在地理信息系统中显示出来。

5.2.5 燃料泄漏在气象风力作用下的扩散计算模型

液体推进运载火箭坠落爆炸范围的确定，国内外均采用缩比试验的方式进行，其试验结果只适用于火箭在发射台上爆炸的情况，对于火箭在空中坠落爆炸的情况则无法确定。本方法是通过试验数据分析，建立数学模型，结合航天器发射飞行时的风速,主导风方向等气象信息和落点地理空间信息,完成复杂地形上空的风场和随时间变化的毒气扩散浓度的计算和毒气扩散仿真,如图 5-11 所示。

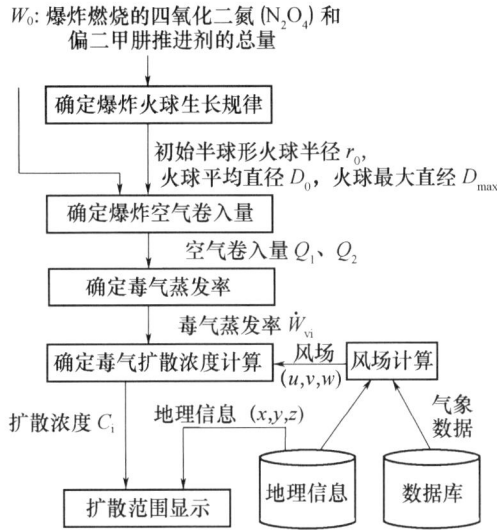

图 5-11　毒气散逸计算模型

1. 初始化

初始化运载火箭飞行航区的气象数据(U, T, α)、位置(x、y、z)和飞行时间(t_q),其中:U 为平均风速,T 为空气绝对温度,α 为主导风的方向。

2. 确定推进剂源强

确定推进剂源强,就是要确定毒气蒸发速率,毒气蒸发速率是确定毒气扩散浓度的输入条件。

1)确定液体推进剂运载火箭爆炸火球的生长规律

生长规律主要由初始半球形火球半径和火球平均直径确定,初始半球形火球半径 r_{00} 用下式确定:

$$r_{00} = 0.156D_{max} \tag{5-64}$$

火球平均直径 D_0 用下式确定:

$$D_0 \approx 0.75D_{max} \tag{5-65}$$

式中:D_{max} 为火球最大直径,有

$$D_{max} = 2.32W_0^{0.32} \tag{5-66}$$

W_0 为参与爆炸燃烧的 N_2O_4 和偏二甲肼推进剂的总量,有

$$W_0 = W - U(t_q + 1.5) - W_e, \quad 0 \leqslant t \leqslant 60\text{s} \tag{5-67}$$

式中:W 为运载火箭中常规双组元推进剂 N_2O_4 和偏二甲肼的加注量;U 为运载火箭起飞后 60s 内的 N_2O_4 和偏二甲肼的秒消耗量;t_q 为距运载火箭起飞零秒的时间。

2) 确定液体运载火箭爆炸火球生长过程中的空气卷入量

(1) 液体运载火箭爆炸火球升离地面前的空气卷入量 Q_1:

$$Q_1 = Q_{11} - Q_{12} \tag{5-68}$$

$$Q_{11} = \int_0^{t_1} \pi \left\{ r^2 - \left[\sqrt{r^2 - \left(\int_0^t \frac{2}{3} gt \mathrm{d}t \right)^2} \right]^2 \right\} \frac{2}{3} gt \mathrm{d}t \tag{5-69}$$

$$Q_{12} = \frac{1}{243} \pi g^3 \left(t_1^6 - \frac{9}{2g} r_{00} t_1^4 + \frac{27}{g^2} r_{00}^2 t_1^2 - \frac{81}{g^3} r_{00}^3 \ln \frac{r_{00} + \frac{1}{3} gt_1^2}{r_{00}} \right)$$
$$\tag{5-70}$$

式中:$t_{00} = 0.3329 W_0^{0.16}$;$t_{r00} = 0.1437 W_0^{0.16}$;$t_1 = \left[(3D_0 - 6r_{00})/2g \right]^{0.5}$。其中,$t_{00}$ 为初始半球形火球生成的时间;t_{r00} 为初始半球形火球停止生长的一段时间;t_1 为火球由半球形逐渐生长成球形所经历的时间;g 为重力加速度,其值近似为 $9.8 \mathrm{m/s^2}$;π 为圆周率;t 为火球爆炸后所经历的时间;W_0 为参与爆炸燃烧的 N_2O_4 和偏二甲肼推进剂的总量;D_0 为火球平均直径;r_{00} 为初始半球形火球半径。

(2) 确定液体运载火箭爆炸火球上升阶段的空气卷入量 Q_{2t}:

$$Q_{2t} = \int_0^{t_2} \pi r^2 \left(V_{fbt} - \frac{1}{3} V_r \right) \mathrm{d}t \tag{5-71}$$

式中:t_2 为火球开始上升至上升膨胀成最大直径阶段经历时间;r、V_r 分别为火球开始上升至上升膨胀成最大直径阶段的半径和径向速度;V_{fbt} 为火球体上升的速度;t 为火球体上升的时间,$0 \leqslant t \leqslant t_2$;$\pi$ 为圆周率。

3) 确定液体火箭推进剂爆炸后的毒气蒸发速率

蒸发速率的确定分两种情况,即基于推进剂爆炸事故发生时环境温度 T(已知)在沸点上和沸点下的情况,分别对应急骤蒸发速率和平稳蒸发速率。

(1) 急骤蒸发速率:

$$W_f = k_f \rho_{air} (Q_1 + Q_{2t}) \tag{5-72}$$

式中:k_f 由空气中氧的比例和化学反应分子式确定,对 N_2O_4 为 0.02028,对偏二甲肼为 0.009566;Q_1、Q_{2t} 分别由式(5-68)和式(5-71)确定;ρ_{air} 为空气密度。

（2）平稳蒸发速率：

$$\dot{W}_{vt} = \dot{W}_{v0} e^{-\frac{\dot{W}_{v0}}{W_f}t} \qquad (5-73)$$

式中：$\dot{W}_{vt}$ 为液体运载火箭爆炸后毒气平稳蒸发速率；t 为蒸发经历时间；$\dot{W}_{v0}$ 为运载火箭推进剂初始蒸发速率，有

$$\dot{W}_{v0} = 0.03305 k_m m_f W_f G_f \qquad (5-74)$$

W_f 为火球中富余的推进剂重量，由公式（5-73）求出。

3. 生成复杂地形网格

为了模拟不同垂直分布的气流在复杂地形上空的输送或者扩散过程，将地形表面作为一个网格面，这样正确地反映了地形的真实效应，可模拟过山波动、地形的阻塞、分支和绕流、地形尾流区流场状态即背风坡涡旋等。在发射坐标系 (x,y) 水平平面上空间采用等步长分布，而在 Z 方向采用随地形的垂直坐标变换，输出为物面拟合的贴体坐标 $x,y,\bar{Z}$。它可充分反映地形的起伏，为确定复杂地形上空的风场输入地形网格数据，可构成复杂地形上空的贴体曲线坐标网格，适用于山区地形。网格由如下公式确定：

$$\bar{Z} = H \frac{Z - Z_g}{H - Z_g} \qquad (5-75)$$

式中：H 为此点所要考虑的顶部高程；$Z_g = Z_g(x,y)$ 为地面的起伏高度数据；Z 为笛卡儿坐标系中 (x,y,z) 的垂直坐标；$\bar{Z}$ 为变化后的高程坐标，根据上面公式（5-74）可以得到 Z 的值域为 $\bar{Z} = [0,H]$。

如果在区间 $[0,H]$ 上的 $\bar{Z}$ 的分割确定以后，则可确定 Z 为

$$Z = Z_g + \frac{\bar{Z}(H - Z_g)}{H} \qquad (5-76)$$

4. 确定复杂地形上空的风场

对液体运载火箭推进剂爆炸后的方程进行数值积分，如预报未来时刻的浓度分布。我们知道，浓度的扩散是在风的作用下完成的，风场在扩散方程求解中，是一个非常重要的输出量，它是整个毒气扩散问题求解的基础。风场由式（5-77）和式（5-78）确定。

$$\frac{\partial E}{\partial t} + u\frac{\partial E}{\partial x} + v\frac{\partial E}{\partial y} + w\frac{\partial E}{\partial z} = k_{mz}\left[\left(\frac{\partial u}{\partial z}\right)^2 + \left(\frac{\partial v}{\partial z}\right)^2\right] + \frac{\partial}{\partial x}\left(\frac{k_{mh}}{\sigma_E}\cdot\frac{\partial E}{\partial x}\right) +$$

$$\frac{\partial}{\partial y}\left(\frac{k_{mh}}{\sigma_E}\cdot\frac{\partial E}{\partial y}\right) + \frac{\partial}{\partial z}\left(\frac{k_{mh}}{\sigma_E}\cdot\frac{\partial E}{\partial z}\right) - \varepsilon \qquad (5-77)$$

$$\frac{\partial\varepsilon}{\partial t} + u\frac{\partial\varepsilon}{\partial x} + v\frac{\partial\varepsilon}{\partial y} + w\frac{\partial\varepsilon}{\partial z} = \frac{\partial}{\partial z}\left(\frac{k_{mz}}{\sigma\varepsilon}\cdot\frac{\partial\varepsilon}{\partial z}\right) + \frac{\partial}{\partial x}\left(\frac{k_{mh}}{\sigma\varepsilon}\cdot\frac{\partial\varepsilon}{\partial x}\right) + \frac{\partial}{\partial y}\left(\frac{k_{mh}}{\sigma\varepsilon}\cdot\frac{\partial\varepsilon}{\partial y}\right) +$$

$$c_{1\varepsilon} \frac{\varepsilon^2}{E} k_{mz} \left[\left(\frac{\partial u}{\partial z} \right)^2 + \left(\frac{\partial v}{\partial z} \right)^2 \right] - c_{2\varepsilon} \frac{\varepsilon^2}{E}$$

$$k_{mz} = c_u \frac{\varepsilon^2}{E} \tag{5-78}$$

式中:$(u、v、w)$为发射坐标系中的三个风速向量,是需要求解的量;(x,y,z)为发射坐标系的经式$(5-75)$和式$(5-76)$变换得到的三个分量,为已知的地理信息;$E、\varepsilon$分别为主导风能量和动量,由主导风的风向和风速确定;$c_{1\varepsilon}、c_{2\varepsilon}$分别为二阶和四阶耗散系数;常数$k_{mh}、k_{mz}$分别为水平和大地高程方向风场系数。利用拟压缩时间相关法求解发射坐标系中的三个风速向量(u,v,w)。

5. 确定毒气扩散范围及浓度

确定液体运载火箭推进剂爆炸后的有毒气体在大气中扩散过程,在得到推进剂源强、推进剂爆炸后的有毒气体扩散速率、发射坐标系中的三个风速向量(u,v,w)后,解扩散方程,得出液体运载火箭推进剂爆炸后的时间t有毒气体随发射坐标系(x,y,z)的扩散浓度C_i,为扩散范围显示提供浓度场数据。毒气扩散浓度由式$(5-77)$确定。

$$\frac{\partial c_i}{\partial t} + \frac{\partial}{\partial x}(uc_i) + \frac{\partial}{\partial y}(wc_i) + \frac{\partial}{\partial z}(wc_i)$$

$$= D_i \left(\frac{\partial^2 c_i}{\partial x^2} + \frac{\partial^2 c_i}{\partial y^2} + \frac{\partial^2 c_i}{\partial z^2} \right) + R_i(c_i,T) + \dot{W}_{vi}(x,y,z,t)$$

$$\tag{5-79}$$

式中:t为运载火箭推进剂爆炸后的时间;c_i为待求扩散浓度,百万分之一体积浓度ppm;D_i为已知第i种毒气成份的分子扩散系数;R_i为已知第i种成份的化学反应生成率;W_{vi}为已知第i种毒气成份毒气蒸发速率;T为绝对温度,(u,v,w)为发射坐标系中的三个已知风速分量。

5.3 航天发射飞行安全控制空间智能决策

随着信息技术、计算机和测控技术等的飞速发展,航天发射地面安全控制系统应逐步向智能化方向发展。通过运载火箭飞行的轨道参数、姿态参数、落点参数等信息,实时描述飞行轨迹、速度、姿态,利用 GIS 系统进行落点区域空间分析,实现运载火箭飞行过程中安全管道、预示落点、飞行参数和飞行轨迹的空间实时分析,对运载火箭飞行状态做出判断,并结合运载火箭故障状态下弹片散布模型和毒气泄漏扩散模型,及其飞行安全控制决策领域知识表示模型,为运载火箭飞行的安全控制提供实时智能辅助决策。

5.3.1 基于空间信息处理的智能决策

决策支持系统(Decision Support System, DSS)主要是以模型库系统为主体,通过定量分析进行辅助决策。DSS 的本质就是将各种类型的广义模型有机结合起来,构成解决问题的模型体系,对数据库中的数据进行处理形成对决策问题的信息支持。

把人工智能(Artificial Intelligent, AI)的知识推理技术和 DSS 的基本功能模块有机地结合起来,形成了智能决策支持系统(Intelligent Decision Support System, IDSS)。它既充分发挥了专家系统以知识推理形式解决定性分析问题的特点,又具有决策支持系统以模型计算为核心的解决定量分析问题的特点,充分做到定性分析和定量分析的有机结合,使解决问题的能力和范围得到了较大提高。

基于 GIS 的智能决策支持系统,利用人工智能技术和 GIS 技术,结合软件工程、数据仓库技术、面向对象技术、超文本与超媒体、网络和远程通信技术、数据挖掘和知识发现技术等先进手段,在发挥 IDSS 原有的基础上,加强空间数据、模型分析和表示能力,使得决策行为更加科学化、可视化和直观化。在 IDSS 体系结构上,集成 GIS 模块得到基于空间信息的智能决策支持系统如图 5 – 12 所示。

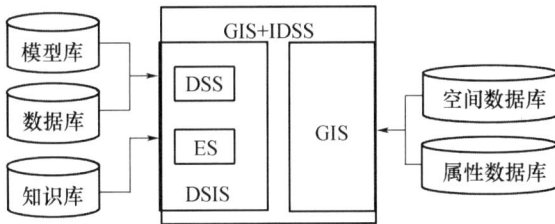

图 5 – 12 GIS 与 IDSS 的集成结构

由图 5 – 12 可以看到,IDSS 与 GIS 的集成是建立空间智能决策支持系统(Spatial Intelligent Decision Support System, SIDSS)的一个重要环节。其特点是:

(1) 以 IDSS 为核心:以 DSS 为核心,扩展其支持双向查询等空间分析的能力,并增加图形数据管理功能,提供对地图的各种操作。其基本结构与一般 IDSS 相同,只是在模型管理和数据管理中增加了有关图形查询和空间分析的功能,并建立一个空间数据库管理系统,管理有关的视图操作及与其他系统交换图形数据,同时为了使系统能够正确区分各命令处理对象(图形、文本和模型等),在系统中增加一个人机交互系统,该模块将用户的菜单选择、模型对数据(文本和图形)的调用以及各种图形操作和查询处理为一定的命令序列,再分给各种功能子系统处理,并将处理结果回送给调用者。

（2）以地理信息系统为中心的空间决策支持系统：在这种集成方式的系统中，地理信息系统不仅为决策支持系统提供一个数据分析和表达的直观平台，而且为决策支持系统中多模型组合建模提供高效的空间分布式环境参数的输入、组织和前、后处理功能。智能空间决策支持系统中专家系统是整个系统的控制中心，组织协调系统各部分工作，分配各种与用户定义的问题有关的资源，如组织环境专题数据库和环境数学模型之间的信息流，控制系统运行序列和模型间自动联合应用等。

（3）基于数据分析和功能分解相结合的空间信息系统设计模式：这种设计模式，强调空间数据分析和系统功能模块分解并重，并通过系统数据流和模型的具体算法紧密联系在一起，有利于系统实现时采用面向对象方式开发系统界面，尤其与 GIS 模型体系的集成。数据分析和功能分解交叉，通过定义系统的实体关系 E－R 图，将数据流图按"上到下"定义的方式实现系统数据和数学建模的可操作，并逐步明确空间数据库的逻辑结构和物理结构，以及进行系统的数据分类及编码、数据的存储空间设计。

IDSS 通常被称为广义专家系统。因此，它除了具有传统 DSS 模型支持决策功能外，还有 ES 的智能特点。IDSS 的主要功能如下：

（1）广义推理：由于 IDSS 具有知识推理结构，能模拟决策者的思维过程，所以能在决策经验知识的基础上通过提问会话、分析问题、规则推理等方法引导决策者选择合适的模型。当某个模型或算法解决不了问题时，IDSS 可以辅助决策者组合现有的模型，或辅助建立新的模型来解决问题，在模型构造时和模型操作中进行试探法控制。

（2）智能界面：具有功能完善的人机接口（自然语言接口或会话接口），通过提问应答方式，辅助决策者确定问题的边界条件和环境，有效地解决半结构化和非结构化问题。IDSS 具有解释机制，回答决策者的诸如"What if"、"Why"、"When"、"How"之类的问题，提供决策者跟踪问题求解过程的手段，增加决策结果的可信度。

（3）自学习：IDSS 具有自学习能力，在决策过程中能够自动分析决策者的决策策略，提取决策经验知识和启发式规则，完善案例库，并最终自动辅助决策。

IDSS 是以信息技术为手段，运用了决策科学和有关学科的理论和方法，能作到定量分析与定性分析的有机结合，能很好地解决结构化、半结构化和非结构化的问题。因此，IDSS 被广泛应用在决策领域中。

基于以上的分析可以看到，在决策支持方面，GIS 和 IDSS 都有着自身的优势和不足。如果将 GIS 对空间数据的处理表达能力和 IDSS 对于半结构化和非结构化的解决能力结合起来，二者的优势正好互补。IDSS 与 GIS 的集成，不仅为 IDSS 提供了空间数据的处理能力和更形象直观的可视化表达平台,而且使GIS 由描述与表现客观世界的阶段进入直接参与利用和改造客观世界的新阶段。

5.3.2 航天发射飞行安全控制空间智能决策系统结构

通过对信息技术和 GIS 技术的集成,利用雷达、光学等弹道外测子系统,测量实时获取运载火箭飞行弹道数据,以及遥测子系统实时获取运载火箭的飞行状态和弹道数据,经数据处理后,与 GIS 结合进行分析和显示。当发生故障时,从 GIS 中提取相关的空间或属性信息,为相关模型的分析、计算提供相关地理信息数据,进行损失估计,快速分析与综合各方面事态。根据事故地点和严重程度,通过决策处理得到相应事故处理预案,提供救援所需信息和决策支持,实现应急决策的可视化、信息化和智能化,如图 5 - 13 所示。

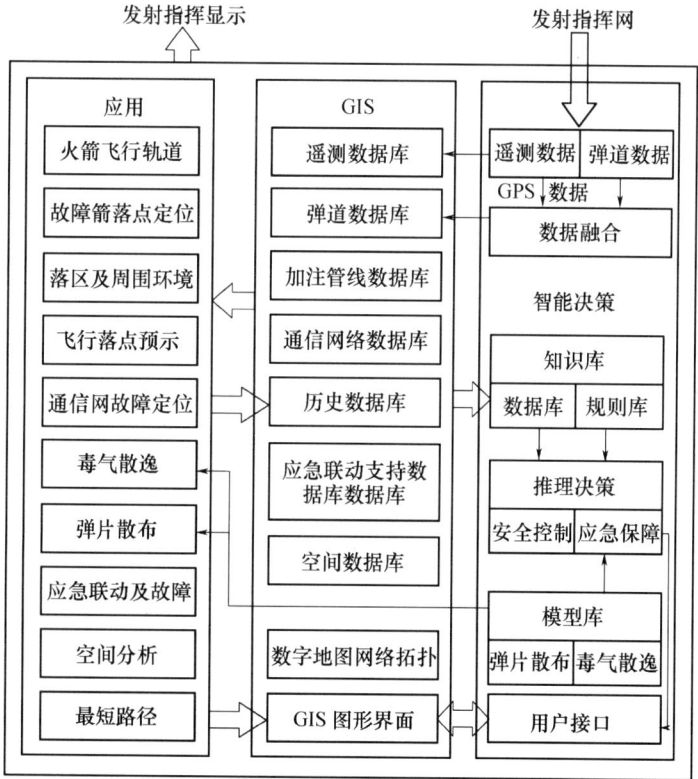

图 5 - 13 航天发射飞行安全控制空间智能决策信息流程框图

数字地图是地理信息系统功能实现的重要载体,为 GIS 系统提供了完成功能所需的相关地理实体的空间、属性信息。

通过地图空间数据描述运载火箭瞬时状态的实时弹道数据,将数据转换为图形轨迹,并与建立的发射场区和全航区数字地图叠加,实时地动态反映运载火箭的飞行过程。GIS 系统的建立是进行空间安全控制分析的重要基础,它提供了完成各项安全控制功能所需的相关地理实体的空间、属性信息。地理空间数据库和属性数据库在建立时,应遵循便于实现安全控制和应急保障相关功能的准则,这能确保系统运行时能够得到空间环境中相关地理实体的属性信息等,实现有效的决策和应急信息支持。

动态 GIS 的空间数据处理为决策提供诸如速度、姿态、高度、星下点位置、落点位置、距保护目标距离和运载火箭状态等信息,在 GIS 上形象直观地显示运载火箭相关弹道参数,工作状态等信息,以便于对运载火箭的飞行状况做出正确的判断。

在飞行航区 GIS 的落区部分,使用数据库存储不同时间段的城镇、设施等实体的空间和属性信息,实现多维 GIS 并且利用 GIS 中的叠加等空间几何操作,实现相关目标数据信息在 GIS 上的动态表现,为落区的具体设计和选择提供依据。系统结构如图 5 - 14 所示。

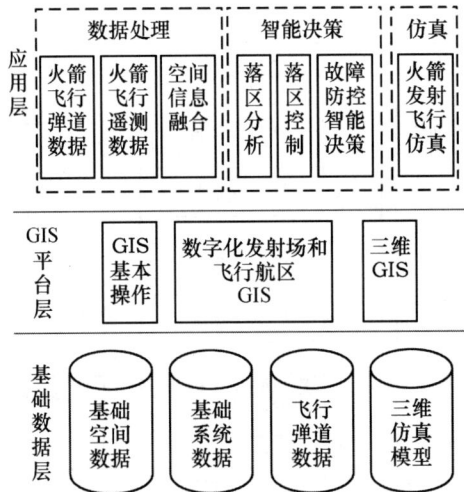

图 5 - 14 系统结构框图

5.4 航天发射飞行安全控制智能决策方法

在卫星发射飞行过程中,针对航天发射安全控制及应急保障,利用地理信息系统空间信息描述的特点,通过仿真和空间信息处理相结合的方式来实现故障点周围情况及故障区域范围的描述,进行卫星发射飞行安全的仿真模拟和现场态势分析,提供智能辅助决策和应急处置信息。

5.4.1　航天发射飞行安全控制决策

1. 航天发射飞行安全控制决策流程分析

航天发射飞行安全控制决策系统是一个火箭飞行状态检测、弹道选优、数据处理和安全事件处理的计算机智能辅助决策支持系统。将航天发射飞行安全控制中的知识与经验,以及弹道数据处理的方法和测量误差分析的基本方法等综合起来,构成系统的知识库和模型库。再将安全控制中的判别方法和人工智能技术结合起来,构成系统的推理机构。根据运载火箭实时飞行状态参数,获得弹道数据信息和调用相关的知识和模型,给出参考的安全相关信息,通过集成推理机调用控制方案。

基于上述思想,系统的处理流程如图 5 - 15 所示。在航天发射飞行智能安全控制辅助决策系统中,以数据库(空间数据库、属性数据库、飞行数据库)、模型库和知识库/规则库的形式,描述和存储了实现航天发射安全控制管理的各种定量的计算模型和经验性的安全控制策略知识,体现了基于知识的决策支持系统特点。

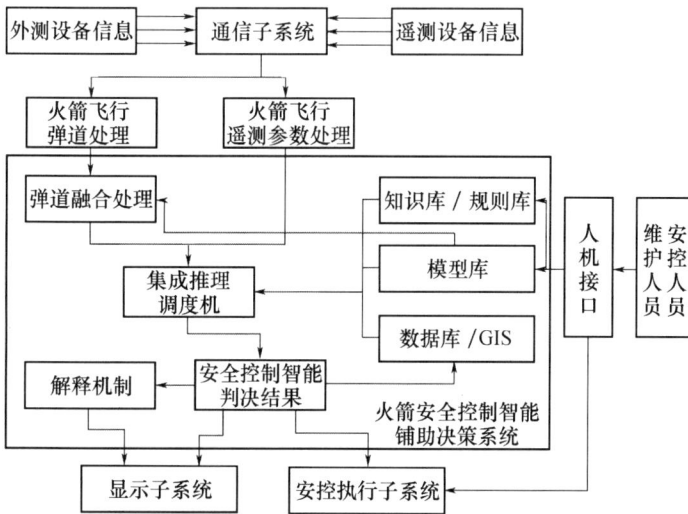

图 5 - 15　航天发射飞行安全控制决策框图

由图 5 - 15 可以看出,航天发射飞行安全控制决策系统的处理流程分三个步骤完成:

(1)在运载火箭飞行测量信息处理中,将各外测设备获得的运载火箭飞行在各测量系坐标系下的位置和速度信息转换为统一坐标系下、统一时间采样点的运载火箭飞行空间状态信息。将遥测设备的编码信息加工为运载火箭飞行中自身各子系统的遥测工作参数,即完成实时飞行中所需的安全判决参数和数

211

据的预处理。

（2）通过多源数据融合处理得到更高精度和可靠的飞行弹道,融合遥测参数信息,进一步分析当前的火箭飞行状况,根据安全判断需求,运用系统中关于航天发射飞行安全控制的经验知识(推理规则)以及各种计算模型(如设备误差模型、可信度分配模型等),通过定量的模型数值计算和定性的知识推理,产生实时飞行安全判决的结果和相应的执行决策。

（3）安全官通过人机接口,根据系统输出的智能辅助决策信息和结合自身主观决策,产生最终的执行方案。根据既定的安全控制策略和安全控制方案,驱动地面安控设备发出各类安控指令,甚至择机炸毁故障箭。

在这几个部分中,决策系统是整个航天发射飞行安全监控管理的核心。

2. 功能模块设计

从图5-15所示安全控制决策系统的总体框架中可以看出,其组成结构主要由信息获取、弹道处理、遥测参数处理、知识库/规则库、模型库、数据库/GIS、集成推理和调度机、解释机制、信息显示、人机接口、安控执行11个模块组成。

（1）信息获取:通过通信子系统完成与测控信息网的信息交换,获得运载火箭飞行实时外测信息和遥测信息。

（2）弹道处理:根据测量系统和弹道数据的实际情况,结合相应的优化处理方法和模型,将多冗余的外测设备信息处理为多条外测弹道,并完成时空对准,将惯性系下的遥测弹道和地心系下的GIS弹道与外测弹道一起实现时空对准。

（3）遥测参数处理:根据智能安全辅助决策的需要完成相应遥测参数的实时处理。

（4）知识库/规则库:是决策系统工作的基础,用来描述运载火箭飞行安全控制的知识和专家的经验,包括安全属性参数、事实和安全控制规则三个部分。

（5）模型库:包括弹道数据分析和优化、数据融合处理等模型、GIS计算分析模型、运载火箭爆炸毒气散逸和弹片散布分析计算模型。

（6）数据库/GIS:负责组织管理理论弹道、安全管道等数据和地理信息,存储相应的实时安全判决结果,实现安全判决的实时数据的存储,包括落点、速度、姿态、压力等数据。它们的取值在每次做决策时都是变化的,是一个动态数据库。

（7）集成推理和调度机:由定性的知识推理机和模型运算构成。知识推理采用决策网构成,在安全控制决策过程中,推理机根据安全属性数据,通过单向或双向搜索选用适当的规则,最终得到各种判决结果和安全控制决策方案。

（8）解释机制:为安控人员提供各种安全判决结果的解释,包括日期与时刻、推理结论、推理所用的基本事实等信息。

（9）信息显示：该模块将检测的安全状况，与飞行理论弹道、时空坐标、安全管道和地理信息结合，实时显现各时刻的火箭安全状况和安全判断结果，便于安全官直观地掌握运载火箭飞行安全情况，根据实际情况做出相应的安全控制决策。

（10）人机接口：它贯穿在整个分析、决策和控制过程中，操作者通过它可以操作知识库和模型库，也可以查询相关的数据和决策信息。系统通过数据处理、模型运算、知识推理等，充分利用各种数据、模型和知识，做出实时的带有可信度评价的安全控制决策方案，辅助安全官做出最终的决策。

（11）安控执行：将安全判断结果在人工干预的前提下发送到相应的安控设备上。

5.4.2　基于最小损失的航天发射飞行安全控制实时决策

安全控制决策，是一种基于空间信息处理和损失估计的有反馈安全时机决策，反馈的决策控制策略是非常有意义的，其目的是在实施安全控制时，通过计算机对落区事故地点空间信息的处理，寻求损失最小地点的时机，如图 5 - 16 所示。

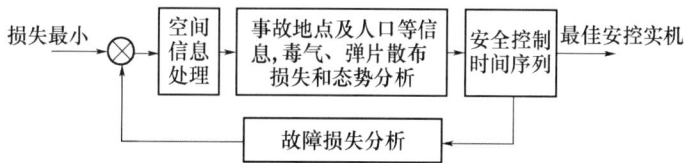

图 5 - 16　安全控制决策

实时决策是一种广义的计算机处理与控制，它是对被控参数的瞬时值进行检测，并根据输入进行分析，决定进一步的控制过程。在故障箭的爆炸现场，通过空间地理分布特征，可以初步确定弹片散布范围和毒气散逸范围，反映事故动态变化的特性，做出事故危害性的估计，通过 GIS 将事故的状况和发展态势及时反映给决策者。包括事故所处的位置、发生事故造成什么样的影响、以及到达事故地点的最短路径等。

根据运载火箭飞行航区的星下点轨迹，结合 GIS 空间信息，综合预测落点地理位置、事故危害等影响运载火箭安全控制的因素，得到运载火箭飞行安全控制的时间序列：

飞行时刻 $k:1,2,\cdots,N$。

落点 $D:D_1,D_2,\cdots,D_N \in D_i(x_i,y_i)$，$i=1,2,\cdots,N$。

弹片散布 $R:R_{1,h1},R_{2,h2},\cdots,R_{N,hN} \in R_{i,hi}(x_i,y_i)$，$i=1,2,\cdots,N$。

毒气状态 $C:C(h<h_0)$。

人口分布 P：$P = \rho \times R_{i,hi}(x_i, y_i)$，$\rho$ 为在落点坐标的人口密度。决策值为 $\min(P)$。

重要目标 σ：$\sigma(x_i, y_i) \cap R_{i,hi}(x_i, y_i) = Q$。$\sigma = \{$大型设施、江河、湖泊$\}$，$\sigma(x_i, y_i)$ 为在 (x_i, y_i) 处有保护目标。决策值为 $Q = \text{null}$ 或 $Q = \min(Q)$。

5.4.3 决策的知识表示

在运载火箭飞行过程中的各种状态,其实质就是每一时刻描述飞行过程的特征参数的状态集合,唯一地确定了运载火箭的飞行状态,下式表示了飞行特征参数与其状态的对应关系:

$$\Phi_k = \{S_1, S_2, S_3 \mid t = t_k\} = \{S_1(k), S_2(k), \\ S_3(k)\}, s_j(k) \in [s_{j1}(k), \cdots, s_{jn}(k)] \quad\quad (5-80)$$

式中:Φ_k 为运载火箭在 t_k 时刻的飞行状态;$S_j(k)$ $(j=1,2,3)$ 为 t_k 时刻描述飞行状态的特征参数,分别为三维位置坐标和飞行姿态参数。$S_{jl}(k)$ $(l=1,2,\cdots,n)$ 为 $S_j(k)$ 的一个取值。在 t_k 时刻飞行的特征参数的集合 $S_j(k)$ 就唯一地描述了该时刻过程的状态 Φ_k。

将运载火箭飞行的坐标和姿态参数,分解为各个参数下的特征状态体。将包含式(5-80)运载火箭飞行实时状态的特征状态体,按优先级和常规级分别存储于知识库中。

运载火箭飞行特征状态体可以被描述为一个三元组:

$$T = <\Phi, Q, \varphi> \quad\quad (5-81)$$

式中:Φ 是一组飞行实时特征的有限集合 $\Phi = \{s_1, s_2, s_3\}$;Q 为运载火箭飞行正常状态信息的值域集 $Q = \{q_{s1}, q_{s2}, q_{s3}\}$,$q_{si} = [q_{si,1}, q_{si,2}, \cdots, q_{si,n}]$;$\varphi$ 为当前运载火箭飞行工作时间在状态 Q 下的飞行安全工作值域范围集,$\varphi_s = \{\varphi_s(q_{s1}), \varphi_s(q_{s2}), \varphi_s(q_{s3})\}$。

我们把式(5-81)称为规则基-特征状态体,规则基定义为结论为真的基本信息集。当实时飞行状态 Φ_k 在 Q 所描述的正常取值范围 φ 内时,运载火箭飞行正常。

规则基-特征状态体的结构可表示为

运载火箭飞行特征 Φ_k	正常飞行状态 Q	当前运载火箭飞行时间的正常取值范围 φ

在空间安全决策与应急决策中,我们提出了"目标-规则基-特征状态体"的领域知识表示模型。领域知识可以分解为目标、结论为真的基本信息集(规则基)、事实特征,这三者包括不同事实特征的修正量形成了领域规则。

214

5.4.4 航天发射飞行安全判断规则

综合外测遥测参数对运载火箭超越告警线和炸毁线的判断方法,得到运载火箭飞行弹道参数是否正常的处理结果,获取运载火箭飞行安全的判断规则。

1. 航天发射飞行安全控制知识规则设计原则

(1) 当外测弹道参数中落点参数超越安全管道时,以遥测姿态控制系统的遥测参数作为综合判决依据;

(2) 当外测弹道参数中射程参数超越安全管道时,以遥测姿态控制系统和动力系统的遥测参数作为综合判决依据;

(3) 当外测弹道参数中空间位置参数超越安全管道时,以遥测姿态控制系统的遥测参数作为综合判决依据;

(4) 当外测弹道参数中运载火箭飞行速度参数超越安全管道时,以动力系统的遥测参数作为综合判决依据。

2. 运载火箭飞行安全判断规则

根据以上知识规则设计原则,在运载火箭弹道参数出现异常并超越告警线时,将提供告警信号形成的原因,即由那几个弹道参数异常所引起的,以外测落点参数、射程参数及速度参数超界为例说明运载火箭飞行安全知识规则。

实时飞行状态 Φ_k 可表示为 $\Phi_k = \{S_1, S_2, S_3\}$。

1) 落点参数超界判断

落点参数超越告警线定义为 $S_1(k)$:

$$S_1(k) = \{S_{11}(k), S_{12}(k), \cdots, S_{17}(k)\}$$
$$S_{11}(k) = W_{\beta c}, S_{12}(k) = \beta_c, S_{13}(k) = T_{\beta c}, S_{14}(k) = J_{\beta c},$$
$$S_{15}(k) = \alpha, S_{16}(k) = \beta, S_{17}(k) = \gamma$$

式中:$W_{\beta c}$ 为外测落点参数超界告警;β_c 为外测落点;$T_{\beta c}$ 为外测落点连续超界时间;$J_{\beta c}$ 为外测落点超界告警线;α 为运载火箭飞行俯仰角;β 为火箭飞行偏航角;γ 为运载火箭飞行滚动角。

落点变化与控制系统姿态参数有关,结合对遥测参数对运载火箭飞行状态影响的分析结果,应对遥测中的一、二级控制系统参数作综合判断,为了进一步保证安全判断结果的可靠性,确定当落点参数超界时至少有同时段两个或以上控制系统参数异常,则确定落点参数超界为真实状态。

2) 射程参数超界判断

射程参数超越告警线定义为 $S_2(k)$:

$$S_2(k) = \{S_{21}(k), S_{22}(k), \cdots, S_{27}(k)\}$$
$$S_{21}(k) = W_{Lc}, S_{22}(k) = L_c, S_{23}(k) = T_{Lc}, S_{24}(k) = J_{Lc},$$
$$S_{25}(k) = P, S_{26}(k) = \theta_1, S_{27}(k) = \theta_2$$

式中：W_{L_c} 为外测射程参数超界告警；L_c 为射程；T_{L_c} 为外测射程连续超界时间；J_{L_c} 为外测射程超界告警线；P 为运载火箭发动机燃烧室压力；θ_1 为运载火箭速度正俯仰角；θ_2 为运载火箭速度负俯仰角。

通过分析，运载火箭射程同其飞行瞬时速度和姿态相关。因此，对运载火箭射程参数的综合判断主要包括动力系统、控制系统和运载火箭俯仰角的变化情况，考虑动力系统参数和运载火箭俯仰角的变化。当运载火箭推力偏小时，射程偏近；推力偏大时，射程偏远；飞行俯仰角接近 45° 时射程偏远，反之偏近；在系统判断中，当射程参数超越告警线时，首先计算实际射程与理论射程相比是偏远还是偏近，同时计算飞行俯仰角的变化是更接近 45° 还是更偏离 45°，并处理相应的遥测动力系统参数是有利于运载火箭推力增加还是减小，当遥测俯仰参数或动力系统参数中有一类情况同运载火箭射程偏离方向一致时，则确定射程超界为真实状态，否则将取消射程超界的判断结论。

3）速度参数超界判断

速度参数超越告警线定义为 $S_3(k)$：

$$S_3(k) = \{S_{31}(k), S_{32}(k), \cdots, S_{37}(k)\}$$
$$S_{31}(k) = W_{V_k}, S_{32}(k) = V_k, S_{33}(k) = T_{V_k}, S_{34}(k) = J_{V_k},$$
$$S_{35}(k) = P_1, S_{36}(k) = P_{yx}, S_{37}(k) = P_{rx}$$

式中：W_{V_k} 为外测速度参数超界告警；V_k 为飞行速度；T_{V_k} 为外测速度连续超界时间；J_{V_k} 为外测速度超界告警线；P_1 为运载火箭发动机推力室压力；P_{yx} 为氧化剂储箱压力；P_{rx} 为燃烧剂储箱压力。

速度参数的变化主要与动力系统参数变化相关，同样，当运载火箭推力偏小时，速度偏小；推力偏大时，速度偏大；当速度参数超越告警线时，首先计算实际速度处理结果与理论速度相比是偏大还是偏小，同时处理相应的遥测动力系统参数是有利于运载火箭推力增加还是减小，动力系统参数判断结果同运载火箭速度偏离变化趋势方一致时，则确定速度超界为真实状态，否则将取消速度超界的判断结论。

5.4.5 航天发射飞行安全控制推理决策

航天发射飞行安全判断推理包括两个步骤：一是对安全判断参数是否真正异常（超界）的推理过程；二是依据各类安全判断参数的状态形成各类安控指令推理过程。

在判断某一安判参数是否存在超界情况时，首先按照安判参数超界处理的一般方法进行计算，如果处理结果超界，根据反向推理机制，则以此为可能超界的结论，然后以这些结论为假设，进行反向推理，再寻找支持这个假设的事实。对安判参数超界判断的规则如 5.4.4 节所述。

对于安控指令形成的推理过程,我们建立了三个数据表:安判参数表、规则元表和规则表,三个表之间除了具有 E-R 图中表现出来的全局逻辑关系外,各个表之间也并不是相互独立的。图 5-17 说明了各表之间的关系,同时也反映了安判知识的逻辑组织形式。

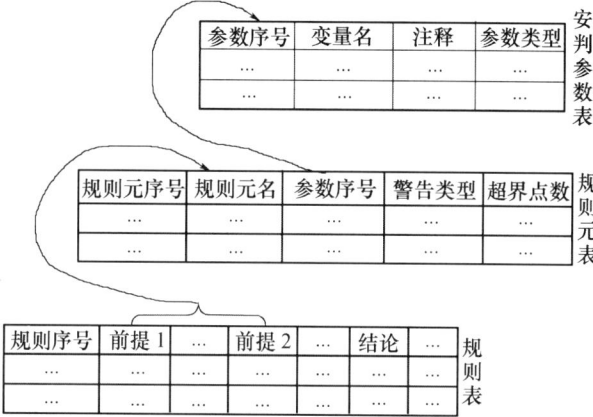

图 5-17 安判知识库中各数据表中的关系图

1. 推理决策网络的实现

根据安判知识的产生式表示形式,引入树的概念建立起相应的安判推理决策网络。在这里,以"综合告警"的模型为例来建立决策网络。我们将每一条知识作了如下约定:知识前提可以多于两个;前提之间组合关系全用逻辑与和逻辑或来表示;知识结论仅为一个。因此,在安全控制决策过程中,问题的求解过程可以用一个与/或树来表示。按照本章所叙述的安全控制决策的知识表示,以及火箭飞行安全控制规则,所形成的"综合告警"推理决策网如图 5-18 所示。

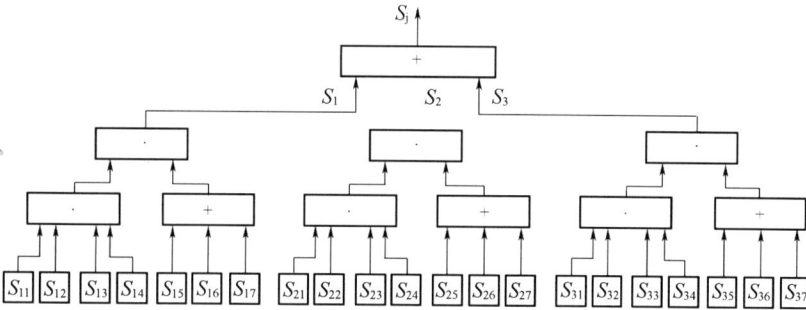

图 5-18 "综合告警"决策网

2. 推理控制策略

推理过程是一个思维的过程,即求解问题的过程。问题求解的质量不仅依赖于所采用求解的方法,而且还依赖于求解问题的策略,即推理的控制策略。推理的控制策略主要包括推理方式、冲突消解策略和搜索策略等。

推理过程中系统不断地用当前已知事实与知识库中的知识进行匹配,可能同时有多条知识的前提条件被满足,即这些知识都匹配成功,形成冲突,具体选择哪一条规则执行成为冲突解决策略的主要内容。在安判决策中,每一条规则对安判结果都起着非常重要的作用,不能忽略任何一个规则对结果的影响。因此凡是规则的前提条件匹配时,就激活此规则,然后对所有的触发启用规则应用冲突解决方法进行消解。

搜索是人工智能中的一个基本问题,是推理不可分割的一部分,它直接关系到智能系统的性能与运行效率。所谓搜索策略是指在推理方式一定的情况下,寻求最佳推理路径的方法,它分为盲目性搜索和启发式搜索。依据如上所建立的"外测告警"决策推理模型,可以看出这棵决策树宽且不太深,可采用宽度优先搜索,由下至上逐层进行;在对上一层的任一节点进行搜索之前,必须搜索完本层的所有节点,其具体推理过程可用图 5 – 19 所示流程来说明。

3. 推理解释机制

辅助决策系统与传统逻辑软件的执行行为存在很大的差异。在传统软件中,程序是顺序执行的,因此,通过顺序跟踪,程序员可了解系统的行为,排除隐藏的错误。但是在专家系统中,由于知识库与推理机的分离性,系统启动哪一条规则,需要由当时的前提条件和推理机共同决定,这样推理知识的执行顺序是不可预见的。为了对基于知识推理的航天发射安全控制过程有个清晰的了解,我们专门提供了推理解释部分。

系统提供的解释机制是:系统在安全判断模块执行中,输出推理结果的同时,输出和存储相应的推理解释。在系统中,推理解释的内容包括了推理运行日期与时刻、推理结论、推理所用的基本事实等信息,它们是以数据库的形式存储起来的。当经过推理得到某一特定结论时,如果用户要了解推理解释结论是如何得到的,则该解释机制给出导致该结论的推理解释,向用户解释这个结论从何而来,以提高用户对系统推理结果的了解;同时也增加系统的透明性,使用户易于接受推理结果。如果使用者是领域专家,则推理过程的显示可以帮助他了解知识库的工作情况和合理性,有利于系统的维护工作。

5.4.6　系统应用结果

航天发射飞行安全控制决策系统将测控系统传送来的实时遥外测数据通

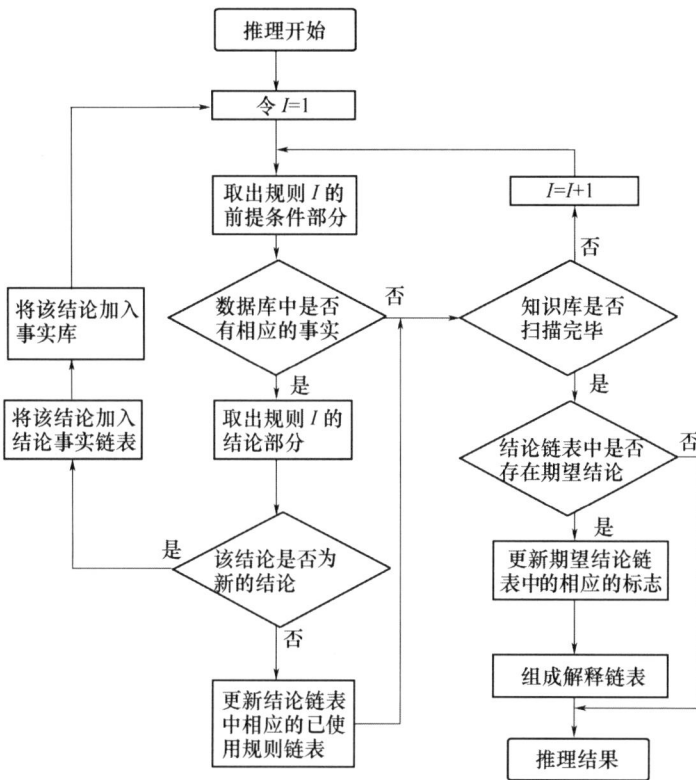

图 5 - 19 推理程序框图

过坐标系变换、滤波和弹道选优等处理,获取运载火箭飞行实际状态。将坐标变换后的数据可视化为图形轨迹,并与航区数字地图叠加,实时、动态、直观地反映运载火箭位置、飞行的方向和运动轨迹。在卫星发射的实际应用中,系统运行稳定可靠。系统实际运行部分结果如图 5 - 20 所示。

(a)

(b)

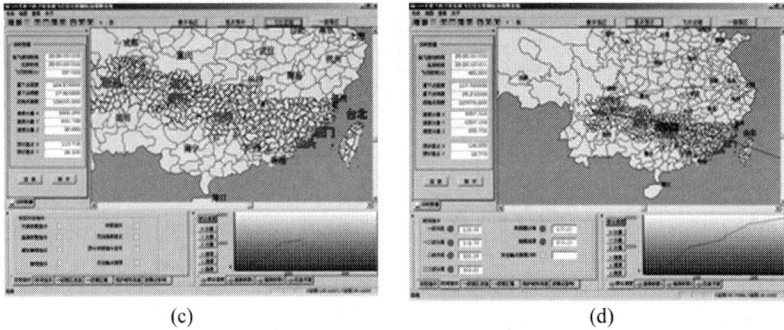

(c)   (d)

图 5 – 20　系统实际运行部分结果

5.5　航天发射飞行安全应急决策

5.5.1　智能应急决策系统结构

航天发射飞行安全应急决策将 IDSS 技术和 GIS 技术相结合,建立一个基于预案库的智能空间决策支持系统。系统的总体结构如图 5 – 21 所示,系统是由数据库子系统、模型库子系统、知识库子系统、GIS 子系统、预案库子系统、集成推理子系统和人机交互界面及决策处理子系统组成。

地理信息子系统:完成对空间数据的采集、储存、管理、分析、模拟和显示等基本功能。GIS 可以将空间数据库中的空间数据可视化为电子地图显示在屏幕上,在与地理信息有关的决策过程中,可以以此为平台,以空间数据库、属性数据库为依托,对涉及的空间问题进行分析、模拟,为整个系统提供更为直观、形象的辅助分析、管理和决策的工具。

（1）数据库子系统:数据库存储了与应急决策相关的各种数据,如分析模型计算所需的各种参数、决策计算的中间结果等。

（2）模型库子系统:模型库存放着各种分析模型,包括弹片散布模型、毒气散逸模型、案例的匹配模型等。这些模型由模型库管理系统进行统一的组织和维护。

（3）知识库子系统:智能决策支持系统之所以有智能,是因为有好的知识库和推理机。知识库中主要存放着与应急决策相关的知识,包括构成预选方案的知识、建立预选方案评价模型和评价标准的知识以及修改预选方案的知识等。

（4）预案库子系统:由预案库、案例库及预案库管理系统组成。预案库存放着事前制定的事故应急预案,预案的集合组成了预案库。案例库存放着以往

220

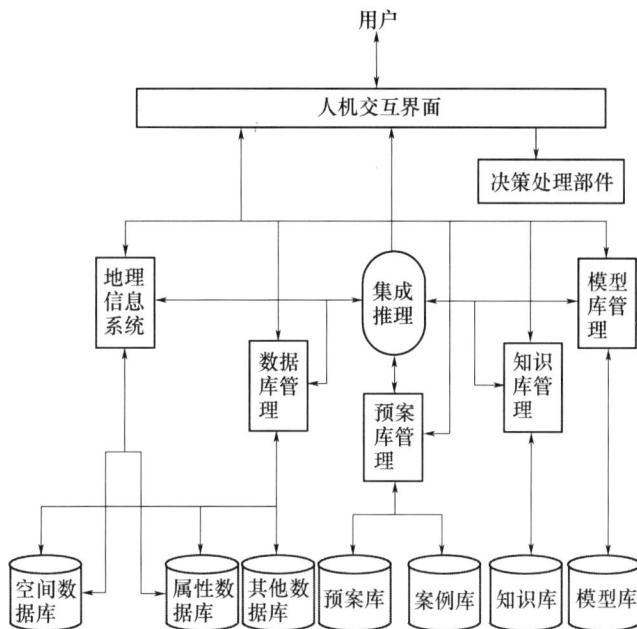

图 5-21 系统结构

的成功案例。从问题求解的角度来看,预案和案例应包含对问题整体情况的描述,还包含了问题的解和解的方法的描述,有时还应对求解效果给予描述。预案库管理系统负责预案的维护管理。

(5) 集成推理子系统:以案例推理为主,辅以基于规则推理,完成案例的检索和决策预案的调用。案例库中存放着已被证明了的成功决策方法,首先基于案例推理的方法,将输入的问题与案例库中的成功案例进行匹配,若匹配成功,则迅速得到处理决策方案;但事故的实际情况都是千差万别的,要找到完全匹配的案例非常困难,在直接匹配失败后,基于案例推理的方法在预案库中匹配合适的预案,再通过规则推理的方法对预案进行适当的修正,以适应新的应急需求。

(6) 决策处理子系统:辅助人机接口对给定问题进行目标分析和问题分解,形成问题求解链,对决策任务和问题的合法性进行检查,选择合适的推理方式,组织系统内各模块的协调工作。

(7) 人机交互界面:人机接口是整个系统与用户交互的界面,它为用户提供友好的图形界面和菜单驱动,可以理解用户以多种形式(主要是菜单选择)表达的问题,并提问转换为系统可以理解的形式;在整个系统的运行与推理过程中,允许决策者直接干预能给出提示和接受决策者的主观判断和经验信息;可将系统运行结果以决策者熟悉的形式(如表格、曲线、统计图、文字说明等)显

221

示,可对运行结果进行解释。人机接口包括用户接口、内部接口和外部接口。

5.5.2 系统功能

根据系统分析,本系统需要实现以下功能:

(1) 信息管理。实现发射场区建筑、设备、设施的空间属性数据,飞行航区相关的空间属性数据以及航天发射飞行过程中的飞行数据的输入、存储、处理和管理,提供高效、准确的查询、检索手段,为应急指挥人员提供最基本的信息保障;通过遥感、GPS 和现代测绘技术与信息系统的集成和连接,方便快捷地实现地理信息的实时更新,保证信息数据的现时性。

(2) 辅助决策。根据运载火箭故障时的状态数据和故障发生地的地理属性数据等,辅助应急指挥人员制定应急处理方案,为各级主管部门提供及时、有效的辅助决策,提高航天发射应急保障的科学化水平。

(3) 信息和决策的可视化表达。利用 GIS 的可视化平台,通过图片、文字、表格等多种表现手法向决策者提供运载火箭飞行过程的各种信息以及事故发生后的决策方案。通过直观形象的表现手段,提高决策者的决策能力。

基于以上的功能分析,整个系统可分为四大功能模块:GIS 模块、数据管理模块、应急保障模块和人机交互模块。系统的模块结构如图 5-22 所示。

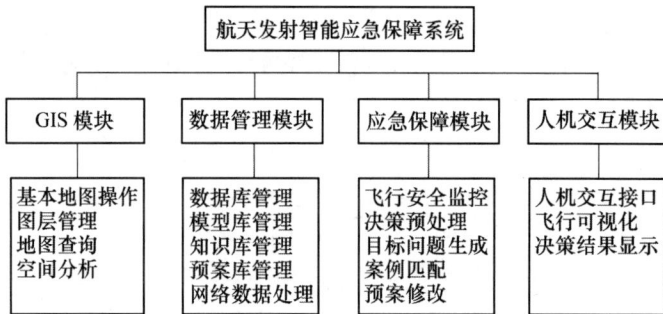

图 5-22 系统的功能模块

(1) GIS 模块。整个系统提供了可视化的应急保障平台,它的主要功能有:基本地图操作、图层管理、地图查询和空间分析。

(2) 数据管理模块。对整个系统的数据进行管理和处理,包括五库(数据库、模型库、知识库、预案库和案例库)系统的数据管理,服务器和客户端网络数据的收发处理等。服务器端从指挥控制网上接收运载火箭的实时飞行数据,然后对实时数据进行相应的处理,按照需求将数据重新打包为新的数据帧进行发送。

(3) 应急保障模块。当运载火箭发生故障时,根据其影响范围内的人员分布、保护设施布局以及河流道路等相关信息,辅助事故处理决策,为应急保障提供决策支持。应急保障模块主要包括以下功能：

① 飞行安全的实时监测：通过对运载火箭安控参数的实时监控，对运载火箭的飞行安全进行监测，一旦飞行过程出现故障，要明确故障类型，以便及时启动应急预案，给出应急处理和控制信息。

② 决策的预处理：系统所需要的决策数据包括三类：

数据一：故障时系统可直接得到的数据，如飞行数据、遥测参数、安控参数、运载火箭的爆炸方式、当时的天气情况、风力、风向等；

数据二：人为输入的数据，如通信系统、电力系统、加注系统等出现的故障等；

数据三：系统需要对数据来源一和数据来源二进行推理和分析得到的数据，如运载火箭弹片影响范围、毒气散逸范围、事故影响范围内的地理属性数据等。

数据一和数据二虽然是系统可以得到的最直接的决策信息，但这些数据非常有限，远远不能满足决策需要。基于 GIS 平台和各种分析模型，可以得到包含更多的深层信息的数据三，如爆炸影响范围内的空间属性数据、弹片的爆炸范围、有害气体扩散范围、故障对地面的影响程度等，这也正是空间智能决策支持系统的优势所在。

此外，决策的预处理还包括：决策内容的分解；按照事故应急的不同要求，将决策内容进行分解，对所有的决策数据进行分类，以形成不同的问题求解链。对输入参数进行匹配性检验，检验的内容包括输入参数的类型、范围、完整性等。发现输入错误时，提示错误和修改方向；当缺少必要参数时，提示补充；组织系统内各模块的协调工作等。

③ 目标问题的生成：生成决策问题，以问题为起点，可以在案例或预案库中对预案进行检索和匹配。

④ 案例或预案的匹配：负责解释用户的查询需求，完成对预案案例和实际案例的检索。

⑤ 预案的评估：对于搜索出来的源预案，满足阈值要求的可能存在很多，因此必须通过一定的预案评估方法，找出最合适的预案。

⑥ 预案的改写和学习：通过对检索到的源案例进行修改，使源预案能够满足当前问题的求解要求，得到最终的目标预案。如果该预案被证明在案例库中不存在，且具有重用价值，则将该预案存入案例库，作为成功案例保存下来。

（4）人机界面。作为 SIDSS 的一个重要组成部分，能够为决策者提供一个方便、友好的交互环境和智能的人机接口。将运载火箭发射过程中的飞行数据、飞行轨迹以及各种安控时间信息同时在案例提供、选择、新方案生成中使用一些启发知识和专家知识。该部分一般具有如下功能：

① 人机交互接口:负责与用户的交互,包括为决策者提供系统运行、模型选择等权力;用逐步询问的诱导方式来方便用户提供有关预案的信息等。

② 运载火箭飞行过程的可视化:根据运载火箭的飞行数据将飞行轨迹绘制并叠加在 GIS 地图上显示出来,同时将运载火箭的状态参数,包括实时弹道数据、实时遥测数据、安控数据、时间数据以及保护城市的安全信息等用各种不同的方式进行可视化显示,为决策者提供形象、直观的决策信息。

③ 决策结果的显示:将决策结果以图表、文字、图线和地图的方式显示。

5.5.3 航天发射飞行安全智能应急决策及应用

在航天发射过程中,针对运载火箭安全控制及应急保障,进行运载火箭发射飞行安全的仿真模拟和现场态势分析,建立运载火箭、卫星发射场完善的组织救援体系和故障处置方案和应急措施,提高安全应急保障能力和实时决策的手段,将有着重要的意义。

通过研究基于 GIS 的网络化、智能化运载火箭发射飞行应急决策方法,将仿真和空间信息处理相结合实现故障点周围情况及故障区域范围的描述,提供事故应急和数据管理的技术决策支持,解决运载火箭发射和飞行的安全保障。

安全应急决策,是一种突发事件已经发生时基于空间信息处理的应急决策,为有效保护事故地点人民生命财产安全和减少损失而需要采取的应急处理行为,如图 5 - 23 所示。

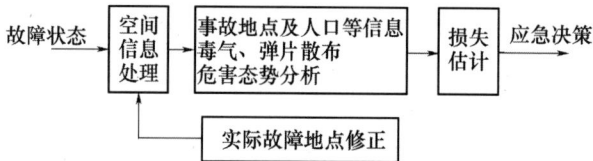

图 5 - 23　基于空间信息处理应急处理

一旦出现故障,根据运载火箭弹道数据和相关地理信息,提取故障点人口、城镇设施、气象、地形、环境等空间和属性信息,根据故障箭的状态信息(大小、携带燃料多少和是否有毒等),在 GIS 上实时直观地确定故障爆炸点以及弹片和毒气散布区域与影响区域,进行损失估计和现场态势分析,综合应急数据库、预案库和安全应急处理模型,为应急指挥决策提供支持。

1. 智能应急决策预案的表示

预案是针对未来某种情况的假设或"想定"条件而预先做出的决策方案,是隐式规则。采用向量空间的方法描述预案,然后采用面向对象基于框架的方法来表示预案。

将预案表示成 <问题描述,解描述> 或 <问题描述,解描述,效果描述>。

利用主要特征点(属性)来描述预案,预案特征向量表示如下:

假设预案空间为 S,问题空间为 P,条件空间为 T,决策空间为 R,预案库为 CB。预案库 CB 可表示为 $CB = \{cs_1, cs_2, \cdots, cs_k\}$。其中,$k$ 为预案库中实例的数目,$cs_i \in CB$。

每条预案 cs 由特征向量 $\boldsymbol{c}$ 和决策向量 $\boldsymbol{r}$ 组成:$cs_i = (c_i, r_i)$,其中,$cs_i \in CB$,$c_i \in T, r_i \in R$ 分别为预案 cs_i 的特征向量和决策结果向量。

决策的问题描述分为三种类型,特征属性描述,标记为 a^e;主题属性描述,标记为 a^s;环境属性描述,标记为 a^c。

一个预案的特征向量 $\boldsymbol{c}$ 可表示为有限个属性及其属性值的集合,即

$$
\begin{aligned}
\boldsymbol{c} &= \{(a_i^e, v_i^e), (a_j^s, v_j^s), (a_k^c, v_k^c)\} \\
&= \{(a_1^e, v_1^e), \cdots, (a_l^e, v_l^e), (a_1^s, v_1^s), \cdots, (a_m^s, v_m^s), (a_1^c, v_1^c), \cdots, (a_n^c, v_n^c)\}
\end{aligned}
$$

(5 – 82)

式中:l、m、n 分别为预案的特征属性、主题属性和环境属性数目;v 为各属性的值。

设问题 $\boldsymbol{p}$ 与预案 $cs_i \in CB$ 的相似度为 $\delta_i = f(cs_i, \boldsymbol{p})$。对问题 $q \in P$,将 q 映射到条件空间 T 上,得到问题特征向量 $\boldsymbol{p} \in T$,将 $\boldsymbol{p}$ 与预案 $cs_i \in CB$ 的条件向量部分 c_i 逐一匹配,得到相似度 δ_i,选择相似度最大(比如 δ_j)并大于阈值的预案 cs_j 对应的决策向量 r_j 决策结果。

在本节研究的基于预案的抽象描述中,一条具体的预案应该由以下几个部分组成:

(1)类型:航天发射飞行事故可能出现的各种突发性事件。

(2)决策条件:决策条件即预案的问题描述,包括特征条件、专有条件和公有条件。特征条件对应于问题属性中的特征属性,是该决策预案的特征描述,采用关键字来实现。专有条件对应于问题属性中主题属性,是不同事故应急所需的特殊的决策条件,例如:泄漏有毒气体的类型、气体的浓度,气体的物化性质等。公有条件对应于问题属性中环境属性,是事故发生时的环境信息的描述,如运载火箭的飞行时间、爆炸点经纬度、风力、风向等。

(3)方法和措施:根据事故类型和决策条件做出的决策。由各特征对决策的属性影响不同可定义不同的权重。

2. 智能应急决策推理相似度的计算与匹配

基于预案推理是通过检查出预案库中预先建立的同类相似问题从而获得当前问题的解决方案。因此,在输入目标问题后,需要在预案库中查找与各决策条件最相似的预案。

1)相似性的度量

在案例的相似度评估中,需要建立一个相似性计算函数对当前决策问题与

预案决策条件进行比较。设相似函数:$\text{sim}:U \times CB \rightarrow [0,1]$。$U$ 为对象域即目标预案集合,CB 为预案库中的预案集合。用 $\text{sim}(x,y)$ 表示目标预案 x 与源预案 y 的相似程度。其中,$x \in U$ 与 $y \in CB$。显然有如下特性:$0 \leqslant \text{sim}(x,y) \leqslant 1$,$\text{sim}(x,x) = 1$,$\text{sim}(x,y) = \text{sim}(y,x)$。

一条预案所包含的问题属性在计算相似度时所起的作用是不一样的。因此应根据不同的问题属性赋予不同的权重。设一条预案中含有 n 个问题属性时,则有

$g_1 + g_2 + \cdots + g_j + \cdots + g_n = 1$,其中 $0 \leqslant g_j \leqslant 1$,$j = 1,2,\cdots,n$,$g_j$ 为第 j 个属性的权值。

假设某条预案的问题描述包含了 n 个属性,分别记为 $A_1,A_2,\cdots,A_n$,它们的值域记为 $\text{dom}(A_1),\text{dom}(A_2),\cdots,\text{dom}(A_n)$。用向量:$V_t = (a_{ti})$,$a_{ti} \in A_i$,$i = 1,2,\cdots,l$;$V_r = (a_{rj})$,$a_{rj} \in A_j$,$j = 1,2,\cdots,m$,分别代表决策问题 T 和预案库中预案 R 的各个属性,计算两信息实体的相似度:

$$\text{sim}(V_t,V_r) = \text{sim}((a_{ti}),(a_{rj})) = \text{sim}(a_{t1},a_{r1}) \times g_1 +$$
$$\text{sim}(a_{t2},a_{r2}) \times g_2 + \cdots + \text{sim}(a_{tn},a_{rn}) \times g_n \qquad (5-83)$$

式中:$g_i(i = 1,2,\cdots,n;n = \min(l,m))$ 代表各属性的权重。

常用的相似度量函数有以下几种类别:

(1) Tversky 对比匹配函数:这是基于概率模型的度量方法。

(2) 改进的 Tversky 匹配法:考虑了属性集中的各属性段对于两个案例具有不同的权值。

(3) 距离度量法或最近邻算法:是通过计算两个对象在特征空间中的距离来获得两案例间的相似性。在 CBR 推理中,大多数的范例检索都使用最近邻算法。

除此之外,还有局部相似技术、基于模糊集相似性的计算方法等。本系统中采用了距离度量法。

2) 距离度量法的计算

距离度量法或最近邻算法是通过计算两个对象在特征空间中的距离来获得两预案间的相似性。为解决属性相似度计算的问题,首先必须对每个属性定义其值域,使其取值规范化,特别是其值域为符号集合时,然后对属性值的差异实行量化。

首先引入距离 dist:

$$\text{dist}:\text{dom}(A_i) \times \text{dom}(A_j),0 \leqslant \text{dist}(a_t,a_r) \leqslant 1$$

采用闵考斯基(Minkowski)距离度量法,其定义如下:

$$\text{dist}(X,Y) = \sqrt[r]{\sum_{i=1}^{n} |X_i - Y_i|^r \times \omega_i^r} \qquad (5-84)$$

如果 X_i 和 Y_i 分别表示预案 X 和预案 Y 的第 i 个属性值,r 为指数,ω_i 为权值。

距离和相似性都可以描述两预案间的相似程度,两者之间的关系可表示为

$$\text{sim}(X,Y) = \frac{1}{1 + \text{dist}(X,Y)} \tag{5 - 85}$$

3）智能应急决策推理预案的求解匹配

由于预案跟实际问题的吻合不可能完全准确,因此需要设置一个阈值,只要两者相似度大于这个阈值 t,则选出作为候选预案,即满足:$\text{sim}_i > t$,$t \in (0,1)$。

预案问题属性不同,对应的权重也各不相同。因此,可能会出现预案整体相似性低,但个别属性的相似程度高。因此,在其匹配过程中,将整体上相似性最高和一些整体相似性不高但个别属性相似性高的预案都检索出来,为预案的改写和决策者提供了更加完善的信息。其流程如图 5 - 24 所示。

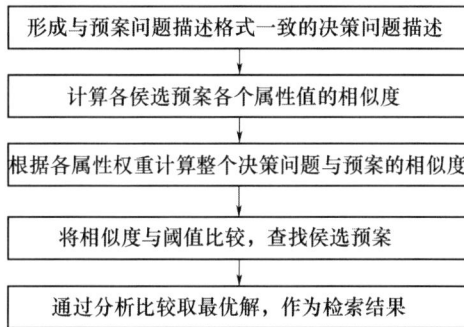

形成与预案问题描述格式一致的决策问题描述

↓

计算各候选预案各个属性值的相似度

↓

根据各属性权重计算整个决策问题与预案的相似度

↓

将相似度与阈值比较,查找候选预案

↓

通过分析比较取最优解,作为检索结果

图 5 - 24　检索匹配的流程

4）智能应急决策推理预案修正的实现

预案的修改和调整在预案推理中相当重要,当预案库中没有预案与问题完全匹配的时候,只能找到一个和待求问题比较相似的最佳预案,然后通过适当调整,使其能够适应新情况,从而得以求解。修正技术可以简单地理解为把决策方案的一部分用其他的内容替换或者修改整个决策方案。以下两种情况需要进行预案的修正:

（1）通过最近邻检索匹配法得到的预案如果总体相似度较高,但个别属性相似度很低,特别是权重大的属性的相似度很低。可以通过对其他总体相似度不高但属性相似度值最大预案的分析,提取相应部分的决策内容,替换需要修正预案的相应内容。

（2）通过检索匹配没有找到能够满足要求的预案,可通过查找相关案例知识,并通过相关预案生成模板,生成新的应急预案。案例库中包含了大量事实

知识,这些案例库中的信息比预案库中的信息更加完整。因此,可以作为案例修正的知识来源。

3. 仿真分析及结果

在航天发射飞行过程中,针对运载火箭安全控制及应急保障的需要,通过运载火箭飞行弹道数据与地理信息可视化仿真和空间信息处理相结合的方式,描述飞行轨迹、落点及其范围,在故障情况下提取故障点人口、城镇设施、气象、地形、环境等空间和属性信息,综合故障箭的状态信息(大小、携带燃料多少和是否有毒等),在 GIS 上实时地确定故障爆炸点以及弹片和毒气散布区域与影响区域。在构建的应急数据库、预案库和安全应急处理模型的基础上,进行运载火箭飞行安全的仿真模拟和现场态势分析,利用推理技术在预案库中匹配与各决策条件最相似的预案,提供事故应急控制处理和管理的决策支持。

图 5 – 25 利用弹片散布区域计算模型模拟在运载火箭发生爆炸后,描述爆炸弹片中心点及弹片散布区域的仿真。系统给出了弹片中心点的坐标和范围(矩形区域)等信息。

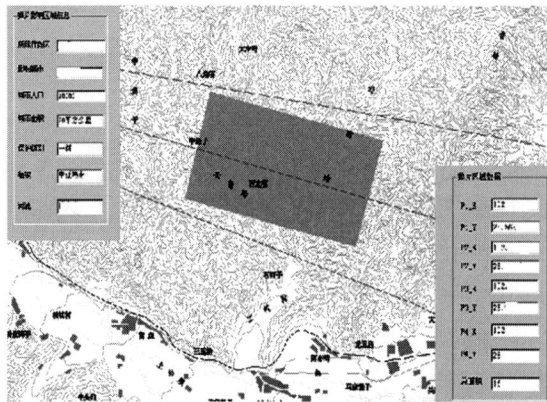

图 5 – 25　弹片散布地点和范围仿真

图 5 – 26 为模拟运载火箭出现故障采取安控措施后,燃料泄漏散逸的浓度等值线分布和相关仿真信息,其中地图中各区域的圆弧边界曲线为燃料散逸浓度等值线。

图 5 – 27 为模拟运载火箭预示落点和范围仿真。系统给出了落点的坐标和范围(椭圆区域)等信息。

针对航天发射的特点,通过将智能决策支持技术和 GIS 技术相结合,描述运载火箭飞行过程中安全管道、预示落点、飞行参数和飞行轨迹利用故障状态下弹片散布模型和毒气泄漏扩散模型,实时准确地描述残片散布范围和燃料泄漏散逸的浓度场危害范围,实现了运载火箭飞行安全的仿真模拟、现场态势分析和智能化应急控制决策。

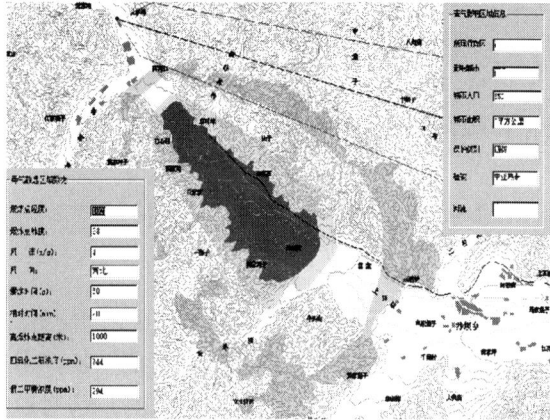

图 5-26　燃料泄漏散逸的浓度等值线和范围仿真

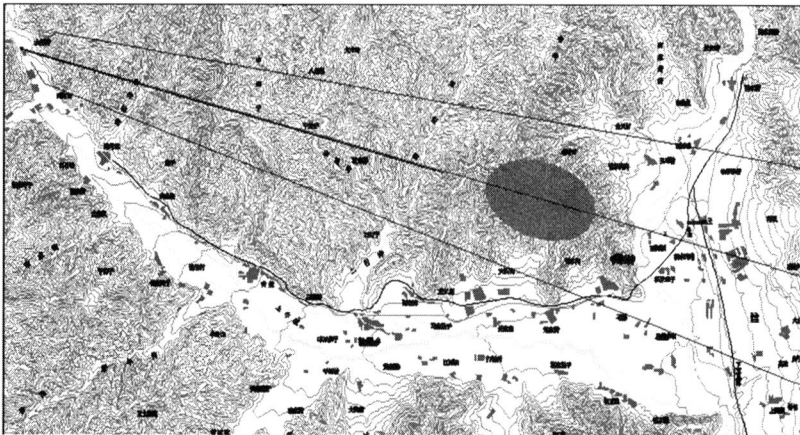

图 5-27　预示落点和范围仿真

第六章 航天测试发射与控制 技术的发展趋势

21 世纪人类将全面走向空间、开发空间和利用空间资源,各行各业对空间的依赖日益增加,我国航天发射的强度和类型会大幅增加。对空间资源开发和利用,需要有低成本、安全、快速、日常的空间进入能力,这对航天器发射控制和决策提出了更高的要求。

6.1 航天测试发射与控制技术和方法

围绕复杂航天发射系统控制与决策,将系统分析、测试和控制理论与智能方法相结合,数学模型和新的控制结构和方法相结合,利用反映航天发射的关键数据,综合测发、测控等系统的信息,解决航天发射过程及其控制系统中复杂对象的特性分析、诊断、建模与控制问题,形成航天发射建模、控制与指挥决策的理论体系和技术,实现智能化的航天器发射过程优化决策与控制。未来航天器测试发射与控制系统将朝着大型化、复杂化、高可靠性等趋势发展,也将推动相关理论方法和技术的快速发展。主要表现为以下方面:

(1) 新型的测试技术和理论方法。针对未来发射任务的特点,研究高效、可靠的测试发射流程,适应不同发射任务的需要,柔性测试将成为未来测试技术的重要发展方向。除此之外,远距离网络测试、并行快速测试等技术也受到广泛关注。针对这一技术趋势,在测试相关理论和方法方面,将主要研究柔性测试方案优化配置、并行测试调度和协调、数据驱动的测试数据分析和融合等一系列的核心问题。

(2) 故障诊断与预测技术和理论方法。面对未来复杂多样的发射任务,为保证零窗口、高可靠发射,未来故障诊断需要满足高精度、快速性的要求。故障诊断技术的研究重点为基于仿真的故障诊断系统。故障诊断理论和方法将主要研究基于小样本数据驱动的故障预测和系统维护、复杂系统智能故障诊断的快速分析和定位等关键问题。

(3) 实时控制与决策技术和理论方法。未来航天发射控制与决策要求更加准确、快速、安全和可靠,适应各种空间探索任务的发展趋势和信息化技术的发展。决策控制技术将朝着基于仿真和智能专家系统结合的系统监测技术、零

230

窗口发射或发射程序自动重组技术等方向发展。其相关理论和方法的研究主要关注于系统性能快速评估、基于测试数据和专家知识融合的辅助决策、发射程序的评估和优化等问题。

6.2　航天测试发射与控制系统的信息化与智能化

航天测试发射与控制系统经历了人工手动测试控制、机电式模拟式自动化测试和自动测试发射控制三个阶段的发展,已经进入到计算机自动化测试与控制阶段。今后,航天测试发射与控制的发展方向是什么?计算机自动测试与控制系统是不是已经满足了今后航天测试发射与控制的要求?

近年来,航天器如卫星、深空探测器等,向着多功能、多冗余、高可靠性方向发展。如光纤和激光陀螺导航技术的发展,GPS 系统的民用化,运载火箭的控制系统也将向平台 + 捷联惯组 + GPS/GLANASS 冗余系统发展。因此,在测试发射过程中,对系统的测试分析判断也提出了新的要求:一是测试过程中的数据量将大大增加,数据类型增多;二是对测试过程中获取的数据既要进行单独判断,又要进行组合分析,诊断的复杂性增加;三是要对各类数据的组合进行优化,择优选择与判断,决策的复杂性增加。

根据运载器和航天器的发展,对测试发射与控制系统提出新的要求可概括为:实时数据的多种方式处理和可视化、在线性能测试和综合诊断评估、优化处理与智能控制、自主综合判断及智能决策。未来的航天测试发射与控制系统将是高度自主的测试与控制系统,其主要特征是信息化和智能化。

因此,航天发射的智能测试与控制将有以下的发展和变化:

(1)由低级向高级发展。众所周知,事物是由低级向高级发展,航天发射的智能测试与控制系统也不例外,这种由低级向高级的发展,主要体现在由简单的智能化向复杂高级智能化发展。目前,智能化测试更多地体现在利用智能计算方法对多次测试数据的处理,并对新测试数据的智能判断。还不能进行自主的学习,自主的决策,其智能化的能力是有限的,远远不能满足航天发射的需要。航天智能测试发射,也会随着技术的发展和人们知识水平的提高,逐渐由低级向高级发展。

(2)由单一系统向综合系统发展。由于技术条件和知识水平的限制,智能化的测试发射与控制仅在航天测试控制系统中的某一分系统中应用。这些应用仅仅提高了单一的、分系统的智能化测试与控制水平,还没有从根本上实现整个测试与控制系统的智能化。需要深入研究复杂系统的建模、智能算法和系统集成,实现航天测试发射与控制系统的综合智能化。

(3)决策支持向自主决策发展。在决策过程中智能化方法的引入,首先是为决策者提供决策支持上的信息,至于是否要采用某一项决策选择,系统并不给出确定的答案,而是由决策者根据实际情况自行选择。决策支持系统综合信息进行推理、判断的智能化水平需要进一步提高,自主决策功能的实现是我们设计智能系统的最高追求目标之一。由于航天发射系统具有强实时、大规模、带复杂约束、多目标、不确定性等特征,需要自主综合判断的能力,要实现由决策支持向自主决策转变和发展,首先要解决智能化系统自主学习、自主判断、自主推理等问题,这每一项内容都可以形成智能研究的重点内容与方向。

(4)由单一智能算法向综合智能算法发展。例如简单的控制系统,可采用某种单一的智能算法将其改造为智能控制系统,实现良好的控制性能。但对复杂系统而言,仅用单一的智能算法,很难实现该系统的高性能,因为每一种智能算法都会有其缺点和局限性,为了解决复杂系统的智能控制与决策等问题,基于两种以上的智能算法相结合的综合智能算法应运而生。航天发射的智能测试与控制系统是涉及多个分系统、多个技术领域的复杂系统,要实现其高水平的智能化,仅靠单一的智能算法显然是远远不够的。因此,研究适合航天发射的智能测试与控制系统的综合智能算法是今后的发展方向之一。

未来航天发射的智能测试与控制系统必然是由多个分系统组成的具有立体结构的综合、复杂系统,研究如何优化航天发射的智能测试与控制系统的基础理论方法和应用是重要的方向。

作者认为,今后在建设航天测试发射与控制系统中需要注意以下问题:

(1)智能化的测试控制方法,刚刚被引入航天测试发射与控制系统,在此之前,应用的主要方法是计算机自动化测试,尽管自动化测试与智能化测试仅有两个字的差别——自动化与智能化,但二者有着本质上的区别。

(2)目前智能化方法的应用还是在子系统中,以处理某单一问题的局部应用,还不能构成完整的智能控制系统,系统性是下一步要解决的主要问题之一。

(3)适合于航天测试发射与控制的智能系统。智能方法在航天发射领域中的应用,以及适合于航天测试发射与控制的智能算法的研究还不够深入。这必然会限制航天智能测试系统的发展,可以说,适合于航天智能测试发射的算法是发展和建设航天智能测试发射系统的短线与瓶颈。

(4)智能化系统与自动化系统的根本区别在于智能具有学习、判断、推理和自主决策的功能,而自动化系统不具备这种功能,智能化系统的学习、推理功能主要是建立在丰富的领域知识集合之上的,整理、挖掘、提炼航天发射领域知识是建设航天智能测试发射与控制系统的关键。

参 考 文 献

[1] 沈荣骏,赵军.我国航天测控技术的发展趋势与策略[J].宇航学报,2001,22(3):1-5.

[2] 沈荣骏.我国天地一体化航天互联网构想[J].中国工程科学,2006,8(10):19-30.

[3] 杨乐平.飞行器测试技术[M].长沙:国防科技大学出版社,1997.

[4] 李尚福.国家高技术研究发展计划(863计划)课题:G2S支持下的卫星发射、飞行安全控制应急保障系统研究(2003 AA132050)验收报告.2005.7.

[5] Schlank Jack. Ground testing [J]. Aerospace America, 2006, 44(12):73-75.

[6] Cockrell Charles E, Davis Stephan R, Robinson Kimberly, et al. NASA crew launch vehicle flight test options [J]. Acta Astronautica, 2007, 61(1-6):438-449.

[7] Cook Stephen, Hueter Uwe. NASA's integrated space transportation plan - 3rd generation reusable launch vehicle technology update[J]. Acta Astronautica,2003,53(4-10):719-728.

[8] Cook Stephen A, Morris Jr, Charles E K, et al. Technology innovations from NASA's next generation launch technology program[C]. International Astronautical Federation - 55 th International Astronautical Congress, 2004, 13:8401-8411.

[9] 冉隆燧.运载火箭测试发控工程学[M].北京:中国宇航出版社,1989.

[10] 张磊.载人航天运载火箭地面测试发射控制系统[J].导弹与航天运载技术,2004,45(1):34-37.

[11] Ren YongFeng, Liu WenYi, Zhang WenDong. Measurement and controlling system of ground hot-firing test for rocket roll - control engine[J]. Binggong Xuebao/Acta Armamentaria, 2007, 28(2):246-248.

[12] Robinson Michael J. Determination of allowable hydrogen permeation rates for launch vehicle propellant tanks[C]. Collection of Technical Papers - AIAA/ASME/ASCE/AHS/ASC Structures, Structural Dynamics and Materials Conference(v7), Collection of Technical Papers - 47th AIAA/ASME/ASCE/AHS/ASC Structures, Structural Dynamics and Materials Conference,2006,(7):5121-5131.

[13] 戚发轫.载人航天器技术[M].北京:国防工业出版社,2003.

[14] 李福昌.运载火箭工程[M].北京:中国宇航出版社,2002.

[15] 刘蕴才.导弹卫星测控系统(上册)[M].北京:国防工业出版社,1996,182-202,259-256,301-320.

[16] 刘蕴才.导弹卫星测控系统(下册)[M].北京:国防工业出版社,1996,221-235.

[17] 张文育,王家伍,刘燕超,等.载人航天工程地面逃逸安控系统可靠性技术[J].装备指挥技术学院学报,2006,17(5):107-110.

[18] 马永青,谢平,陈宜成.采用统一测试策略的运载火箭测试系统[J].航天控制,2004,22(4):88-90.

[19] 同江,蔡远文.LXI总线在运载火箭测试中的应用[J].导弹与航天运载技术.2009,(2):45-47.

[20] 杜诚谦,潘洁伦.新一代运载火箭地面测试发控系统一体化设计概述.航天控制[J].2004,22(1):

56 –57.

[21] 宋征宇、张磊.先进测试技术在运载火箭测试系统中的应用[C].第十七届全国测试与故障诊断技术研讨会论文集,2008,49 –55.

[22] 管涛.基于 1553B 总线的接口适配器的设计[J].测控技术.2003,22(9):39 –42.

[23] 李岩,蔡远文.新型运载火箭总线测试技术研究[C].Proceedings of 2005 Chinese Control and Decision Conference, 2005:1520 – 1522,1558.

[24] 任江涛,蔡远文.新一代总线技术 LXI 在航天测试领域的应用[J].航天控制.2007,25(5):79 –83.

[25] 蔡远文,余国浩.运载火箭测试方法研究[J].装备指挥技术学院学报.2005,16(4):61 –65.

[26] 周正伐.航天可靠性工程[M].北京:中国宇航出版社,2007.

[27] 李大良,张家玲.实时网络技术在飞机航空电子地面仿真验证中的应用[J].飞机设计,2006,4:54 –57, 63.

[28] 梁雄健,孙青华,等.通信网可靠性管理[M].北京:北京邮电大学出版社,2004.

[29] Frank, FriBch I T. Anslysis and Design of Surviable Networks [J]. IEEE Trans. on Communication Technology, 1970, 18(5):660 –678.

[30] Boesch F T, Synthesis of reliable networks – a survey [J], IEEE Trans. Reliab,35(1986), 240 –246.

[31] Wilkov R S. Anatysis and Design of Reliable Computer Network [J]. IEEE Trans. on Communications, 1972, COM –20(3), 660 –668.

[32] 陈秀真,郑庆华,管晓宏,等.网络化系统安全态势评估的研究[J].西安交通大学学报,2004, 38(4): 405 –408.

[33] 周智敏,李企舜.现代航天测控原理[M].长沙:国防科技大学出版社,1998.

[34] 樊友平,陈允平,柴毅,等.运载火箭飞行测量数据奇异点检测和降噪处理的小波方法[J].宇航学报,2005, 26(5):591 –624.

[35] 刘利生.外测数据事后处理[M].北京:国防工业出版社,2000.

[36] Al Mutawa J. Identification of errors – in – variables model with observation outliers based on Minimum Covariance Determinant[C]. Proceedings of the American Control Conference, ACC, New York City, 2007: 134 –139.

[37] 高波,韩逢庆,黄席樾,等.火箭飞行数据的两种滤波方法对比[J].重庆大学学报(自然科学版), 2003, 26(1): 25 –27.

[38] 祝转民,秋宏兴,李济生,等.动态测量数据野值的辨识与剔除[J].系统工程与电子技术, 2004, 26(2): 147 –149.

[39] Cho H W. An orthogonally filtered tree classifier based on nonlinear kernel – based optimal representation of data [J]. Expert Systems with Applications, 2008, 34(2): 1028 –1037.

[40] He Wei,Jiang Zhi –Nong,Feng Kun. Bearing fault detection based on optimal wavelet filter and sparse code shrinkage[J]. Measurement: Journal of the International Measurement Confederation, 2009, 42(7): 1092 –1102.

[41] Yazdanpanah Goharrizi Amin,Sepehri Nariman. A wavelet – based approach to internal seal damage diagnosis in hydraulic actuators[J]. IEEE Transactions on Industrial Electronics, 2010, 57(5):1755 –1763.

[42] Mallat S, Hwang W L. Singularity detection and processing with wavelets[J]. IEEE Trans Inform Theroy,

234

1992,32:617 - 643.

[43] Sunt, Neuvo Y. Detail - preserving median based filters in image processing [J]. Pattern Recognition Letters,1994,15(4):341 - 347.

[44] Xu Y, Weaver J B, Healy D M, et al. Wavelet transform domain filters: A spatially selective noise filtration technique[J]. IEEE Trans Image Processing, 1994, 3:747 - 758.

[45] Bao P, Zhang H. Noise reduction for magnetic resonance images via adaptive multi - scale products shareholding[J]. IEEE Trans Medical Imaging, 2003, 22(9):1089 - 1099.

[46] Hardin D P, Marasovich J A. Biorthogonal Multi - wavelet on [- 1,1][J]. Applied and Computational Harmonic Analysis, 1999,7(1):34 - 53.

[47] Pawlak Z. Rough Sets, Rough Relations and Rougth Functions[J]. Fundamental Informatics, 1996, 27 (8): 2 - 3.

[48] Pawlak Z. Rough sets and intelligent data analysis [J]. Information Sciences, 2002, 147 (1): 1212 - 1217.

[49] Cho H W. Nonlinear feature extraction and classification of multivariate process data in kernel feature space [J]. Expert Systems with Applications, 2007, 32(2): 534 - 542.

[50] Cho H W. An orthogonally filtered tree classifier based on nonlinear kernel - based optimal representation of data [J]. Expert Systems with Applications, 2008, 34(2):1028 - 1037.

[51] Facco P, Bezzo F, Barolo M. Nearest - Neighbor Method for the Automatic Maintenance of Multivariate Statistical Soft Sensors in Batch Processing [J]. Industrial & Engineering Chemistry Research, 2010, 49 (5): 2336 - 2347.

[52] Cheng C Y, Hsu C C, Chen M C. Adaptive Kernel Principal Component Analysis (KPCA) for Monitoring Small Disturbances of Nonlinear Processes [J]. Industrial & Engineering Chemistry Research, 2010, 49 (5): 2254 - 2262.

[53] 周东华,胡艳艳.动态系统的故障诊断技术[J].自动化学报,2009, 35(6): 748 - 758.

[54] 周东华,孙优贤.控制系统的检测与诊断技术[M].北京:清华大学出版社,1994.

[55] 周东华,叶银忠.现代故障诊断与容错控制[M].北京:清华大学出版社, 2000.

[56] 袁晓峰,许化龙,陈淑红.液体火箭发动机故障诊断中的特征优选策略[J].火箭推进,2008,34(6): 2 - 5.

[57] 吴建军,张育林,陈启智.液体火箭发动机故障特性动态模拟[J].航空动力学报,1994,9(4):362 - 365,441.

[58] 张惠军.液体火箭发动机故障检测与诊断技术综述[J].火箭推进,2004,30(5):41 - 45.

[59] 胡友强,柴毅,李鹏华.在线多尺度滤波多变量统计过程的适时监测[J].重庆大学学报,2010, 33 (6): 128 - 133.

[60] 毛万标,李尚福.基于图论模型的运载火箭漏电故障诊断方法[J].宇航学报,2006,27 (z1): 166 - 169.

[61] 樊友平,陈允平,黄席樾,等.运载火箭控制系统漏电故障诊断研究[J].宇航学报,2004,25(5): 508 - 513.

[62] 胡昌华,刘丙杰.复杂系统可靠控制中的潜在问题互连神经网络分析方法[J].自动化学报,2008,

34 (2)：190 – 194.

[63] 刘丙杰,胡昌华.基于神经网络的潜在通路分析[J].宇航学报,2006,27(3):475 – 477.

[64] 朱良平,藤晓婷,首俊明,等.潜通路分析技术在航天测试发射中的应用[J].装备指挥技术学院学报,2008,19(5):105 – 108.

[65] 胡绍林,黄刘生.航天故障的成因分析与诊断技术[J].控制工程,2003,10(4):296 – 298,359.

[66] Lee D S, Vanrolleghem P A. Adaptive consensus principal component analysis for on – line batch process monitoring [J]. Environmental Monitoring and Assessment, 2004, 92(1 – 3)：119 – 135.

[67] Chen W. Application of multi – scale principal component analysis and SVM to the motor fault diagnosis [C]. International Forum on Information Technology and Applications. China：IEEE Press, 2009:131 – 134.

[68] Geng Z Q, Zhu Q X. Multi scale nonlinear principal component analysis (NLPCA) and its application for chemical process monitoring [J]. Industrial & Engineering Chemistry Research, 2005, 44 (10)：3585 – 3593.

[69] Romagnoli J A, Wang D. Robust multi – scale principal components analysis with applications to process monitoring [J]. Journal of Process Control, 2005, 15(8)：869 – 882.

[70] Lee D S, Park J M, Vanrolleghem P A. Adaptive multi – scale principal component analysis for on – line monitoring of a sequencing batch reactor[J]. Journal of Biotechnology, 2005, 116(2)：195 – 210.

[71] 周福娜,文成林,汤天浩,等.基于指定元分析的多故障诊断方法[J].自动化学报,2009,35(7)：971 – 982.

[72] Wang X, Kruger U, Irwin G W. Process fault diagnosis using recursive multivariate statistical process control[C]. The 16th IFAC World Congress in Prague, 2005:1849 – 1855.

[73] Xu X H, Xiao F, Wang S W. Enhanced chiller sensor fault detection, diagnosis and estimation using wavelet analysis and principal component analysis methods [J]. Applied Thermal Engineering, 2008, 28 (2 – 3)：226 – 237.

[74] Hopfield J J. Neurons with graded response have collective computational properties like those of two – state neurons[C]. In：Proceeding of the national academy of sciences, USA, 1984, 81：3088 – 3092.

[75] Li J H, Michel A N, Porod W. Analysis and synthesis of a classof neural networks：linear systems operating on a closed hypercube[J]. IEEE Trans. Circuits and Systems, 1989, 36(11), 1405 – 1422.

[76] Mitja P, Horst B, Tarik H. A natural quantum neural – like network[J]. NeuroQuantology, 2005, 3：51 – 163.

[77] Allauddin R, Gaddam K, Behrman E C, et al. Advantages of quantum recurrent networks：an examination of stable states[C]. In：Proceedings of 2002 International Joint Conference on Neural Networks, USA, HI, Honolulu, 2002：2732 – 2737.

[78] 周日贵,姜楠,丁秋林.量子 hopfield 神经网络及图像识别[J].中国图像图形学报,2008,13(1)：32 – 36.

[79] Negnevitsky M, Pavlovsky V. Neural networks approach to online identification of multiple failures of protection systems[J]. IEEE Trans. Power Delivery, 2005, 20(2)：588 – 594.

[80] Mehran A, Farzan A. A modular fault diagnostic system for analog electronic circuits using neural networks

with wavelet transform as a preprocessor[J]. IEEE Trans. Instrum. Meas. , 2007, 5(5): 1546 – 1554.

[81] Tan Y, He Y, Cui C, et al. A novel method for analog fault diagnosis based on neural networks and genetic algorithms[J]. IEEE Trans. Instrum. Meas. , 2008, 57(11): 2631 – 2639.

[82] 王新攀, 王红, 杨士元. 基于非正弦激励的模拟电路故障诊断[J]. 清华大学学报, 2011, 51(S1): 1494 – 1498.

[83] 邓勇, 师奕兵. 基于相关分析的非线性模拟电路参数型故障诊断方法[J]. 控制与决策, 2011, 26 (9):1407 – 1411.

[84] 祝文姬, 何怡刚. 一种新的模拟电路故障特征提取与诊断方法[J]. 湖南大学学报, 38(4):41 – 46.

[85] 王军锋, 张维强, 宋国乡. 模拟电路故障诊断的多小波神经网络算法[J]. 电工技术学报, 2006, 21 (1):33 – 36.

[86] Li Penghua, Chai Yi, Xiong Qingyu, et al. Analog fault diagnosis using hopfield network and multi – scale wavelet transform method [J]. Journal of Computational Information Systems, 2012, 23 (8): 9721 – 9728.

[87] Hall D L, Llinas J. An introduction to multi – sensor data fusion[C]. Proceedings of the IEEE. Jan, 1997, 85 (1): 6 – 23.

[88] Nelson M, Mason K. General principles for data fusion systems[C]. Data Fusion Symposium 1996 ADFS ' 96. First Australian, 1996:223 – 228.

[89] Blair W D, Rice T R. A synchronous data fusion for target tracking with a multitasking radar and option sensor [J], SPIE, 1991, 1482:234 – 245.

[90] T Sen Lee. Theory and Application of Adaptive Fading Memory Kalman Filters [J]. IEEE Transations on Circuits and System, 1988, 35(4):474 – 477.

[91] Han Ki – Young, Lee Sang – Wook, Lim Jun – Seok Sung, et al. Channel estimation for OFDM with fast fading channels by modified Kalman filter[J]. IEEE Transactions on Consumer Electronics, 2004, 50(2): 443 – 449.

[92] Carlson Neal A. Federated filter for multiplatform track fusion [J]. Proceedings of SPIE – The International Society for Optical Engineering, 1999, 3809:320 – 331.

[93] Guber A L. Application of GIS for Cassini Launch Support [P]. U. S. , NTIS No: DE2001 – 12526/XAB, 1993.

[94] 何友, 王国宏, 陆大金. 多传感器信息融合及应用[M]. 北京:电子工业出版社, 2007.

[95] Atherton D P, Bather J A, Briggs A J. Data fusion for several Kalman filters tracking a single target [C]. IEEE Proceedings Radar, Sonar and Navigation, 2005, 152(5):372 – 376.

[96] 潘泉, 杨峰, 叶亮, 等. 一类非线性滤波器—UKF综述[J]. 控制与决策, 2005, 20(5):481 – 494.

[97] Julier S J, Uhlmann J K. Unscented Filtering and Nonlinear Estimation[C]. Proceedings of the IEEE Aerospace and Electronic Systems, 2004, 92(3):401 – 422.

[98] Chen Hongda, Chang K C Novel. nonlinear filtering & prediction method for maneuvering target tracking [J]. IEEE Transactions on Aerospace and Electronic Systems, 2009, 45(1):237 – 249.

[99] Wang Xuezhi, Challa Subhash, Evans Rob. Gating techniques for maneuvering target tracking in clutter [J]. IEEE Transactions on Aerospace and Electronic Systems, 2002, 38(3):1087 – 1097.

[100] 韩崇昭,朱洪艳.多传感器信息融合与自动化[J].自动化学报,2002,28:117-124.

[101] Van der Merwe,R Wan EA. The square-root unscented Kalman filter for state and parameter-estimation[C]. IEEE International Conference on Acoustics, Speech and Signal Processing, 2001, 3461-3464.

[102] Wan E A,Van der Merwe R. The unscented Kalman filter for nonlinear estimation[C]. IEEE Adaptive Systems for Signal Processing, Communications and Control Symposium,2000:153-158.

[103] 韩崇昭,朱洪燕.多源信息融合[M].北京:清华大学出版社,2006.

[104] John Salemo. Information Fusion:A High-Level Architecture Overview[C]. ISIF 2002:680-686.

[105] Stenger B P, Mendonc R S, Cipolla R. Model-Based Hand Tracking Using an Unscented Kalman Filter[C]. Proceedings of the British Machine Vision Conference. 2001:63-72.

[106] Eloi Bosse,Jean Roy,Stephane Paradis. Modeling and Simulation in Support of the Design of a Data Fusion System[J]. Information Fusion, 2000(1), 77-87.

[107] Anlan N Steinberg. Data Fusion System Engineering[J]. IEEE AESS Systems Magazine, 2001, 6:7-14.

[108] 孙书利,崔平远.多传感器标量加权最优信息融合稳态 Kalman 滤波器[J].控制与决策, 2004, 19(2):208-211.

[109] 邓自立.最优估计理论及其应用——建模、滤波、信息融合估计[M].哈尔滨:哈尔滨工业大学出版社,2005.

[110] Julio Cesar Bolzani de Campos Ferreiraa, Jacques Waldmannb. Covariance intersection-based sensor fusion for sounding rocket tracking and impact area prediction[J]. Control Engineering Practice, 2007. 15(4): 389-409.

[111] 周敏,柴毅,李尚福,等.液体火箭爆炸碎片散布范围确定方法[P].中国,发明专利, 200410081539.0, 2006.

[112] 车著明,柴毅,李尚福,等.液体火箭坠落爆炸毒气扩散范围的确定方法[P].中国,发明专利: 200510057487.8, 2006.

[113] 李尚福,黄席樾,车著明,等.基于 GIS 的航天器发射应急决策系统[J].宇航学报,2010,31(4): 1200-1205.

[114] 李尚福,黄席樾,魏洪波.航天器发射飞行安全智能决策研究与实现[J].宇航学报,2010,31(3): 862-867.

[115] 凌睿,柴毅,张志芬,等.基于多源信息融合的卫星发射飞行安全控制决策.中国控制与决策会议,2008.

[116] Li Shangfu,Yi Chai,Huang Xiyue. Research on the Safety Controlling and Emergency System for Satellite Launching[C], Proceeding of the International Conference on Sensing, Computing and Automation,2006 Watam Press:3757-3760.

[117] Serge N Sala-Diakanda, Jose A Sepulveda, Luis C Rabelo. A methodology for realistic space launch risk estimation using information-fusion-based metric[J]. Information Fusion. 2010,11:365-373.

[118] Jorge Bardina,T Rajkumar. Intelligent Launch and Range Operations Virtual Test Bed[C]. Conference on Enabling Technologies for Simulation Science VII. 2003:1-8.

[119] Jorge Bardina, Rajkumar Thirumalai. Modeling And Simulation of Shuttle Launch and Range Operations [C]. European Simulation Multiconference. 2004. 1.

[120] Jorge E Bardina, Rajkumar Thirumalainambi. Distributed Web - based Expert System for Launch Operations[C], Proceedings of the 2005 Winter Simulation Conference. 2005:1291 - 1297.

[121] Luis Rabelo, Jose Sepulveda, Jeppie Compton, et al. Disaster and prevention management for the NASA shuttle during lift - off[J], Disaster Prevention and Management, 2006, 15(2): 262 - 274.

[122] Luis C Rabelo, Jose Sepulveda, Jeppie Compton, et al. Simulation of range safety for the NASA space shuttle[J]. Aircraft Engineering and Aerospace Technology, 2006, 78(2):98 - 106.

[123] Carlson N A. Federated square root filter for decentralized parallel processes[J]. IEEE Trans Aerospace and Electronic Systems,1990,26(3):517 - 525.

[124] Kim K H. Development of track to track fusion algorithm[C]. Proceeding of the American Control Conference, Maryland, June 1994:1037 - 1041.

内 容 简 介

　　本书针对航天发射测试与控制、数据处理与分析、诊断与控制决策中的实际问题,将理论与实际相结合,详细论述了智能技术在航天测试发射控制决策中的基本理论和典型应用。全书分为六章,着重介绍智能化测试发射控制系统及其关键技术和网络体系结构、航天发射测试数据智能分析与处理、航天测试发射智能故障诊断、火箭发射飞行安全控制智能建模与决策等理论和方法及其应用。

　　本书主要供有关航天测试、发射工程技术等领域的科研和工程技术人员参考使用,也可供高等院校相关专业教师、研究生和高年级学生阅读。

　　This book provides a comprehensive foundation of intelligence techniques and its applications to control and decision making for spacecraft testing and launching. The book is divided into six chapters. Specifically it addresses the theory and technique methods related to the following parts: the network architecture of information transformation controlling for intelligent testing and launching system, the prediction methods and dynamical analysis for the parameter of spacecraft testing, the multi – source information fusion and processing methods for the telemetry data and exterior ballistic measuring data, intelligent modeling and decision – making for the safety control of rocket launching systems, the emergency decision – making for the rocket launching safety.

　　This book can be used as a reference for the engineers and technicians, the scientific researchers in spacecraft testing and launch engineering. And it is also suitable for relevant professional teachers of colleges and universities, graduate students, and senior students reading.